Python自动化办公应用大全

ChatGPT版

Excel Home◎编著

从零开始教

编程小白一键搞定烦琐工作

下册

北京大学出版社
PEKING UNIVERSITY PRESS

目　录

（下册）

第三篇　使用Python操作Word与PPT

第四篇　Python日常办公自动化

第五篇 借助ChatGPT轻松进阶Python办公自动化

第三篇

使用Python操作Word与PPT

Word 文档和 PPT 演示文稿是办公中常见的文件类型，两者与 Excel 表格一起，是大多数职场人士几乎无法离开的办公工具。借助 Python，不但可以灵活操控 Excel，也可以灵活操控 Word 和 PPT，快捷地完成许多烦琐的任务。

第 11 章　自动化处理 Word 文件

Microsoft Word 是日常办公中最常用的文字处理与图文排版软件之一。虽然 Word 的内置功能非常强大和丰富，但在处理长文档（如报告、论文、合同、标书、说明书等）时，可能会有一些烦琐的任务需要更自动化的处理方法。本章将介绍如何使用 Python 操作 Word 文件进行自动化办公，主要包括标注关键词、插入图片、调整图片尺寸、清理文档和提取表格等。

11.1　批量标注关键词

Word 示例文件如图 11-1 所示。

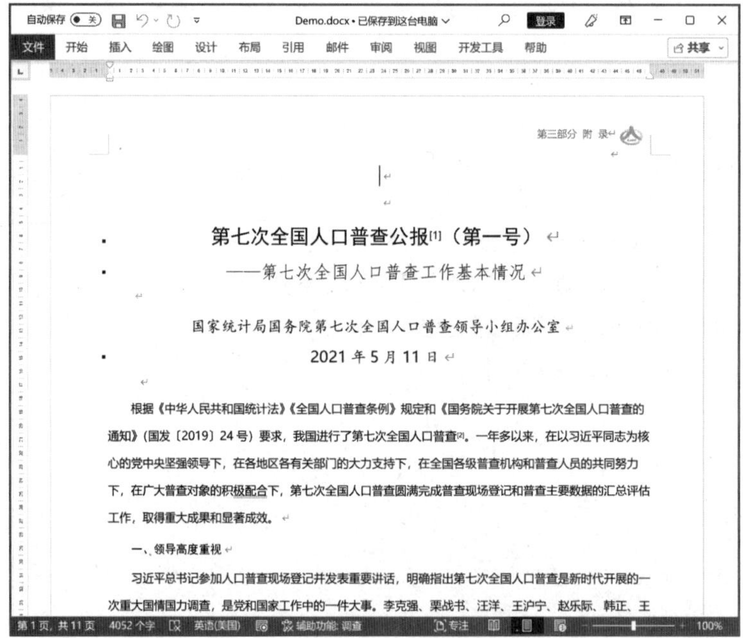

图 11-1　Word 示例文件

以下示例代码将标注（红色字体高亮显示）Word 文档中的关键词（“全国”和“普查”），每个关键词使用不同的高亮颜色。

运行代码前需要安装 win32com 模块（pip install pywin32）。

```
import os
import win32com.client as win32
from win32com.client import constants as wdConst
src_fname = 'Demo.docx'
dest_fname = 'Demo-Highlight.docx'
dest_path = os.path.dirname(__file__)
src_file = os.path.join(dest_path, src_fname)
dest_file = os.path.join(dest_path, dest_fname)
keywords = ['全国', '普查']
```

```
#010  wdApp = win32.gencache.EnsureDispatch('Word.Application')
#011  wdApp.Visible = False
#012  doc = wdApp.Documents.Open(src_file)
#013  wdFind = doc.Content.Find
#014  wdFind.ClearFormatting()
#015  wdReplacement = wdFind.Replacement
#016  wdReplacement.ClearFormatting()
#017  wdReplacement.Font.Color = wdConst.wdColorRed
#018  wdReplacement.Highlight = True
#019  hlcolors = [wdConst.wdYellow, wdConst.wdBrightGreen]
#020  for keyword, color in zip(keywords, hlcolors):
#021      wdApp.Options.DefaultHighlightColorIndex = color
#022      wdFind.Text = keyword
#023      wdFind.Execute(Replace = wdConst.wdReplaceAll)
#024  doc.SaveAs(dest_file)
#025  doc.Close()
#026  if wdApp.Documents.Count == 0:
#027      wdApp.Quit()
#028  else:
#029      wdApp.Visible = True
#030  wdApp = None
```

➢ 代码解析

第 1 行代码导入 os 模块。

第 2 行代码导入 win32com.client 模块，设置别名为 win32。

第 3 行代码由 win32com.client 模块导入 constants，设置别名为 wdConst，也可以使用如下代码实现相同的效果。

```
wdConst = win32.constants
```

第 4 行代码指定源文件名称为“Demo.docx”。

第 5 行代码指定目标文件名称为“Demo-Hightlight.docx”。

第 6 行代码使用 os 模块的 path.dirname 函数获取 Python 文件所在目录，其中 __file__ 属性返回 Python 文件的全路径。

第 7~8 行代码使用 os 模块的 path.join 函数连接目录名和文件名获取全路径，其中 dest_path 为当前目录，src_fname 和 dest_fname 为相应的文件名。

第 9 行代码设置关键词列表，多个关键词组成列表对象。

第 10 行代码调用 EnsureDispatch 函数创建 COM 对象实例。

深入了解

win32com 创建 COM 对象有如下两种方式。

❖ 后期绑定

```
doc = win32com.client.Dispatch('Object.Name')
doc = win32com.client.DispatchEx('Object.Name')
```

上述两行代码的区别在于是否创建新的 Word 应用程序对象实例。

如果计算机中已经打开了 Word 应用程序，Dispatch 函数将获取已经打开的 Word 应用程序对象引用并赋值给变量 doc。此时使用 DispatchEx 函数的话，将创建一个新的 Word 应用程序对象实例。

如果计算机中并没有打开 Word 应用程序，两行代码的效果完全相同，都将创建一个新的 Word 应用程序对象实例。

使用后期绑定方式，调用 COM 对象接口时，只能使用位置参数，并且无法使用 COM 对象中的常量。例如，第 23 行代码需要改写为如下形式。

```
import pythoncom
WD_REPLACEALL = 2
defaultNamedOptArg = pythoncom.Empty
wdFind.Execute(defaultNamedOptArg, defaultNamedOptArg,
    defaultNamedOptArg, defaultNamedOptArg, defaultNamedOptArg,
    defaultNamedOptArg, defaultNamedOptArg, defaultNamedOptArg,
    defaultNamedOptArg, defaultNamedOptArg, WD_REPLACEALL)
```

❖ 前期绑定

```
doc = win32.gencache.EnsureDispatch('Object.Name')
```

Python 将调用 MakePy 工具生成 COM 对象相关接口的代码，后续访问 COM 对象时，将执行相关代码。使用前期绑定方式调用 COM 对象接口时，可以使用位置参数，也可以使用关键字参数。并且由 win32com.client 模块导入 constants，将可以在代码中使用 COM 对象中的常量，例如，第 23 行代码中的 wdReplaceAll。

由于使用前期绑定方式代码更方便、简洁，所以本章节示例代码都使用前期绑定的方式。

对于两种绑定方式的进一步理解和学习将涉及较复杂的编程基础知识，感兴趣的读者请参阅 http://www.icodeguru.com/WebServer/Python-Programming-on-Win32/ch12.htm。

第 11 行代码隐藏 Word 应用程序。

第 12 行代码打开源文件。

第 13 行代码将 Find 对象保存在变量 wdFind 中。

第 14 行代码清除在查找或替换操作中所指定文本的文本格式和段落格式。

第 15 行代码将 Replacement 对象保存在变量 wdReplacement 中。

第 16 行代码清除替换操作中所指定文本的文本格式和段落格式。

第 17 行代码设置替换文本的字体颜色为红色，其中 wdConst.wdColorRed 为 Word 常量。

第 18 行代码设置替换文本使用突出显示格式。

第 19 行代码设置关键词高亮显示颜色列表。

第 20~23 行代码使用查找替换功能循环标记关键词。

第 20 行代码中调用 zip 函数，其参数为可迭代对象（如列表、元组、字典和字符串等）。zip 函数将可迭代对象中的元素逐个配对打包为元组，其返回值为这些元组组成的 zip 对象，如果需要按列表展示，可以调用 list 函数进行转换。

第 21 行代码设置 Word 应用程序中的高亮标记颜色。

第 22 行代码设置查找字符为变量 keyword。

第 23 行代码执行查找替换，其中参数 Replace 设置为 wdConst.wdReplaceAll，即替换文档中的

所有匹配项。

第 24 行代码调用 SaveAs 方法将文档保存为目标文件。

第 25 行代码关闭 Word 文档。

如果 Word 应用程序中不存在已经打开的文档，则第 27 行代码关闭 Word 应用程序，否则第 29 行代码恢复显示 Word 应用程序。

第 30 行代码清空 wdApp 变量。

运行示例代码标注关键词的效果如图 11-2 所示。

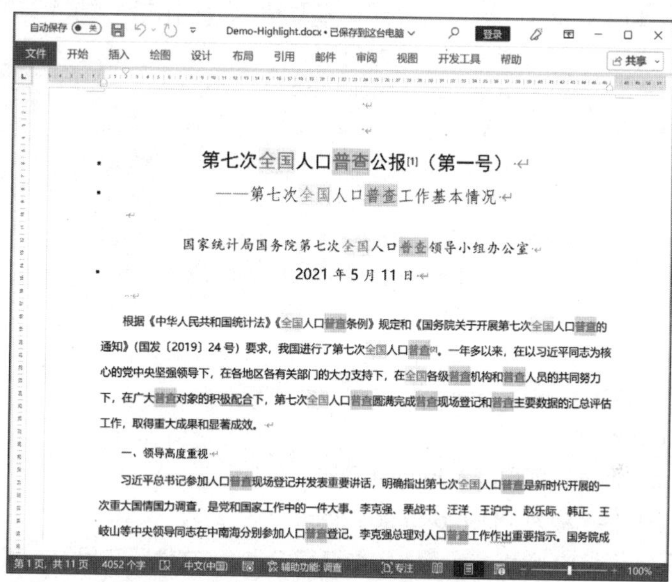

第七次全国人口普查公报[1]（第一号）

——第七次全国人口普查工作基本情况

国家统计局国务院第七次全国人口普查领导小组办公室

2021 年 5 月 11 日

根据《中华人民共和国统计法》《全国人口普查条例》规定和《国务院关于开展第七次全国人口普查的通知》(国发〔2019〕24 号）要求，我国进行了第七次全国人口普查[2]。一年多以来，在以习近平同志为核心的党中央坚强领导下，在各地区各有关部门的大力支持下，在全国各级普查机构和普查人员的共同努力下，在广大普查对象的积极配合下，第七次全国人口普查圆满完成普查现场登记和普查主要数据的汇总评估工作，取得重大成果和显著成效。

一、领导高度重视

习近平总书记参加人口普查现场登记并发表重要讲话，明确指出第七次全国人口普查是新时代开展的一次重大国情国力调查，是党和国家工作中的一件大事。李克强、栗战书、汪洋、王沪宁、赵乐际、韩正、王岐山等中央领导同志在中南海分别参加人口普查登记。李克强总理对人口普查工作作出重要指示。国务院成

图 11-2　高亮显示关键词

11.2　批量插入图片

示例目录中 IMAGE 子目录下的图片文件如图 11-3 所示。

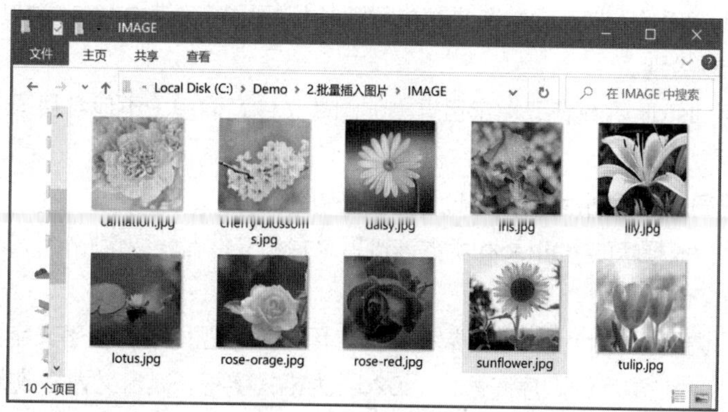

图 11-3　图片文件

以下示例代码将指定目录中的图片批量插入 Word 文档中，实现自动制作花卉产品目录。

运行代码前需要安装 docx 模块（pip install python-docx）。

```
#001 import os
#002 import docx
#003 from docx.shared import Inches
#004 dest_fname = 'Demo-Image.docx'
#005 dest_path = os.path.dirname(__file__)
#006 dest_file = os.path.join(dest_path, dest_fname)
#007 img_path = os.path.join(dest_path, 'IMAGE')
#008 doc = docx.Document()
#009 doc.add_heading(text = '花卉产品目录', level = 0)
#010 imglist = os.listdir(img_path)
#011 for index, img_fname in enumerate(imglist):
#012     img_file = os.path.join(img_path, img_fname)
#013     doc.add_heading(text = f'产品编号: F-{index+1:02d}',
#014                     level = 2)
#015     doc.add_picture(img_file, width = Inches(2),
#016                     height = Inches(2))
#017 doc.save(dest_file)
```

➤ 代码解析

第 1 行代码导入 os 模块。

第 2 行代码导入 docx 模块。

第 3 行代码由 docx.shared 模块导入 Inches 函数。

第 4 行代码指定源文件名称为“Demo-Image.docx”。

第 5 行代码使用 os 模块的 path.dirname 函数获取 Python 文件所在目录，其中 __file__ 属性返回 Python 文件的全路径。

第 6 行代码使用 os 模块的 path.join 函数连接目录名和文件名获取全路径，其中 dest_path 为当前目录，dest_fname 为文件名。

第 7 行代码使用 os 模块的 path.join 函数连接目录名和子目录名获取全路径，其中 dest_path 为当前目录，“IMAGE”为子目录名，图片文件保存在此目录中。

第 8 行代码调用 Document 函数创建 Word 文档。

第 9 行代码调用 add_heading 函数在文档末尾添加标题段落，其中 text 参数用于设置段落文字，level 参数用于设置标题级别。

第 10 行代码调用 listdir 函数获取指定目录中的图片文件名清单（不包含目录），此处省略了判断文件类型的代码。

第 11~17 行代码循环处理图片文件，依次插入 Word 文档中。

第 12 行代码使用 os 模块的 path.join 函数连接目录名和文件名获取全路径，其中 img_path 为当前目录，img_fname 为文件名。

第 13~14 行代码调用 add_heading 函数在文档末尾添加标题段落，段落文字内容为“产品编号：F-xx”，其中“xx”为两位数字的顺序编号。“:02d”为格式字符，其含义为将数据格式化为两位数字，不足两位将在左侧填补 0。

第 15~16 行代码调用 add_picture 函数在文档末尾插入图片，其中参数 width 和参数 height 用于指定图片宽度和高度。

第 17 行代码将 Word 文档保存为硬盘文件。

运行示例代码创建的 Word 文档如图 11-4 所示。

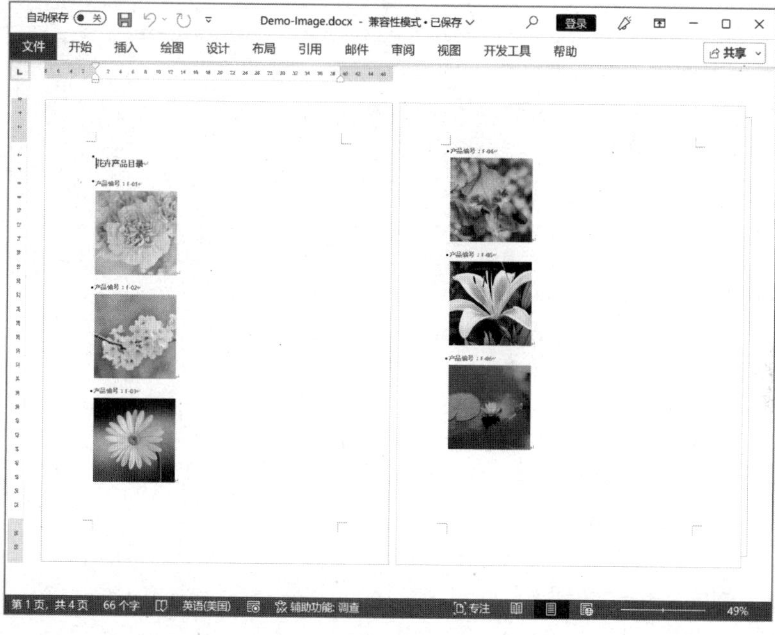

图 11-4　批量插入图片

11.3　批量调整图片尺寸

示例 Word 文档中的部分图片如图 11-5 所示。

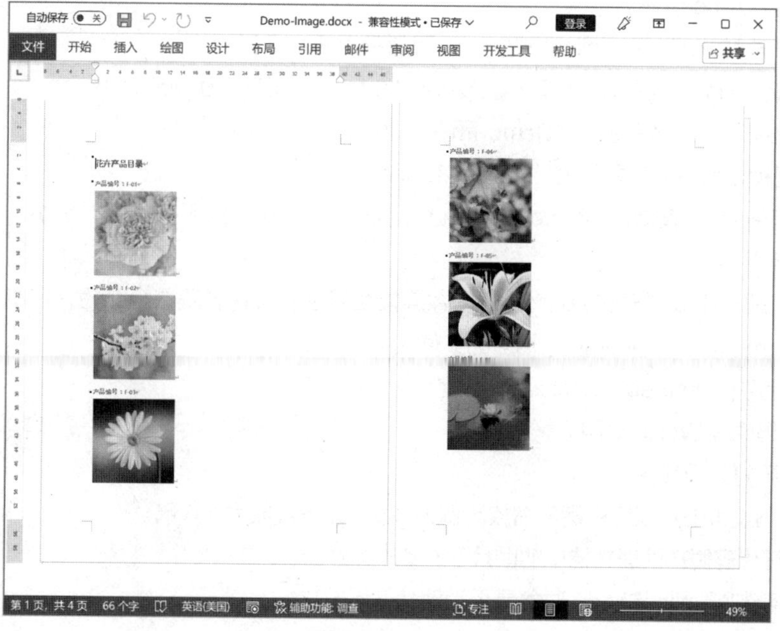

图 11-5　Word 文档中的图片

以下示例代码将 Word 文档中的全部图片放大 1.5 倍。

```
#001  import os
#002  import win32com.client as win32
#003  from win32com.client import constants as wdConst
#004  src_fname = 'Demo-Image.docx'
#005  dest_fname = 'Demo-Resize.docx'
#006  dest_path = os.path.dirname(__file__)
#007  src_file = os.path.join(dest_path, src_fname)
#008  dest_file = os.path.join(dest_path, dest_fname)
#009  wdApp = win32.gencache.EnsureDispatch('Word.Application')
#010  wdApp.Visible = False
#011  doc = wdApp.Documents.Open(src_file)
#012  hscale = wscale = 1.5
#013  for shp in doc.InlineShapes:
#014      if shp.Type == wdConst.wdInlineShapePicture:
#015          shp.LockAspectRatio = False
#016          shp.ScaleHeight *= hscale
#017          shp.ScaleWidth *= wscale
#018  doc.SaveAs(dest_file)
#019  doc.Close()
#020  if wdApp.Documents.Count == 0:
#021      wdApp.Quit()
#022  else:
#023      wdApp.Visible = True
#024  wdApp = None
```

➢ 代码解析

第 1 行代码导入 os 模块。

第 2 行代码导入 win32com.client 模块，设置别名为 win32。

第 3 行代码由 win32com.client 模块导入 constants，设置别名为 wdConst。

第 4 行代码指定源文件名称为“Demo-Image.docx”。

第 5 行代码指定目标文件名称为“Demo-Resize.docx”。

第 6 行代码使用 os 模块的 path.dirname 函数获取 Python 文件所在目录，其中 __file__ 属性返回 Python 文件的全路径。

第 7~8 行代码使用 os 模块的 path.join 函数连接目录名和文件名获取全路径，其中 dest_path 为当前目录，src_fname 和 dest_fname 为相应的文件名。

第 9 行代码调用 EnsureDispatch 函数创建 COM 对象实例。

第 10 行代码隐藏 Word 应用程序。

第 11 行代码打开源文件。

第 12 行代码设置图片高度和宽度缩放比例为 1.5，即图片放大 1.5 倍。

第 13~17 行代码循环处理文档中的图片。

第 14 行代码判断 InlineShape 对象是否为图片。

Word 中的 InlineShape 对象共有 3 种，如表 11-1 所示。

表 11-1　InlineShape 对象类型

InlineShape 对象	Type 属性值
图片	wdInlineShapePicture
OLE	wdInlineShapeOLEControlObject
ActiveX 控件	wdInlineShapeSmartArt

第 15 行代码取消锁定图片纵横比，这样将允许将图片宽度和高度按不同比例缩放。

第 16~17 行代码分别设置高度和宽度缩放比例为原值的 1.5 倍。

第 18 行代码调用 SaveAs 方法将文档保存为目标文件。

第 19 行代码关闭 Word 文档。

如果 Word 应用程序中不存在已经打开的文档，第 21 行代码关闭 Word 应用程序，否则第 23 行代码恢复显示 Word 应用程序。

第 24 行代码清空 word_app 变量。

运行示例代码后，Word 文档中的图片如图 11-6 所示。

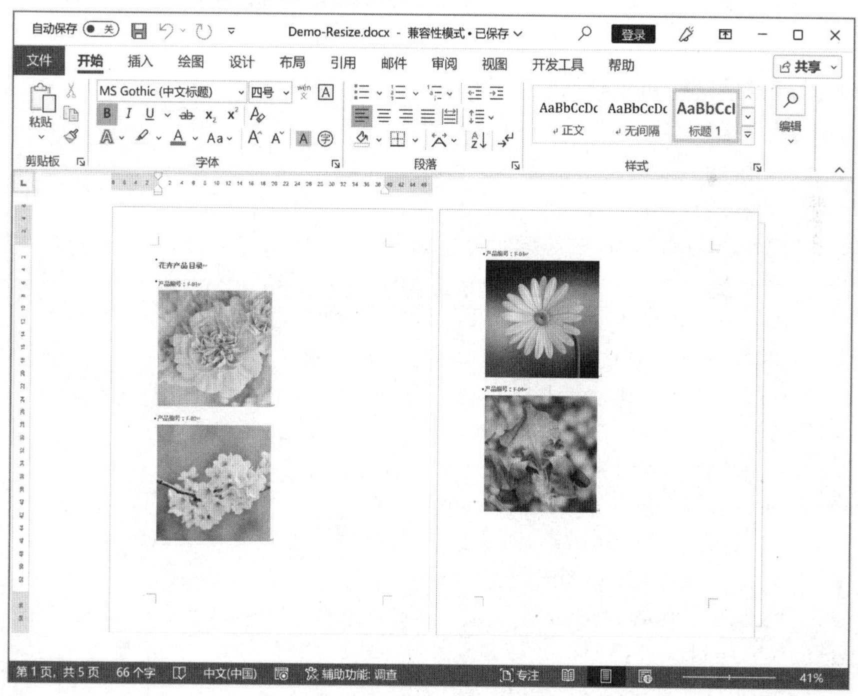

图 11-6　Word 文档中的图片

11.4　清理文档中的空白段落

示例 Word 文档中存在多处空白段落，如图 11-7 所示，手工清理这些空白段落不仅费时费力，而且容易产生遗漏。

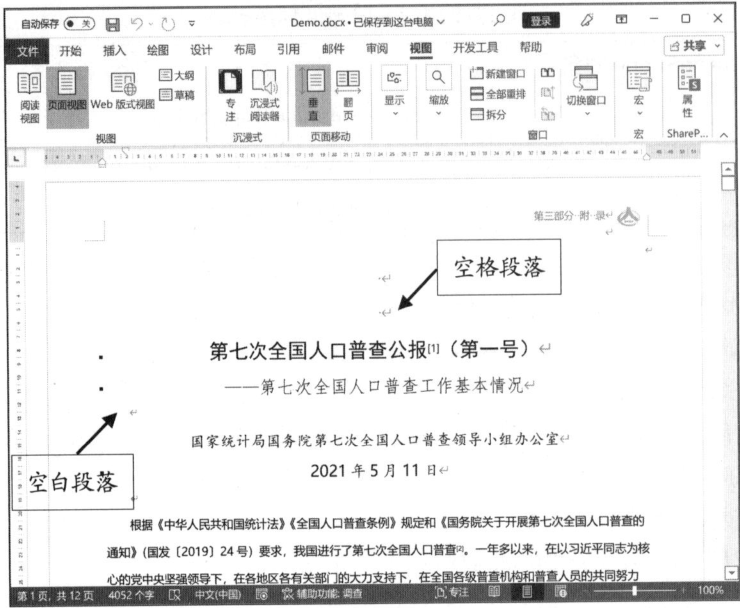

图 11-7 Word 文档中的空白段落

以下示例代码将清理文档中的全部空白段落。

```
#001  import os
#002  import win32com.client as win32
#003  src_fname = 'Demo.docx'
#004  dest_fname = 'Demo-Noblank.docx'
#005  dest_path = os.path.dirname(__file__)
#006  src_file = os.path.join(dest_path, src_fname)
#007  dest_file = os.path.join(dest_path, dest_fname)
#008  wdApp = win32.gencache.EnsureDispatch('Word.Application')
#009  wdApp.Visible = False
#010  doc = wdApp.Documents.Open(src_file)
#011  for para in doc.Paragraphs:
#012      if len(para.Range.Text) == 1:
#013          para.Range.Delete()
#014  doc.SaveAs(dest_file)
#015  doc.Close()
#016  if wdApp.Documents.Count == 0:
#017      wdApp.Quit()
#018  else:
#019      wdApp.Visible = True
#020  wdApp = None
```

➢ 代码解析

第 1 行代码导入 os 模块。

第 2 行代码导入 win32com.client 模块，设置别名为 win32。

第 3 行代码指定源文件名称为“Demo.docx”。

第 4 行代码指定目标文件名称为“Demo-Noblank.docx”。

第 5 行代码使用 os 模块的 path.dirname 函数获取 Python 文件所在目录，其中 __file__ 属性返回 Python 文件的全路径。

第 6~7 行代码使用 os 模块的 path.join 函数连接目录名和文件名获取全路径，其中 dest_path 为当前目录，src_fname 和 dest_fname 为相应的文件名。

第 8 行代码调用 EnsureDispatch 函数创建 COM 对象实例。

第 9 行代码隐藏 Word 应用程序。

第 10 行代码打开源文件。

第 11~13 行代码循环处理文档中的段落。

第 12 行代码判断段落内容的字符长度，其中 Range.Text 返回 paragraph 对象的内容，如果只有一个字符，那么说明该段落是空白段落。

注意

对于只包含单个或者多个空格的段落（下文简称为空格段落），不视为空白段落。使用如下代码替换第 13 行代码即可删除空白段落和空格段落。

```
if len(para.Range.Text.strip()) == 1:
```

第 13 行代码调用 Delete 方法删除段落。

第 14 行代码调用 SaveAs 方法将文档保存为目标文件。

第 15 行代码关闭 Word 文档。

如果 Word 应用程序中不存在已经打开的文档，则第 17 行代码关闭 Word 应用程序，否则第 19 行代码恢复显示 Word 应用程序。

第 20 行代码清空 word_app 变量。

运行示例代码，清除空白段落后的 Word 文档如图 11-8 所示。

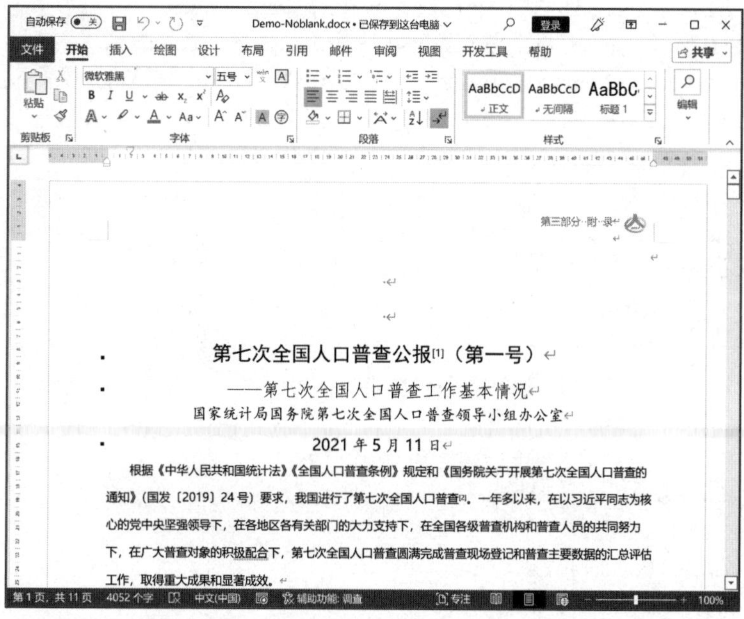

图 11-8 清除空白段落后的 Word 文档

11.5 清理文档中的重复段落

编辑 Word 长文档时，有时可能会由于疏忽导致出现重复段落，如图 11-9 所示。

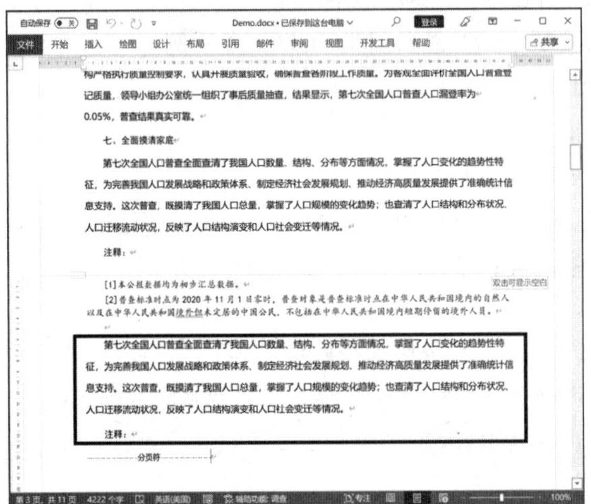

记质量，领导小组办公室统一组织了事后质量抽查，结果显示，第七次全国人口普查人口漏登率为0.05%，普查结果真实可靠。

七、全面摸清家底

第七次全国人口普查全面查清了我国人口数量、结构、分布等方面情况，掌握了人口变化的趋势性特征，为完善我国人口发展战略和政策体系、制定经济社会发展规划、推动经济高质量发展提供了准确统计信息支持。这次普查，既摸清了我国人口总量，掌握了人口规模的变化趋势；也查清了人口结构和分布状况、人口迁移流动状况，反映了人口结构演变和人口社会变迁等情况。

注释：

[1]本公报数据均为初步汇总数据。

[2]普查标准时点为 2020 年 11 月 1 日零时，普查对象是普查标准时点在中华人民共和国境内的自然人以及在中华人民共和国境外但未定居的中国公民，不包括在中华人民共和国境内短期停留的境外人员。

第七次全国人口普查全面查清了我国人口数量、结构、分布等方面情况，掌握了人口变化的趋势性特征，为完善我国人口发展战略和政策体系、制定经济社会发展规划、推动经济高质量发展提供了准确统计信息支持。这次普查，既摸清了我国人口总量，掌握了人口规模的变化趋势；也查清了人口结构和分布状况、人口迁移流动状况，反映了人口结构演变和人口社会变迁等情况。

注释：

图 11-9　Word 文档中的重复段落

运行示例代码将清理文档中的重复段落，仅保留首次出现的段落。

```
import os
import win32com.client as win32
src_fname = 'Demo.docx'
dest_fname = 'Demo-NoDup.docx'
dest_path = os.path.dirname(__file__)
src_file = os.path.join(dest_path, src_fname)
dest_file = os.path.join(dest_path, dest_fname)
wdApp = win32.gencache.EnsureDispatch('Word.Application')
wdApp.Visible = False
doc = wdApp.Documents.Open(src_file)
content = []
for para in doc.Paragraphs:
    ptext = para.Range.Text.strip()
    if len(ptext) > 1:
        if ptext in content:
            para.Range.Delete()
        else:
            content.append(ptext)
doc.SaveAs(dest_file)
doc.Close()
if wdApp.Documents.Count == 0:
    wdApp.Quit()
else:
    wdApp.Visible = True
wdApp = None
```

➢ 代码解析

第 1 行代码导入 os 模块。

第 2 行代码导入 win32com.client 模块，设置别名为 win32。

第 3 行代码指定源文件名称为“Demo.docx”。

第 4 行代码指定目标文件名称为“Demo-NoDup.docx”。

第 5 行代码使用 os 模块的 path.dirname 函数获取 Python 文件所在目录，其中 __file__ 属性返回 Python 文件的全路径。

第 6~7 行代码使用 os 模块的 path.join 函数连接目录名和文件名获取全路径，其中 dest_path 为当前目录，src_fname 和 dest_fname 为相应的文件名。

第 8 行代码调用 EnsureDispatch 函数创建 COM 对象实例。

第 9 行代码隐藏 Word 应用程序。

第 10 行代码打开源文件。

第 11 行代码创建空列表用于保存段落内容。

第 12~18 行代码循环处理文档中的段落。

第 13 行代码获取段落的有效字符。其中 Range.Text 用于获取 paragraph 对象的内容，strip 方法用于去除字符串的前导或者尾随空白字符。

第 14 行代码判断段落的有效字符长度是否大于 1，这将忽略空白段落和空格段落。

第 15 行代码判断当前段落有效字符是否存在于 content 列表中。如果存在，则说明当前段落为重复段落，第 16 行代码调用 Delete 方法删除段落，否则第 18 行代码将当前段落有效字符追加到 content 列表中。

第 19 行代码调用 SaveAs 方法将文档保存为目标文件。

第 20 行代码关闭 Word 文档。

如果 Word 应用程序中不存在已经打开的文档，则第 22 行代码关闭 Word 应用程序，否则第 24 行代码恢复显示 Word 应用程序。

第 25 行代码清空 word_app 变量。

运行示例代码，清理重复段落后的 Word 文档如图 11-10 所示。

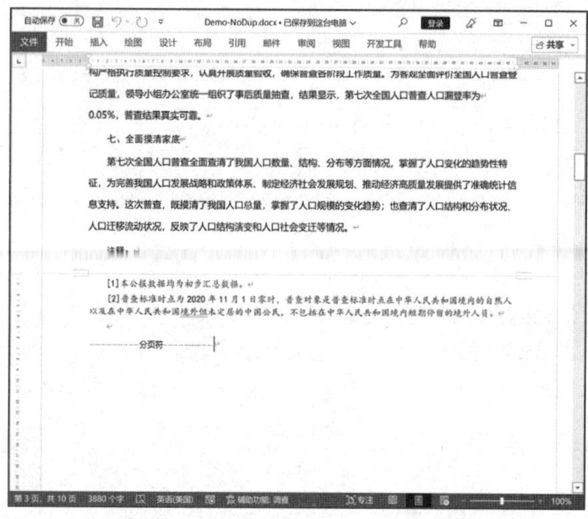

图 11-10　清理重复段落后的 Word 文档

11.6 提取文档的全部表格

示例文档中包含多个表格，如图 11-11 所示。

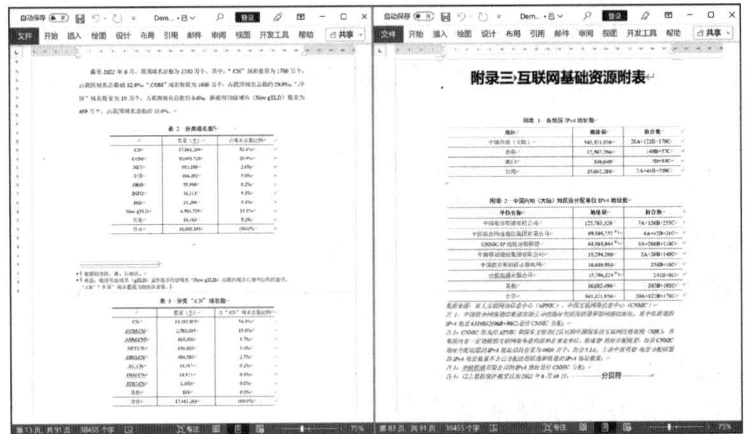

图 11-11 示例文件中的表格

以下示例代码将提取文档中的全部表格和题注，并保存为单独的 Word 文档。

```
import os
import win32com.client as win32
from win32com.client import constants as wdConst
src_fname = 'Demo.docx'
dest_fname = 'Demo-Table.docx'
dest_path = os.path.dirname(__file__)
src_file = os.path.join(dest_path, src_fname)
dest_file = os.path.join(dest_path, dest_fname)
wdApp = win32.gencache.EnsureDispatch('Word.Application')
wdApp.Visible = False
src_doc = wdApp.Documents.Open(src_file)
dest_doc = wdApp.Documents.Add()
for tbl in src_doc.Tables:
    if tbl.Columns.Count > 1:
        start_pos = tbl.Range.Start
        end_pos = tbl.Range.End
        caption = src_doc.Range(start_pos-1, start_pos-1)
        caption.Expand(wdConst.wdParagraph)
        cap_text = caption.Text
        if (caption.Style.NameLocal == '题注'
            and (cap_text.startswith('表')
                 or cap_text.startswith('附表'))):
            start_pos = caption.Start
            src_range = src_doc.Range(start_pos, end_pos)
            dest_range = dest_doc.Range()
            dest_range.Collapse(wdConst.wdCollapseEnd)
```

```
#027                 dest_range.FormattedText = src_range.FormattedText
#028                 dest_range.InsertParagraphAfter()
#029    dest_doc.SaveAs(dest_file)
#030    dest_doc.Close()
#031    src_doc.Close(SaveChanges = False)
#032    if wdApp.Documents.Count == 0:
#033        wdApp.Quit()
#034    else:
#035        wdApp.Visible = True
#036    wdApp = None
```

➢ 代码解析

第 1 行代码导入 os 模块。

第 2 行代码导入 win32com.client 模块，设置别名为 win32。

第 3 行代码由 win32com.client 模块导入 constants，设置别名为 wdConst。

第 4 行代码指定源文件名称为“Demo.docx”。

第 5 行代码指定目标文件名称为“Demo-Table.docx”。

第 6 行代码使用 os 模块的 path.dirname 函数获取 Python 文件所在目录，其中 __file__ 属性返回 Python 文件的全路径。

第 7~8 行代码使用 os 模块的 path.join 函数连接目录名和文件名获取全路径，其中 dest_path 为当前目录，src_fname 和 dest_fname 为相应的文件名。

第 9 行代码调用 EnsureDispatch 函数创建 COM 对象实例。

第 10 行代码隐藏 Word 应用程序。

第 11 行代码打开源文件。

第 12 行代码调用 Add 方法创建一个空白 Word 文档。

第 13~28 行代码循环处理文档中的全部表格。

第 14 行代码判断表格列数是否大于 1，其中 Columns.Count 返回表格的总列数。

在 Word 文档中有时为了控制页面布局，也会使用表格，这样的表格无须提取，如图 11-12 所示的表格，因此本示例代码将忽略单列表格。

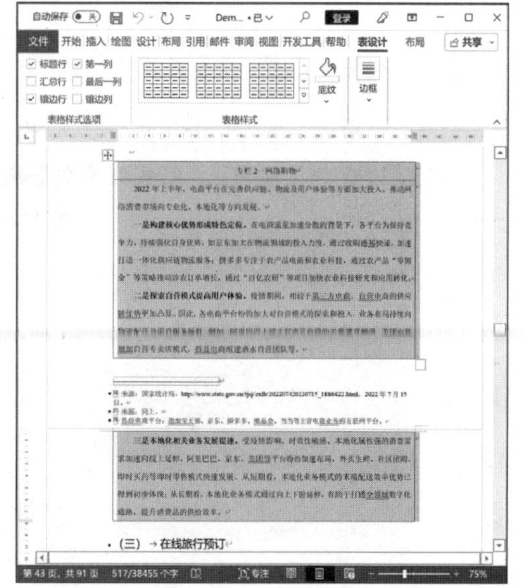

图 11-12　单列表格

第 15 行代码获取表格的起始字符位置。

第 16 行代码获取表格的结束字符位置。

第 17~18 行代码获取表格之上的相邻段落范围（下文简称为题注段落）。

第 19 行代码获取题注段落的文字内容。

第 20~22 行代码判断题注段落是否同时符合如下特征。

（1）段落样式为“题注”

（2）段落文字以“表”或者“附表”开头。

如果符合上述条件，第 23~28 行代码将表格和题注插入目标 Word 文档中。

第 23 行代码获取题注段落的起始字符位置。

第 24 行代码获取源文档中包含题注和表格的 Range 对象。

第 25 行代码获取目标文档中包含全部内容的 Range 对象。

第 26 行代码将 dest_range 的字符范围收缩至末尾位置。

第 27 行代码将题注和表格插入目标文档中。

第 28 行代码在表格后插入段落标识，相当于按回车键。

第 29 行代码将目标文档保存为硬盘文件。

第 30 行代码关闭目标文档。

第 31 行代码关闭源文档，SaveChanges 参数设置为 False，则忽略对文档的修改。

如果 Word 应用程序中不存在已经打开的文档，则第 33 行代码关闭 Word 应用程序，否则第 35 行代码恢复显示 Word 应用程序。

第 36 行代码清空 word_app 变量。

运行示例代码提取的表格和题注如图 11-13 所示。

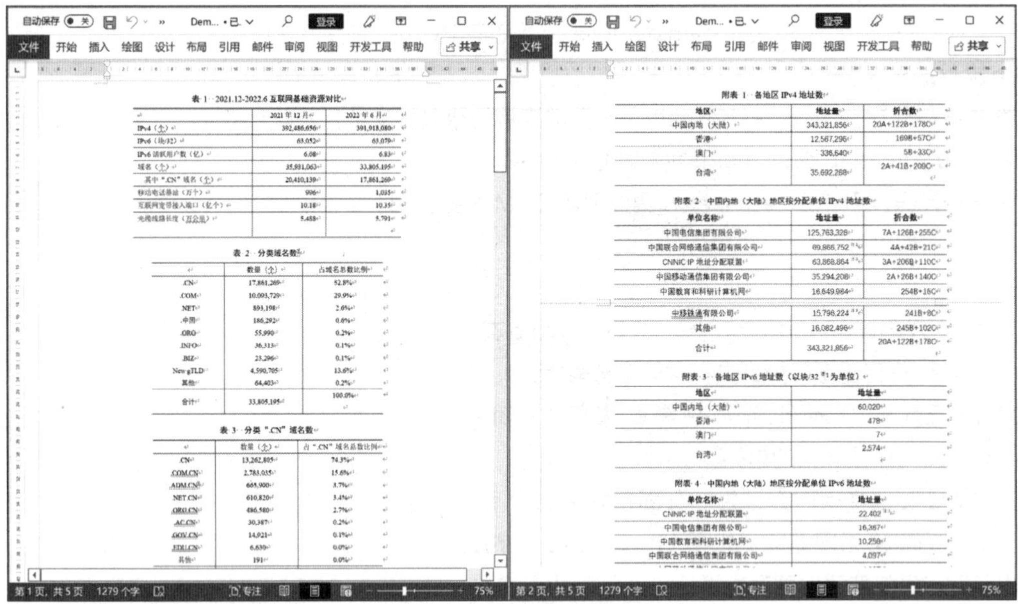

图 11-13　提取表格和题注

第 12 章　自动化处理 PowerPoint 文件

日常办公中有大量需要使用 PPT（Microsoft PowerPoint）的需求，但是在设计和制作 PPT 演示文稿时，有不少琐碎且重复的任务，如果纯用手工的话，不仅效率低而且不易达到预期效果。例如，将多个形状按一定弧度排列对齐、批量更新图片等。而 Python 可以根据指定的逻辑迅速完成类似工作。

12.1　自动排列目录页的多个 PPT 文本框

大多数演示文稿都有目录页面，用于展示讲解的内容要点。目录页的设计有多种方式，常见的一种是用文本框将内容要点进行某种方式的排列。如果将文本框按一定弧度排列分布，将显得较为活泼。以下示例代码使用 pptx 模块按预设方式排列 PPT 文本框。

注意　在运行代码前，需要先用 pip install python-pptx 安装该模块。该模块安装后所对应的文件夹名称为 pptx，因此代码中使用 pptx（python-pptx 为开发者在 setup.py 中设置的名称）。

```
from pptx import Presentation
from pptx.enum.dml import MSO_LINE
from pptx.util import Inches, Pt
import os
from math import pi, cos
folder_name = os.path.dirname(__file__)
file_name = os.path.join(folder_name, 'align.pptx')
contents = ['01成绩回顾', '02困难遭遇', '03解决方案',
            '04经验总结', '05未来规划']
prs = Presentation()
SLD_LAYOUT_TITLE_ONLY = 5
slide_layout = prs.slide_layouts[SLD_LAYOUT_TITLE_ONLY]
slide = prs.slides.add_slide(slide_layout)
slide.placeholders[0].text = '目录'
for i in range(5):
    left = Inches(3.5) + Inches(1.5) * cos((i - 2) / 6 * pi)
    text_top = Inches(2.1) + Inches(0.7) * i
    width = Inches(1.5)
    height = Inches(0.4)
    autoshape_type_id = MSO_LINE.ROUND_DOT
    line_top = text_top + height
    line_height = Inches(0)
    text_box = slide.shapes.add_textbox(
        left, text_top, width, height)
    text_box.text = contents[i]
    line = slide.shapes.add_shape(
```

```
#027           autoshape_type_id, left, line_top, width, line_height)
#028        line.line.dash_style = MSO_LINE.ROUND_DOT
#029        line.line.width = Pt(1.25)
#030    prs.save(file_name)
```

➢ 代码解析

第 1 行代码导入 pptx 模块的 Presentation 包，该包可用于创建或读取 PPT 文件。

第 2 行代码导入 pptx.enum.dml 模块的 MSO_LINE 包，用于设置线条形状。

第 3 行代码导入 pptx.util 模块的 Inches、Pt 包，用于设置形状或字号大小及位置。

第 4 行代码导入 os 模块，用于获取文件路径。

第 5 行代码导入 math 模块的 pi 和 cos 函数，用于排列时计算形状的位置。

第 6 行代码使用 os 模块的 path.dirname 函数获取 Python 文件所在目录。

第 7 行代码使用 os 模块的 path.join 函数连接目录名和文件名获取结果文件的全路径。

第 8~9 行代码创建变量 contents，用于设置目录页的内容。

第 10 行代码使用 Presentation 包创建一个空白 PPT 演示文稿，其页面比例为 4:3。

如果需要将该演示文稿设置为 16:9，可以在本行代码后增加以下代码。

```
prs.slide_width = Inches(16)
prs.slide_height = Inches(9)
```

第 11 行代码设置常量 SLD_LAYOUT_TITLE_ONLY 的值为 5。

设置常量值有助于用户理解即将插入的幻灯片版式样式。PPT 演示文稿的页面版式编号从 0 开始，“5”对应第 6 个版式——Title Only（仅包含标题），如图 12-1 所示。

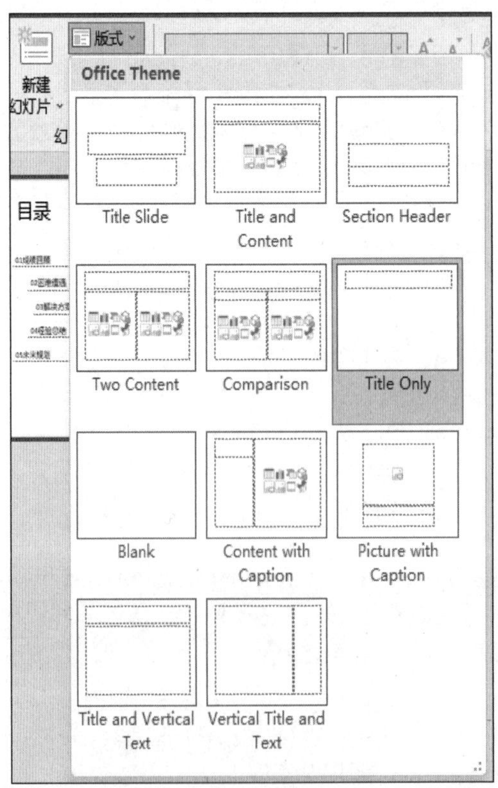

图 12-1　PPT 内置页面版式

第 12 行代码选择版式，赋值给变量 slide_layout。

第 13 行代码使用指定版式创建第 1 张幻灯片，赋值为 slide。

第 14 行代码将第 1 张幻灯片的第 1 个占位符文本设置为“目录”。placeholders 为该页幻灯片的占位符集合，可使用索引号来指定。

第 15~29 行代码为循环代码块，用于插入目录内容。

第 16 行代码设置文本框的左边距，使列表的第 3 个元素左边距居于中心。

深入了解

1 英寸（Inches）等于 72 磅（Pt）。

可使用 prs.slide_width（或 slide_height）/ 914400 查看幻灯片尺寸，其中 914400 为 1 英寸的长度（length）。左上角坐标为（0, 0）。由此可计算出中心位置左边距为 5 英寸。

然后拆分为 3.5+1.5×cos((x-2)* 偏移角度)，将第 3 个元素置于中心（0 的余弦值为 1）。本例偏移角度为 π/6，即 30°。

拆分的目的是减少浮动幅度，读者可根据实际需要调整拆分值和偏移角度。

第 17 行代码通过变量 i，设置各个形状的上边距间隔为 0.7 英寸。

第 18~19 行代码依次设置文本框的宽度和高度分别为 1.5 和 0.4 英寸。

第 20 行代码定义形状的类型 ID 为圆点线（即虚线），用于设置后续插入直线形状。

第 21 行代码定义线条上边距，以保证线条紧贴文本框底部。

第 22 行代码定义线条高度为 0。

第 23~24 行代码使用 add_textbox 方法创建文本框，赋值给变量 text_box。该方法含有 4 个参数：left、top、width 和 height，分别用于设置左边距、上边距、宽度和高度。

第 25 行代码通过文本框的 text 属性，依次设置为 contents 所对应的字符串。

第 26~27 行代码使用 add_shape 方法创建直线形状，并赋值给变量 line。

autoshape_type_id 参数表示添加线条形状。其余参数说明与 add_textbox 相同。

第 28 行代码设置形状 line 的线条样式。line.line.dash_style 为 MSO_LINE.ROUND_DOT，表示设置线条的短划线类型为圆点直线。线条样式如表 12-1 所示。

表 12-1　线条样式说明

线条类型	说明
DASH	短划线
DASH_DOT	短划线 - 点
DASH_DOT_DOT	短划线 - 点 - 点
LONG_DASH	长划线
LONG_DASH_DOT	长划线 - 点
ROUND_DOT	圆点
SOLID	实线
SQUARE_DOT	方点
DASH_STYLE_MIXED	暂不支持

深入了解

PPT 虚线（上方线条）和本例虚线（下方线条）的对比如图 12-2 所示。

图 12-2　PPT 虚线和本例虚线的对比

PPT 绘制的虚线圆点较密集，本例较稀疏。放大后可以看出，add_shape 方法所添加的形状是顶边与底边重叠的梯形，并非直线。但 python-pptx 模块尚未有较好的解决方法。

第 29 行代码设置线条的宽度为 1.25 磅。

第 30 行代码保存 PPT 演示文稿。

目录页的显示效果如图 12-3 所示。

目录
01成绩回顾
02困难遭遇
03解决方案
04经验总结
05未来规划

图 12-3　PPT 目录页的显示效果

12.2　批量插入形状制作过渡页

形状是 PPT 中的重要对象，可以非常方便地实现各种图文效果。使用多个形状创建过渡页，是一种常见的做法。使用 Python 可以迅速制作多张过渡页，并调整每一页的形状的具体样式。

以下示例代码批量插入形状，生成过渡页。

```
from pptx import Presentation
from pptx.enum.shapes import MSO_SHAPE
from pptx.dml.color import RGBColor
from pptx.util import Inches
import os
folder_name = os.path.dirname(__file__)
file_name = os.path.join(folder_name, 'shape.pptx')
contents = ['总览', '优势', '劣势', '机遇', '挑战']
prs = Presentation()
SLD_LAYOUT_BLANK = 6
slide_layout = prs.slide_layouts[SLD_LAYOUT_BLANK]
top = Inches(0.25)
width = Inches(1.28)
height = Inches(0.53)
left_shape = MSO_SHAPE.PENTAGON
right_shape = MSO_SHAPE.CHEVRON
focus_color = RGBColor(75, 112, 255)
```

```
#018 other_color = RGBColor(60, 92, 153)
#019 for i in range(5):
#020     slide = prs.slides.add_slide(slide_layout)
#021     shapes = slide.shapes
#022     for j in range(5):
#023         left = 0.9 * j * width
#024         if j == 0:
#025             shape = shapes.add_shape(
#026                 left_shape, left, top, width, height)
#027         else:
#028             shape = shapes.add_shape(
#029                 right_shape, left, top, width, height)
#030         shape.text = contents[j]
#031         shape.fill.solid()
#032         if j == i:
#033             shape.fill.fore_color.rgb = focus_color
#034         else:
#035             shape.fill.fore_color.rgb = other_color
#036 prs.save(file_name)
```

➢ 代码解析

第 1 行代码导入 pptx 模块的 Presentation 包，该包可用于创建或读取 PPT 文件。

第 2 行代码导入 pptx.enum.shapes 模块的 MSO_SHAPE 包，用于设置插入形状。

第 3 行代码导入 pptx.dml.color 模块的 RGBColor 包，用于设置颜色的 RGB 值。

第 4 行代码导入 pptx.util 模块的 Inches 包，用于设置形状的大小和位置。

第 5 行代码导入 os 模块，用于获取文件路径。

第 6 行代码使用 os 模块的 path.dirname 函数获取 Python 文件所在目录。

第 7 行代码使用 os 模块的 path.join 函数连接目录名和文件名，获取结果文件的全路径。

第 8 行代码创建变量 contents，用于设置过渡页的内容。

第 9 行代码使用 Presentation 包创建空白 PPT 演示文稿。

第 10 行代码设置常量 SLD_LAYOUT_BLANK 的值为 6。

第 11 行代码选择设置的版式，赋值给变量 slide_layout。

第 12~14 行代码依次定义上边距为 0.25 英寸，宽度为 1.28 英寸，高度为 0.53 英寸，用于定位 SmartArt 第 1 个形状的位置。

由于其他形状的左边距依赖于第 1 个形状的左边距和宽度，故暂不设置。

第 15~16 行代码依次设置左侧形状、右侧形状分别为 MSO_SHAPE.PENTAGON（五边形）、MSO_SHAPE.CHEVRON（V 型条）。

深入了解

要想了解更多形状样式，请参阅以下链接：

https://python-pptx.readthedocs.io/en/latest/api/enum/MsoAutoShapeType.html

第 17~18 行代码依次设置过渡页的目标形状、其他形状的填充色为浅蓝色和灰蓝色。

除了传入 RGB 值外，还可以使用 from_string 方法传入 16 进制 RGB 编码。例如：RGBColor.

from_string('ffffff') 返回结果为白色。

第 19~35 行代码为循环代码块，用于创建 5 张幻灯片，并在每张幻灯片上插入 5 个形状。

第 20 行代码使用指定版式来新建幻灯片，赋值为 slide。

第 21 行代码定义幻灯片的形状集合为 shapes。

第 22~35 行代码为嵌套循环代码块，用于为每个幻灯片插入多个形状（shape）。

第 23 行代码定义目标形状的左边距为前面各个形状的宽度之和的 0.9 倍。

第 24~29 行代码为条件代码块，用于插入不同的形状。

第 24~26 行代码将第 1 次添加的形状设置为 left_shape。由于 j 的初始值为 0，因此 j=0 时表示第 1 次添加形状。

第 27~29 行代码将其他时候（第 2~5 次）添加的形状设置为 right_shape。

第 30 行代码通过形状的 text 属性，依次设置为 contents 所对应的字符串。

第 31 行代码设置各个形状的填充色为纯色。

第 32~35 行代码为条件代码块，用于设置各个形状的填充色。

第 32~33 行代码用于设置目标形状的填充色。

第 32 行代码中 j == i 用于判断形状的索引号是否与幻灯片的索引号一致，符合条件的结果是第 1 张幻灯片的第 1 个形状，第 2 张幻灯片的第 2 个形状……以此类推。

符合上述条件时，该形状为目标形状，设置填充色为浅蓝色。

第 34~35 行代码设置其他形状的填充色为灰蓝色。

第 36 行代码保存 PPT 演示文稿。过渡页的显示效果如图 12-4 所示。

图 12-4　过渡页的显示效果

12.3　处理表格数据

在数据分析报告中，有时候需要引用表格数据加以说明。通常有两种实现方法：插入链接 Excel 文件后进行更新，或创建 PPT 内置表格后填充数据。

12.3.1　批量插入链接 Excel 表格对象

以下示例代码使用 win32com 模块在演示文稿中批量插入表格，这些表格都链接到对应的 Excel 表

格，方便后续更新。

> **提示**
>
> 运行代码前，可能需要通过 pip install pywin32 安装 win32com 模块。本节不适用于 MacOS 系统。

```
#001  from win32com.client import Dispatch
#002  import os
#003  folder_name = os.path.dirname(__file__)
#004  data = [os.path.join(folder_name, x)
#005          for x in ['report1.xlsx', 'report2.xlsx']]
#006  template = os.path.join(folder_name, 'excel.pptx')
#007  result = os.path.join(folder_name, 'excel_result.pptx')
#008  ppt = Dispatch("Powerpoint.Application")
#009  prs = ppt.Presentations.Open(template)
#010  i = 0
#011  for slide in prs.Slides:
#012      shape = slide.Shapes.AddOLEObject(
#013          Left = 200, Top = 100, Width = 500, Height = 150,
#014          FileName = data[i], Link = -1)
#015      shape.LinkFormat.AutoUpdate = 1
#016      i + = 1
#017  prs.SaveAs(result)
#018  ppt.Quit()
```

➢ 代码解析

第 1 行代码导入 win32com.client 模块的 Dispatch 包，用于打开应用程序。

第 2 行代码导入 os 模块，用于获取文件路径。

第 3 行代码使用 os 模块的 path.dirname 函数获取 Python 文件所在目录。

第 4~5 行代码利用推导式，结合 os 模块的 path.join 函数连接目录名和文件名获取数据文件的全路径，生成路径列表。

第 6~7 行代码使用同样的方式获取模板文件和输出文件的全路径。

第 8 行代码使用 Dispatch 包创建 PowerPoint 应用程序，传入的参数值为应用程序名。

> **深入了解**
>
> 创建应用程序后，可通过应用程序来执行相关操作。以下示例代码将 PPT 文件的第 1 张幻灯片的第 1 个文本框的文字显示在屏幕上：
>
> ```
> prs = ppt.Presentations.Open(template)
> print(prs.Slides(1).Shapes(1).TextFrame.TextRange.Text)
> ```
>
> 由于调用的是 Windows COM 底层，代码中的索引号并非像 Python 那样从 0 开始，而是符合 VBA（Visual Basic for Applications）语法习惯。
>
> 使用该模块时，可参考 VBA 相关语法（枚举常量名称需改为对应数值）。详见以下链接：
>
> https://docs.microsoft.com/zh-cn/office/vba/api/overview/powerpoint/object-model

第 9 行代码使用 Presentations 集合的 Open 方法打开 PPT 文件。

第 10 行代码定义变量 i，初始化为 0，作为后续循环读取数据文件列表的索引。

第 11~16 行代码为循环代码块，在每张幻灯片中插入一个 Excel 表格。

第 12~14 行代码使用 AddOLEObject 方法插入 OLE 对象。AddOLEObject 参数说明如表 12-2 所示。

表 12-2 AddOLEObject 参数说明

参数名	参数值	说明	备注
Left/Top	可选，数值，默认为 0	新对象左上角相对于幻灯片左上角的位置，单位为磅（pt）	–
Width/Height	可选，数值	OLE 对象初始的宽度 / 高度，单位为磅（pt）	–
FileName	可选，字符串默认为当前工作文件夹	要创建的对象的源文件	FileName 和 ClassName 参数二选一
ClassName	可选，字符串	OLE 长类名或待创建对象的 ProgID	
IconFileName	可选，字符串	图标路径	–
IconIndex	可选，默认为 0	图标索引	–
IconFileName	可选，字符串	图标下方的标签（标题）	–
Link	可选，数值	是否链接到 OLE 对象，–1 为“是”，0 为“否”	指定 ClassName 参数时，需指定改为 0

第 15 行代码将 LinkFormat 对象的 AutoUpdate 属性设置为 1，表示手动更新链接。这样不会在每次打开文件时弹出“是否更新”的对话框。

深入了解

后续批量更新数据时，可将原第 12~16 行示例代码替换为以下代码。

```
#001  for shape in slide.Shapes:
#002      if shape.Type == 10:
#003          shape.LinkFormat.AutoUpdate = 1
#004          shape.LinkFormat.Update()
```

第 2~4 行代码表示，当 shape 类型为 10，即 OLE 对象时，再执行 Update 方法进行更新。

第 16 行代码对变量 i 自增为 1，用于更新索引号。

第 17 行代码用 SaveAs 方法另存文件为 PPT 演示文稿。

第 18 行代码使用 Quit 方法退出 PowerPoint 应用程序。

注意

使用“交互窗口”系列菜单时（例如，“在交互窗口运行选择代码 / 行”），无法使用 ppt.Quit() 退出程序，结束程序进程可使用以下示例代码。

```
os.system('taskkill /f /im POWERPNT.EXE')
```

插入链接到 Excel 表格后的演示文稿如图 12-5 所示。

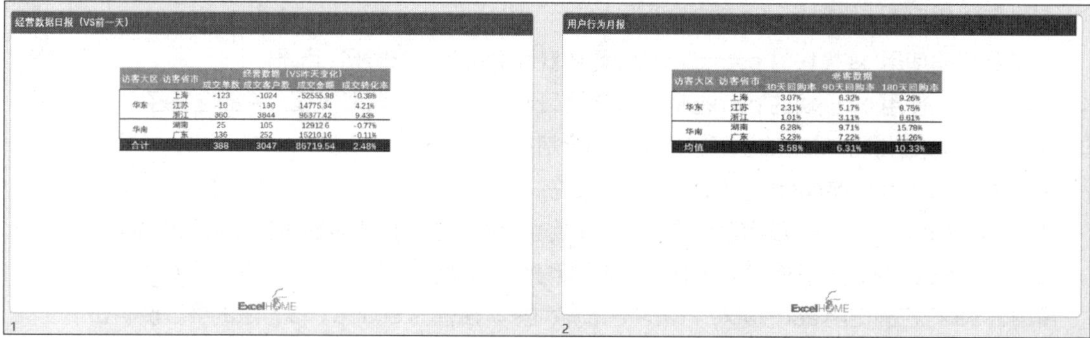

图 12-5 插入链接到 Excel 表格后的演示文稿

12.3.2 创建 PPT 表格

以下示例代码使用 pptx 模块创建 PPT 表格并格式化。

```
#001  from pptx import Presentation
#002  from pptx.enum.text import MSO_ANCHOR
#003  from pptx.util import Inches
#004  import os
#005  folder_name = os.path.dirname(__file__)
#006  ppt_file = os.path.join(folder_name, 'blank.pptx')
#007  result_file = os.path.join(folder_name, 'create_table.pptx')
#008  prs = Presentation(ppt_file)
#009  left, top = Inches(1.75), Inches(1)
#010  width, height = Inches(10), Inches(5.5)
#011  shape = prs.slides[0].shapes.add_table(
#012        rows = 6, cols = 7, left = left, top = top,
#013        width = width, height = height)
#014  table = shape.table
#015  table.first_col = True
#016  table.first_row = True
#017  table.horz_banding = False
#018  cell1, cell2 = table.cell(1, 0), table.cell(3, 0)
#019  cell1.merge(cell2)
#020  cell3, cell4 = table.cell(4, 0), table.cell(5, 0)
#021  cell3.merge(cell4)
#022  for row in range(6):
#023      for col in range(7):
#024          cell = table.cell(row, col)
#025          cell.vertical_anchor = MSO_ANCHOR.MIDDLE
#026  prs.save(result_file)
```

➢ 代码解析

第 1 行代码导入 pptx 模块的 Presentation 包，该包可用于创建或读取 PPT 文件。

第 2 行代码导入 pptx.enum.text 模块的 MSO_ANCHOR 包，用于设置表格垂直对齐方式。

第 3 行代码导入 pptx.util 模块的 Inches 包，用于设置表格大小和位置。

第 4 行代码导入 os 模块，用于获取文件路径。

第 5 行代码使用 os 模块的 path.dirname 函数获取 Python 文件所在目录。

第 6 行代码使用 os 模块的 path.join 函数连接目录名和文件名获取模板文件的全路径。

第 7 行代码使用同样的方法获取输出文件的全路径。

第 8 行代码使用 Presentation 包读取 PPT 文件。

第 9 行代码分别定义左边距和顶边距为 1.75 英寸和 1 英寸，用于设置表格左上角位置。

第 10 行代码分别定义表格宽度和高度为 10 英寸和 5.5 英寸，用于设置表格尺寸大小。

第 11~13 行代码使用 add_table 方法创建表格对象，赋值为 shape。该方法的参数说明如下。

rows/cols：整数，表格行数 / 列数。

left/top：长度类，表格左上角的左边距 / 顶边距。

width/height：长度类，表格宽度 / 高度。

第 14 行代码定义 shape 的子类 table，赋值给变量 table。

第 15 行代码通过设置 first_col 属性为 True，对表格的第 1 列应用表格样式。

该操作相当于在 PowerPoint 中单击【表设计】后，勾选【表格样式选项】中的【第一列】。

第 16 行代码设置 first_row 属性为 True，对表格的第 1 行应用表格样式。

第 17 行代码设置 horz_banding 属性为 False，用纯色填充除第 1 行和第 1 列外的单元格。默认值为 True，即逐行深浅色交替填充背景色。逐列填充可通过设置 vert_banding 属性来实现。

第 18 行代码分别定义第 2 行第 1 列和第 4 行第 1 列两个单元格，赋值为 cell1 和 cell2。

第 19 行代码使用 merge 方法，将 cell1 和 cell2 进行合并。

第 20~21 行代码以同样的方式定义 cell3 和 cell4，并进行合并。

第 22 行代码定义 for 循环，用于遍历表格的每一行。

由于前面已完成设置第 1 行和第 1 列的属性，因此此处只格式化其他单元格。

第 23~25 行代码为嵌套循环代码块，对每一行的每一列进行遍历，以获取每个单元格（cell），再进行格式化。

第 24 行代码根据行列变量，定义格子对象，赋值为 cell。

第 25 行代码通过 vertical_anchor 属性设置格子内容垂直居中。

第 26 行代码保存 PPT 演示文稿。创建的表格样式如图 12-6 所示。

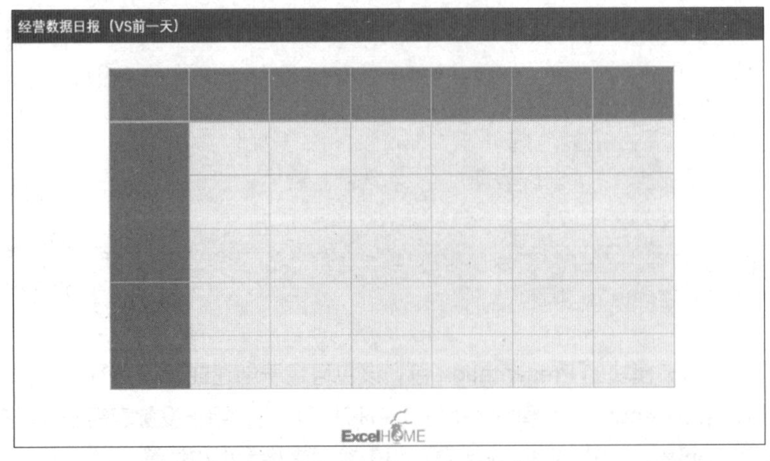

图 12-6　创建的表格样式

深入了解

pptx 模块并没有封装边框线的接口，如需绘制边框线，须调用隐藏属性 _tc，通过添加 XML 元素生成线条。参考代码如下：

```
#001  from pptx.oxml.xmlchemy import OxmlElement
#002  def SubElement(parent, tagname, **kwargs):
#003          element = OxmlElement(tagname)
#004          element.attrib.update(kwargs)
#005          parent.append(element)
#006          return element
#007  def set_cell_border(cell,
#008                          border_color="000000",
#009                          border_width='14700'):
#010          tc = cell._tc
#011          tcPr = tc.get_or_add_tcPr()
#012          for lines in ['a:lnL', 'a:lnR', 'a:lnT', 'a:lnB']:
#013              ln = SubElement(
#014                  tcPr, lines, w=border_width,
#015                  cap='flat', cmpd='sng', algn='ctr')
#016              solidFill = SubElement(ln, 'a:solidFill')
#017              SubElement(solidFill, 'a:srgbClr', val=border_color)
#018              SubElement(ln, 'a:prstDash', val='solid')
#019              SubElement(ln, 'a:round')
#020              SubElement(ln, 'a:headEnd',
#021                          type='none', w='med', len='med')
#022              SubElement(ln, 'a:tailEnd',
#023                          type='none', w='med', len='med')
```

❖ 代码解析

第 1 行代码导入 pptx.oxml.xmlchemy 模块的 OxmlElement 包。

第 2~6 行代码定义函数 SubElement，用于添加 XML 标签子元素。

第 7~23 行代码定义函数 set_cell_border，用于绘制边框线。

参数 cell 为格子对象，参数 border_color 为 16 进制颜色编码字符串，border_width 为以 length 为单位的线条宽度，14700 为 1Pt 大小。

第 12 行代码中的“'a:lnL', 'a:lnR', 'a:lnT', 'a:lnB'”分别代表左、右、上、下边框线，可根据需要设置。

第 13~23 行代码调用函数 SubElement，添加 XML 标签子元素，绘制线条。

读者可在示例代码的第 25 行代码末添加一行代码绘制边框线，即

```
#026  set_cell_border(cell)
```

注意 对于每个单元格，set_cell_border 仅可调用 1 次，否则 PPT 文件提示错误。

12.3.3 批量填充 PPT 表格数据

以下示例代码将数据批量填充到 PPT 表格模板中。

Excel 表格数据如图 12-7 所示。

	A	B	C	D	E	F	G
1	访客大区	访客省市	浏览量	访客数	成交客户数	成交金额	成交转化率
2	华东	上海	-35199	-9850	-867	-52555.98	-0.38%
3	华东	江苏	-128570	-18409	-130	14775.34	4.21%
4	华东	浙江	11504	6710	3844	96377.42	9.43%
5	华南	湖南	8853	2632	105	12912.6	-0.77%
6	华南	广东	6381	2353	252	15210.16	-0.11%

图 12-7 Excel 表格数据

提示

运行代码前，需要通过 pip install pandas 安装 pandas 模块。

```
from pptx import Presentation
from pptx.enum.text import PP_ALIGN
from pptx.dml.color import RGBColor
from pptx.util import Pt
import os
import pandas as pd
folder_name = os.path.dirname(__file__)
data_file = os.path.join(folder_name, 'table_data.xlsx')
ppt_file = os.path.join(folder_name, 'table_template.pptx')
result_file = os.path.join(folder_name, 'table_result.pptx')
df = pd.read_excel(data_file, header = None)
df = df.map(str)
prs = Presentation(ppt_file)
table = prs.slides[0].shapes[1].table
def format_text(cell, text, is_head = False):
        cell.text = text
        paragraph = cell.text_frame.paragraphs[0]
        paragraph.alignment = PP_ALIGN.CENTER
        font = paragraph.font
        font.name = '等线'
        font.bold = True
        font.color.rgb = RGBColor(0, 0, 0)
        font.size = Pt(14)
        if is_head:
            font.color.rgb = RGBColor(255, 255, 255)
            font.size = Pt(16)
        if '↓' in cell.text:
            font.color.rgb = RGBColor(200, 64, 64)
for row in range(df.shape[0]):
        for col in range(df.shape[1]):
            cell = table.cell(row, col)
            text = df.iloc[row, col].replace('-', '↓')
```

```
#033              if col == 0 or row == 0:
#034                  format_text(cell, text, True)
#035              else:
#036                  format_text(cell, text)
#037  prs.save(result_file)
```


➢ 代码解析

第 1 行代码导入 pptx 模块的 Presentation 包，该包可用于创建或读取 PPT。

第 2 行代码导入 pptx.enum.text 模块的 PP_ALIGN 包，用于设置段落对齐方式。

第 3 行代码导入 pptx.dml.color 模块的 RGBColor 包，用于设置颜色的 RGB 值。

第 4 行代码导入 pptx.util 模块的 Pt 包，用于设置大小或位置。

第 5 行代码导入 os 模块，用于获取文件路径。

第 6 行代码导入 pandas 模块，设置别名为 pd，用于读取 Excel 文件。

第 7 行代码使用 os 模块的 path.dirname 函数获取 Python 文件所在目录。

第 8 行代码使用 os 模块的 path.join 函数连接目录名和文件名获取数据源文件的全路径。

第 9~10 行代码使用同样的方法获取模板文件和输出文件的全路径。

第 11 行代码以 read_excel 方法将文件读取到内存中，赋值给 DataFrame 对象变量 df。

参数 header 设置为 None 将取消第一行作为列名，由 pandas 自动分配。目的是便于将标题行和数据一并填充到表格模板中。如模板已填写好表头标题，应忽略此参数。

第 12 行代码使用 map 方法将所有数据转为字符串格式，这是因为 PPT 表格的 text 属性仅接受字符串类型数据。

第 13 行代码使用 Presentation 包读取 PPT 文件。

第 14 行代码选择表格对象，赋值给 table 变量。prs.slides[0].shapes[1] 表示第 1 张幻灯片的第 2 个形状（shape）。表格、图表及文本框并非形状（shape），而是形状的子集，需要进一步指定 table 属性。

第 15 行代码定义函数 format_text，用于格式化文本。参数说明如下。

cell：单元格对象 cell，可由 table.cell(行索引 , 列索引) 生成。

text：要填充到目标格子的文本，字符串类型。

is_head：是否按标题行样式格式化，布尔值类型。默认为 False，以普通样式格式化文本。

第 16 行代码将 cell 对象的 text 属性指定为参数 text。

第 17 行代码定义段落变量 paragraph。paragraphs 集合隶属于文本框（text_frame）。

表格中的数据通常只有 1 行，因此设为 paragraphs[0] 即可。

第 18 行代码通过 alignment 属性设置为 PP_ALIGN.CENTER，表示段落文字居中。

常见对齐方式如表 12-3 所示。

表 12-3　常见对齐方式说明

对齐方式	说明
CENTER	居中对齐
DISTRIBUTE	分散对齐
JUSTIFY	两端对齐
JUSTIFY_LOW	两端对齐（紧凑型）
LEFT	左对齐
RIGHT	右对齐

第 19 行代码将 paragraph 的 font 属性赋值给字体对象变量 font。

第 20 行代码通过 font 的 name 属性设置段落字体名称为“等线”。

第 21 行代码通过 font 的 bold 属性设置段落字体为加粗样式。

第 22 行代码通过 font 的 color.rgb 属性设置段落字体为黑色（RGB 值均为 0）。

第 23 行代码通过 font 的 size 属性设置段落字体字号大小为 14 磅（pt）。

第 24~26 行代码为条件代码块，设置表头的字体字号大小和字体颜色。

第 27~28 行代码为条件代码块，当含有“↓”符号时，字体颜色设置为红色。

第 29 行代码通过 for 语句从 range 系列循环读取 df 的行号。

shape 属性返回 DataFrame 的形状。其中 shape[0] 返回行数，shape[1] 返回列数。

第 30 行代码通过 for 循环读取 df 的列位置索引，完成嵌套遍历 df 的所有数据。

第 31 行代码通过行号和列位置索引，使用 table 的 cell 方法创建格子对象，赋值给 cell。

第 32 行代码通过行号和列位置索引，使用 DataFrame 的 iloc 方法定位数据，并将负号（-）替换为“↓”符号后，赋值给变量 text。

注意

> replace 为字符串对象的方法，使用前应确保数据已转为字符串格式，否则出错。

第 33~36 行代码为条件代码块，将第 1 行和第 1 列按表头样式进行格式化，其他列按默认样式格式化。

第 37 行代码保存 PPT。PPT 表格数据的显示效果如图 12-8 所示。

访客大区	访客省市	浏览量	访客数	成交客户数	成交金额	成交转化率
华东	上海	↓35199	↓9850	↓867	↓52555.98	↓0.38%
	江苏	↓128570	↓18409	↓130	14775.34	4.21%
	浙江	11504	6710	3844	96377.42	9.43%
华南	湖南	8853	2632	105	12912.6	↓0.77%
	广东	6381	2353	252	15210.16	↓0.11%

图 12-8　PPT 表格数据的显示效果

PPT 表格的 2 种处理方法的优缺点比较如表 12-4 所示。

表 12-4　表格数据的 2 种处理方法优缺点比较

类别	优点	缺点
链接 Excel 表格	代码量较少 可使用 Excel 样式	更新数据时容易破坏原有样式（尤其是有合并单元格时） “↑↓”等特殊标志符号可能需要手动添加
使用 PPT 表格	自由度较大，可添加特殊标记符号，并进行格式化 可避免断链	代码量较多

12.4　批量更新文本框中的数据

很多汇报型 PPT 中包含了大量数字相关的内容，例如，使用文本框显示“本周销售额上升 / 下降 × 元，同比上升 / 下降 × %”。如果汇报是周期性的工作，而相关的数字已经另行整理好，使用 Python 能迅速用新的数字替换旧的数字，实现 PPT 内容的自动更新。

以下示例代码使用 pptx 模块批量将文本框中的数据替换为 Excel 数据表中的数字。

Excel 数据如图 12-9 所示。

项目	KPI
总计	16171
总计同比	↓3.4%
总计环比	↑9.9%
环比增长数	↑5
环比下降区数	↓6
最大环比增幅数	↑28.8%
最大环比降幅数	↓19.9%

图 12-9　KPI 列数据

```
from pptx import Presentation
from pptx.dml.color import RGBColor
import os
import re
import pandas as pd
folder_name = os.path.dirname(__file__)
data_file = os.path.join(folder_name, 'text_frame.xlsx')
ppt_file = os.path.join(folder_name, 'text_frame.pptx')
df = pd.read_excel(
        data_file, sheet_name = 1, converters = {'KPI': str})
prs = Presentation(ppt_file)
text_frame = prs.slides[0].shapes[2].text_frame
new_text = re.sub('[↑↓.%]', '', text_frame.text)
text_list = re.split('[0-9]{1, }', new_text)
text_frame.clear()
def add_text(paragraph, run_text):
        run = paragraph.add_run()
        run.text = run_text
        return run
p = text_frame.paragraphs[0]
add_text(p, text_list[0])
for a, b in zip(df['KPI'], text_list[1:]):
        run = add_text(p, a)
        if '↓' in run.text:
            run.font.color.rgb = RGBColor(64, 160, 64)
        else:
            run.font.color.rgb = RGBColor(200, 64, 64)
        add_text(p, b)
p.font.name = '等线'
prs.save(ppt_file)
```

➢ 代码解析

第 1 行代码导入 pptx 模块的 Presentation 包，该包可用于创建或读取 PPT 文件。

第 2 行代码导入 pptx.dml.color 模块的 RGBColor 包，用于设置颜色的 RGB 值。

第 3 行代码导入 os 模块，用于获取文件路径。

第 4 行代码导入 re 模块，用于编写正则表达式处理字符串。

第 5 行代码导入 pandas 模块，设置别名为 pd，用于读取 Excel 文件。

第 6 行代码使用 os 模块的 path.dirname 函数获取 Python 文件所在目录。

第 7 行代码使用 os 模块的 path.join 函数连接目录名和文件名，获取数据源文件的全路径。

第 8 行代码使用同样的方法获取模板文件的全路径。

第 9~10 行代码以 read_excel 方法将 Excel 文件 Sheet1 工作表的 KPI 列数据读取到内存中，赋值给 DataFrame 对象变量 df。

深入了解

也可以使用 df 内置函数 sum( ) 计算出总计同比，max( )/min( ) 求出环比最大 / 最小涨幅等。示例代码如下：

```
#001  df0 = pd.read_excel(data_file, sheet_name=0)
#002  (df0['销量'] * df0['同比']).sum()/ df0['销量'].sum()
#003  df0['环比'].max()
```

再根据正负值使用 if 语句添加“↑↓”字符串，替换负号等操作即可得到示例数据源。

第 11 行代码使用 Presentation 包读取 PPT 文件。

第 12 行代码选择文本框对象（text_frame），赋值给 text_frame 变量。

prs.slides[0].shapes[2] 表示第 1 张幻灯片中的第 3 个形状（shape）。

第 13 行代码使用 sub 方法将文本框文本中的“↑↓.%”字符替换为空字符串，赋值给变量 new_text。sub 参数说明如表 12-5 所示。

表 12-5　sub 参数说明

举例	参数值	说明
pattern='[↑↓.%]'	必选，正则表达式字符串	匹配“↑↓.%”的任一字符作为目标字符串
repl=''	必选，用于替换的字符串	使用空字符串替换目标字符串
string= text_frame.text	必选，字符串源	“↑↓.%”所在的字符串源为 text_frame.text
count=0	可选，替换的目标字符串个数。默认为 0，即全部替换	re.sub('[↑↓.%]','$', '↑12.45↓67%89', 2) 表示替换前 2 个字符。结果为 $12$45↓67%89
flags	可选，整型或 re 常量，用于设置匹配方式	flags=re.IGNORECASE 表示正则表达式匹配时，忽略大小写

第 14 行代码使用 split 方法将字符串 new_text 按数值分割为列表，赋值给变量 text_list。

split 参数说明如表 12-6 所示。

表 12-6 split 参数说明

举例	参数值	说明
pattern='[0-9]{1,}'	必选，正则表达式字符串	匹配至少 1 个 0~9 的字符为分隔符
string= new_text	必选，被分割的字符串	–
maxspit=0	可选，最大分割数。默认为 0，即全部分隔	re.split('[↑ ↓ .%]', ' ↑ 12.45 ↓ 67%89', 2) 表示分割前 2 个字符。结果为 ['', '12', '45 ↓ 67%89']
flags	可选，整型或 re 常量	参考 sub 方法的 flags 参数说明

第 15 行代码使用 clear 方法清除文本字符串，用于填充数据。

第 16~19 行代码定义函数 add_text，为段落（paragraph）添加文本。传入段落对象变量 paragraph 和文本运行字符串 run_text。

第 17 行代码使用 add_run 方法创建 run 对象（文本运行对象）。该对象为段落的子元素。使用 run 对象可将指定文本添加到段落对象中。

第 18 行代码设置 run 变量的 text 属性为 run_text 字符串。

第 19 行代码返回 run 变量，以便对特定 run 对象进行格式化。

第 20 行代码定义段落变量 p 为段落集的第 1 个变量（即第 1 段）。

第 21 行代码调用 add_text 方法为段落变量 p 添加第 1 个文本运行对象。

由于不设置样式，故无须定义变量接收返回值。

分割字符串后，text_list 比 df['KPI'] 多 1 个元素。先添加 1 个元素，方便对齐后续数据。

第 22~28 行代码为循环代码块，用于添加 text_list、 df['KPI'] 的元素，并格式化。

第 22 行代码将 df['KPI'] 和剔除第 1 个元素的 text_list 变量进行打包。

第 23 行代码调用 add_text 函数，设置 text 属性为 KPI 列对应的元素，并赋值给变量 run。

第 24~27 行代码创建条件代码块，根据字符中是否含有“↓”来设置 run 变量字体的颜色。

if 子句表示当 run 对象的字符串中含有“↓”时设为绿色，否则设为红色。

第 28 行代码调用 add_text 函数，设置 text 属性为列表 text_list[1:] 对应的元素。

第 29 行代码通过 font.name 属性设置段落字体名称为“等线”。

第 30 行代码保存 PPT。替换数据后的显示效果如图 12-10 所示。

新增用户数为16580人，同比↓15.6%，环比↓6%。 环比增长↑4个县区，环比下降↓8个县区。 最大增幅↑32%，最大降幅↓35%。	新增用户数为16171人，同比↓3.4%，环比↑9.9%。 环比增长↑5个县区，环比下降↓6个县区。 最大增幅↑28.8%，最大降幅↓19.9%。

图 12-10 替换数据后的显示效果（左图为旧数据，右图为新数据）

12.5 批量插入 PPT 内置图表

3 张工作表的数据表格如图 12-11 所示。

	A	B	C
1	区域	首购	复购
2	华南区	1813	3043
3	华东区	1032	1024
4	华北区	1024	2171
5	华中区	1886	2580

	A	B	C
1	区域	二手车	新车
2	华北区	791	2404
3	华东区	1133	923
4	华南区	2596	2260
5	华中区	2217	2249

	A	B	C	D	E
1	区域	沉默用户	活跃用户	激活用户	流失用户
2	华北区	1221	531	1438	5
3	华东区	268	1161	619	8
4	华南区	1156	2384	1304	12
5	华中区	308	2881	1277	0

图 12-11 图表数据源

以下示例代码以多个 Excel 工作表作为数据源，批量插入 PPT 内置图表到演示文稿中。

```
#001  from pptx import Presentation
#002  from pptx.chart.data import ChartData
#003  from pptx.util import Inches, Pt
#004  from pptx.enum.chart import (
#005      XL_CHART_TYPE, XL_LEGEND_POSITION, XL_LABEL_POSITION)
#006  import os
#007  import pandas as pd
#008  folder_name = os.path.dirname(__file__)
#009  data_file = os.path.join(folder_name, 'bar.xlsx')
#010  ppt_file = os.path.join(folder_name, 'bar.pptx')
#011  result = os.path.join(folder_name, 'bar_result.pptx')
#012  data_list = [
#013      pd.read_excel(data_file, sheet_name = x, index_col = '区域')
#014      for x in range(3)]
#015  prs = Presentation(ppt_file)
#016  x, y, cx, cy = Inches(0.5), Inches(1), Inches(12), Inches(5.7)
#017  for i in range(3):
#018      shapes = prs.slides[i].shapes
#019      chart_data = ChartData()
#020      chart_data.categories = data_list[i].index
#021      for col, data in data_list[i].items():
#022          chart_data.add_series(col, data.values)
#023      chart = shapes.add_chart(
#024          XL_CHART_TYPE.COLUMN_CLUSTERED,
#025          x, y, cx, cy, chart_data).chart
#026      chart.has_title = False
#027      chart.has_legend = True
#028      chart.legend.position = XL_LEGEND_POSITION.BOTTOM
#029      chart.legend.include_in_layout = False
#030      plot = chart.plots[0]
#031      plot.has_data_labels = True
#032      data_labels = plot.data_labels
#033      data_labels.font.size = Pt(11)
#034      data_labels.font.bold = True
#035      data_labels.position = XL_LABEL_POSITION.INSIDE_END
#036  prs.save(result)
```

➢ 代码解析

第 1 行代码导入 pptx 模块的 Presentation 包，该包可用于创建或读取 PPT 文件。

第 2 行代码导入 pptx.chart.data 模块的 ChartData 包，用于存储图表的数据。

第 3 行代码导入 pptx.util 模块的 Inches 和 Pt 包，用于设置大小或位置。

第 4~5 行代码导入 pptx.enum.chart 模块的多个包：XL_CHART_TYPE、XL_LEGEND_POSITION 和 XL_LABEL_POSITION，分别用于设置图表类型、图例位置和数据标签位置。

注意

当导入多个包且需要换行时，应将这些包放在小括号内或使用“\”进行换行，否则报错。

第 6 行代码导入 os 模块，用于获取文件路径。

第 7 行代码导入 pandas 模块，设置别名为 pd，用于读取 Excel 文件。

第 8 行代码使用 os 模块的 path.dirname 函数获取 Python 文件所在目录。

第 9 行代码使用 os 模块的 path.join 函数连接目录名和文件名获取数据源文件的全路径。

第 10~11 行代码使用同样的方法分别获取 PPT 模板及结果文件的全路径。

第 12~14 行代码使用列表推导式，以 read_excel 方法将 Excel 文件的 3 个工作表依次读取到内存中，设置索引列为“区域”，赋值给变量 data_list。

设置索引列是为了将分类数据（x 轴）和数值数据（y 轴）区分开，便于后续绘制图表。

第 15 行代码使用 Presentation 包读取 PPT 文件。

第 16 行代码定义元组变量（x, y, cx, cy），用于设置图表的 left、top、width 和 height 值。

第 17~35 行代码为循环代码块，用于插入图表并格式化。

第 18 行代码定义每页幻灯片的形状集合 shapes。

第 19 行代码定义图表数据源变量 chart_data。

第 20 行代码将图表数据源的 categories 属性设置为它所对应的 DataFrame 变量的索引。

在本例中，categories 属性用于指定 x 轴刻度标签。

第 21~22 行代码为嵌套循环代码块，用于添加数据系列。

items 方法返回一个按列迭代的生成器，每次迭代返回一个由列名及该列数据（Series）所构成的元组。

第 22 行代码使用 add_series 方法将系列名和系列值添加到 chart_data 中。系列值为元组、列表或其他可迭代变量。

第 23~25 行代码传入参数值，使用 add_chart 方法插入图表，并赋值给变量 chart。

add_chart(chart_type, x, y, cx, cy, chart_data) 方法的参数说明如下。

chart_type：图表类型。

x,y：图表位置，等同于 shape 的 left、top。

cx, cy：图表大小，等同于 shape 的 width、height。

chart_data：数据源。传入值为系列名和系列值。

图表（chart）对象是 GraphicFrame 形状的子集，读写图表对象时需要指定 chart 属性。

深入了解

根据 pptx 模块的现有帮助文档，暂不支持折线 – 柱状图等组合图表，只能在生成图表后手动设置。

当图表已经存在时，可以使用 chart.replace_data(chart_data) 方法更新数据源，从而达到更新图表的目的。

更多图表类型请参阅以下链接：

https://python-pptx.readthedocs.io/en/latest/api/enum/XlChartType.html

第 26 行代码通过 has_title 属性隐藏图表标题。使用循环插入图表时，第 1 张图表默认显示图表标题，为了一致显示，统一隐藏更美观。

第 27 行代码通过 has_legend 属性设置显示图例。

第 28 行代码通过 position 属性设置图例显示在图表底部。常见参数值有 BOTTOM（底部）、CORNER（右上角）、LEFT（左侧）、RIGHT（右侧）及 TOP（顶部）。

第 29 行代码通过 include_in_layout 属性设置图例不位于绘图区域内部，以免和其他元素（例如，x 轴刻度标签）重叠，影响可读性。

第 30~35 行代码用于设置显示数据标签，并对数据标签进行格式化。

第 33 行代码通过 font.size 属性设置数据标签字号大小为 10 磅（pt）。

第 34 行代码通过 font.bold 属性设置数据标签字体为加粗样式。

第 35 行代码通过 position 属性设置数据标签位置居于图元（柱体）内部顶端。数据标签位置说明如表 12-7 所示。

表 12-7　数据标签位置说明

位置	说明
ABOVE/ BELOW/ LEFT/ RIGHT	数据点上 / 下 / 左 / 右方
BEST_FIT	自动
INSIDE_BASE/ CENTER/ INSIDE_END	图元内部底端 / 中间 / 顶端

第 36 行代码保存 PPT。插入内置图表的显示效果如图 12-12 所示。

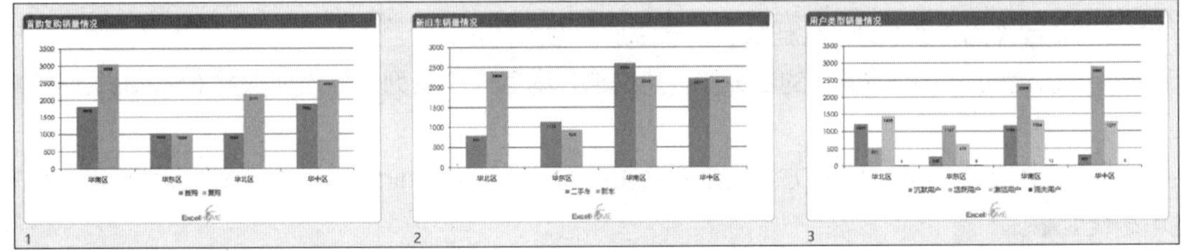

图 12-12　插入内置图表的显示效果

12.6　为 PPT 插入热力图

当 PPT 内置图表无法满足工作要求时，可以插入外部图表。例如，电商行业常见的热力图。以下示例代码使用 pptx 模块为 PPT 插入热力图。热力图数据源如图 12-13 所示。

日期	2016年	2017年	2018年	2019年	2020年	2021年
1月	0	10.4	5.1	16.5	12	10.6
2月	0	1.1	5.2	2.2	2.7	4.8
3月	0	1.4	1.2	2.2	2.7	1.9
4月	0	1.3	1	2.2	2.1	1.7
5月	0	1.4	1	1.8	1.7	1.4
6月	0	2.2	1.5	2.1	2	2.1
7月	1.4	1.7	1.4	1.5	1.7	1.3
8月	1.1	1.7	1.9	2.2	2	1.6
9月	1.8	2.4	2	3.6	3.3	2.6
10月	1.2	1.4	1.9	2.5	2.2	2
11月	2.5	2.5	4.7	4.2	3.8	6
12月	2.8	2.2	4.2	4	4	0

图 12-13　热力图数据源

提示

> 运行代码前，需要通过 pip install seaborn 安装 seaborn 模块。

```
#001  from pptx import Presentation
#002  from io import BytesIO
#003  from pptx.util import Inches
#004  import os
#005  import pandas as pd
#006  import seaborn as sns
#007  import matplotlib.pyplot as plt
#008  plt.rcParams['font.sans-serif'] = ['simHei']
#009  folder_name = os.path.dirname(__file__)
#010  data_file = os.path.join(folder_name, 'heat.xlsx')
#011  ppt_file = os.path.join(folder_name, 'heat.pptx')
#012  result = os.path.join(folder_name, 'heat_result.pptx')
#013  df = pd.read_excel(data_file, index_col = '日期')
#014  prs = Presentation(ppt_file)
#015  x, y = Inches(2.4), Inches(0.9)
#016  height = Inches(5.7)
#017  shapes = prs.slides[0].shapes
#018  heat_plot = sns.heatmap(df, cmap = "summer", annot = True)
#019  buffer = BytesIO()
#020  plt.savefig(buffer, format = 'png')
#021  shapes.add_picture(buffer, x, y, height = height)
#022  prs.save(result)
```

第 1 行代码导入 pptx 模块的 Presentation 包，该包可用于创建或读取 PPT 文件。

第 2 行代码导入 io 模块的 BytesIO 包，用于处理内存的二进制流。BytesIO 可以处理所有类型的非文本格式。

除此之外，还可以使用 StringIO 包来处理文本流。

第 3 行代码导入 pptx.util 模块的 Inches 包，用于设置大小和位置。

第 4 行代码导入 os 模块，用于获取文件路径。

第 5 行代码导入 pandas 模块，设置别名为 pd，用于读取 Excel 文件。

第 6 行代码导入 seaborn 模块，设置别名为 sns，用于绘制热力图。

第 7 行代码导入 matplotlib 模块的 pyplot 包，设置别名为 plt，用于处理图表中的中文字符及展示图表。

第 8 行代码通过 rcParams 参数设置图表字体为黑体，这是为了让 matplotlib 模块支持中文字体的显示。

第 9 行代码使用 os 模块的 path.dirname 函数获取 Python 文件所在目录。

第 10 行代码使用 os 模块的 path.join 函数连接目录名和文件名获取数据源文件的全路径。

第 11~12 行代码使用同样的方法分别获取 PPT 模板及结果文件的全路径。

第 13 行代码以 read_excel 方法将文件读取到内存中，设置索引列为“日期”列，赋值给 DataFrame 对象变量 df。

第 14 行代码使用 Presentation 包读取 PPT 文件。

第 15 行代码定义元组变量（x, y），用于设置图表的 left、top 值。

第 16 行代码定义元组变量 height，用于设置图表的 height 值。

第 17 行代码定义第 1 页幻灯片的形状集合变量为 shapes。

第 18 行代码通过 heatmap 方法创建热力图，赋值给图表对象变量 heat_plot。

第 1 个参数（data）为数据源，传入 DataFrame。列名、索引号分别为 x、y 轴刻度标签。

cmap 为“summer”，表示使用名为“summer”的调色板。

annot 为 True，表示在热力图的每个格子上显示数值（即数据标签）。

第 19 行代码定义内存中的二进制 IO 流缓冲区。

第 20 行代码将预期生成 png 格式的图表对象 heat_plot 暂存在二进制流缓冲区。

第 21 行代码使用 add_picture 方法将缓冲区的图像添加到幻灯片中。

第 22 行代码保存 PPT 文件。

热力图的显示效果如图 12-14 所示。

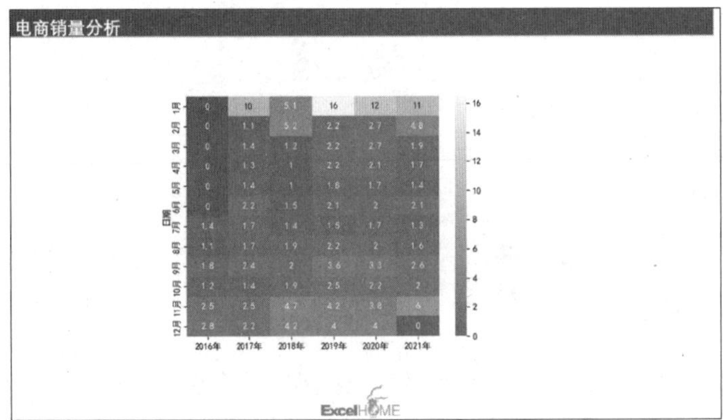

图 12-14　热力图的显示效果

12.7　批量插入图片生成 PPT 简报

对于固定格式的 PPT 简报，可使用程序批量生成。以下示例代码使用 pptx 模块批量插入图片和文字，生成 PPT 简报。文字图片数据源如图 12-15 所示。

标题	主推机型	图片
华为鸿蒙OS 3.0本月推送	华为Mate 40全系、华为P50全系（包含P50 Pocket折叠屏）、华为Mate X2折叠屏、为MatePad Pro 12.6英寸	华为.jpg
小米12S系列将于7月4号亮相	骁龙8+、天玑9000+	小米.jpg
VIVO影像旗舰：拍照超强	vivo X80 Pro	VIVO.jpg

图 12-15　文字图片数据源

```
from pptx import Presentation
from pptx.dml.color import RGBColor
import os
import pandas as pd
folder_name = os.path.dirname(__file__)
data = os.path.join(folder_name, 'report.xlsx')
```

```
#007  img_fold = os.path.join(folder_name, 'img')
#008  template = os.path.join(folder_name, 'report.pptx')
#009  result = os.path.join(folder_name, 'report_result.pptx')
#010  df = pd.read_excel(data)
#011  prs = Presentation(template)
#012  layout = prs.slide_layouts[0]
#013  for data in df.values:
#014          slide = prs.slides.add_slide(layout)
#015          for i in range(len(data)):
#016              if i == 1:
#017                  text_frame = slide.shapes[i].text_frame
#018                  text_list = data[i].split('、')
#019                  for text in text_list:
#020                      paragraph = text_frame.add_paragraph()
#021                      paragraph.text = text
#022                      font_color = paragraph.font.color
#023                      font_color.rgb = RGBColor(255, 255, 255)
#024                      paragraph.level = 1
#025              elif i == 2:
#026                  picture = os.path.join(img_fold, data[i])
#027                  slide.shapes[i].insert_picture(picture)
#028              else:
#029                  slide.shapes[i].text = data[i]
#030  prs.save(result)
```

➢ 代码解析

第 1 行代码导入 pptx 模块的 Presentation 包，该包可用于创建或读取 PPT 文件。

第 2 行代码导入 pptx.dml.color 模块的 RGBColor 包，用于设置颜色的 RGB 值。

第 3 行代码导入 os 模块，用于获取文件路径。

第 4 行代码导入 pandas 模块，设置别名为 pd，用于读取 Excel 文件。

第 5 行代码使用 os 模块的 path.dirname 函数获取 Python 文件所在目录。

第 6 行代码使用 os 模块的 path.join 函数连接目录名和文件名获取数据源文件的全路径。

第 7 行代码使用 os 模块的 path.join 函数获取图片文件所在目录。

第 8 行代码使用 os 模块的 path.join 函数连接目录名和文件名获取模板文件的全路径。

第 9 行代码使用同样的方式获取输出文件的全路径。

第 10 行代码以 read_excel 方法将文件读取到内存中，赋值给 DataFrame 对象变量 df。

第 11 行代码使用 Presentation 包读取 PPT 模板文件。

该文件已预先创建了母版。读者可用 PowerPoint 打开模板文件后，单击【视图】→【幻灯片母版】，查看或修改母版。

使用母版便于创建风格统一的演示文稿。

第 12 行代码选择模板文件的版式（当前母版中仅包含 1 个版式），赋值给变量 slide_layout。

第 13~29 行代码为循环代码块，用于插入幻灯片、标题、图片和正文内容。

第 13 行代码使用 values 属性按行读取 df 的数据，迭代返回索引号。

第 14 行代码使用 add_slide 方法依次插入指定版式的幻灯片。

第 15~29 行代码为嵌套循环代码块，根据列数据添加相应内容（标题、图片等）。

一般来说，对象顺序与创建母版时添加的顺序一致（除非删改或复制）。

可使用 print(slide.shapes[i].name) 查看各对象顺序是否混乱。结果中含有“Picture”字样的对象为图片，“Title”为标题，“Text”为正文内容。

第 16~29 行代码为条件代码块，根据对象类型选择对应的处理方式。

第 16~24 行代码用于处理正文内容。“i == 1”表示 data 变量的第 2 个元素，对应的 df 变量指定行的“主推机型”列数据。

第 17 行代码选择文本框对象（text_frame），赋值给 text_frame 变量。

第 18 行代码将文本内容按顿号分割，生成列表，赋值给变量 text_list。

第 19~24 行代码为嵌套循环代码块，根据 text_list 创建段落，生成“项目符号”。

第 20 行代码使用 add_paragraph 方法，为 text_frame 创建段落变量 paragraph。

第 21 行代码设置段落的 text 属性为 text_list 对应的元素，即每个段落对应 1 个元素。

第 22 行代码定义段落文字颜色变量 font_color。

第 23 行代码设置段落文字颜色为白色，即 RGB 值为（255, 255, 255）。

第 24 行代码定义正文缩进级别为第 2 级（默认字号为 24 磅）。

level 值的范围为 0~8（含），0 为默认值。

第 25~27 行代码用于批量插入图片。“i == 2”表示 data 变量的第 3 个元素，即图片名称。

第 26 行代码使用 os 模块的 path.join 函数连接目录名和文件名获取图片文件的全路径。

第 27 行代码使用 insert_picture 方法插入图片。

第 28~29 行代码设置标题的 text 属性为 data 的第 1 个元素。

第 30 行代码保存 PPT。生成的 PPT 简报显示效果如图 12-16 所示。

图 12-16　PPT 简报显示效果

12.8　导出 PPT 为长图

如果需要将幻灯片另存为图片，甚至将多张幻灯片拼接为一张长图，可使用 win32com 模块来实现。

win32com 模块调用的是 Windows 系统底层 COM 组件的函数方法，因此无法在 Linux 或 Mac OS 系统中使用。

以下示例代码通过调用 win32com 模块将 PPT 另存为图片，再拼接为长图。PPT 幻灯片缩略图如图 12-17 所示。

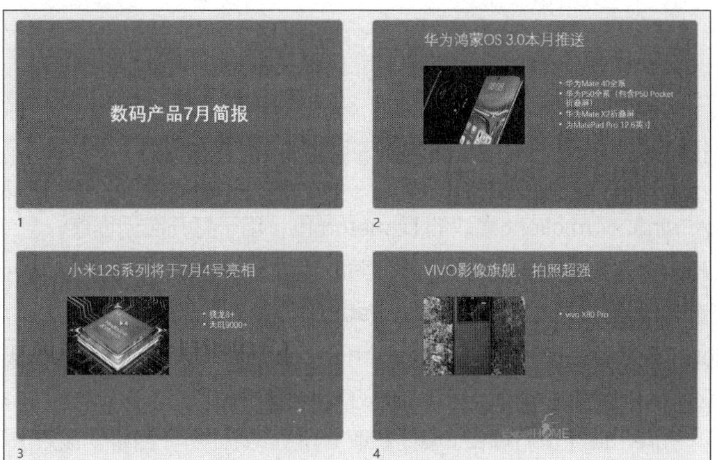

图 12-17　PPT 幻灯片缩略图

提示

运行代码前，可能需要通过 pip install pywin32 和 pip install pillow 分别安装 win32com 和 PIL 模块。

```
from win32com.client import Dispatch
from PIL import Image
from pathlib import Path, PurePath
folder_name = Path(__file__).parent
img_fold = PurePath(folder_name).joinpath('png')
template = PurePath(folder_name).joinpath('pic.pptx')
result = PurePath(folder_name).joinpath('pic.jpg')
if not Path(img_fold).exists():
    Path(img_fold).mkdir()
ppt = Dispatch("Powerpoint.Application")
prs = ppt.Presentations.Open(template, WithWindow = False)
prs.SaveAs(img_fold, 17)
ppt.Quit()
prs = None
ppt = None
img_result = Image.new(mode = 'RGB', size = (0, 0))
i = 1
for file in Path(img_fold).iterdir():
    img = Image.open(file)
    height = img.height * i
    if i == 1:
        pics = len(list(Path(img_fold).iterdir()))
        img_result = img_result.resize(
            size = (img.width, img.height * pics))
```

```
#025        img_result.paste(img, (0, img.height * (i - 1)))
#026        img.close()
#027        Path(file).unlink()
#028        i + = 1
#029    img_result.save(str(result), 'jpeg')
#030    img_result.close()
#031    Path(img_fold).rmdir()
```

➢ 代码解析

第 1 行代码导入 win32com.client 模块的 Dispatch 包，用于打开应用程序。

第 2 行代码从 PIL 模块导入 Image 包，用于读写图片文件。

第 3 行代码从 pathlib 模块导入 Path 和 PurePath 包，用于处理路径。

pathlib 是 Python 3.4 以后的标准库。PurePath 包仅处理路径字符串，Path 包除了继承 PurePath 包的属性方法外，还可以访问文件路径，提供更多的文件操作方法。

第 4 行代码使用 PurePath 包的 parent 属性获取 Python 文件所在目录。该方法等同于以下代码：

```
os.path.dirname(__file__)
```

两者在写法上略有区别。PurePath 包是传入路径参数实例化后再调用属性和方法。更多关于 pathlib 模块的使用方法请参阅第 13 章。

第 5 行代码使用 PurePath 包的 joinpath 函数连接目录名和文件夹名称，用于临时存放 PPT 导出的图片。

第 6~7 行代码使用同样的方法连接目录名和文件名获取数据源文件及海报图片的全路径。

第 8~9 行代码使用分支语句，当临时图片文件夹不存在时则创建。

第 10 行代码使用 Dispatch 包创建 PowerPoint 应用程序。传入参数值为应用程序名。

第 11 行代码使用 Presentations 集合的 Open 方法打开 PPT 文件。WithWindow=False 表示隐藏应用程序窗口。

注意

无法通过设置 Visible 属性来隐藏 PowerPoint 应用程序窗口，如以下代码：

```
ppt. Visible = False
```

将报错“Hiding the application window is not allowed”（禁止隐藏应用程序窗口）。

第 12 行代码将文件另存为图片，17 表示 JPG 格式（ppSaveAsJPG）。更多枚举常量，详见以下链接：https://docs.microsoft.com/zh-cn/office/vba/api/powerpoint.ppsaveasfiletype

第 13 行代码使用 Quite 方法退出程序。

第 14 行代码移除 prs 变量，释放内存。

第 15 行代码移除 ppt 变量，释放内存。

注意

仅使用第 13 行代码并不能退出程序，必须结合第 14~15 行代码才能退出。

第 16 行代码使用 Image 方法创建一个宽和高均为 0 的 RGB 图像对象。赋值给 img_result。

mode：图片色彩模式，可传入“RGB”“RGBA”“CMYK”等多种色彩模式。其中“CMYK”为印刷四色模式。

size：尺寸，传入值为“（宽，高）”元组。

color：背景色。默认为黑色。

第 17 行代码定义变量 i，初始值设为 1。

第 18~28 行代码为循环代码块，读取图片源文件，根据图片数量调整 img_result 尺寸，依次粘贴读取的图片进行拼接，并删除源文件。

Path(img_fold).iterdir( ) 返回一个生成器，用于迭代文件夹中的文件路径。

第 19 行代码传入文件路径，使用 Image 的 Open 方法打开图片，赋值给变量 img。

第 20 行代码定义变量 height，用于粘贴图片时指定左上角位置。

由于垂直拼接，每张图片垂直方向的坐标为已贴入的图片高度之和，水平方向为 0。

第 21~24 行代码定义一个条件模块，如果第 1 次读取文件，则调整图片的 img_result 尺寸。

pics 为图片文件数量，这里使用 list 方法将生成器转为列表，嵌套 len 函数进行统计。

resize((width, height)) 方法用于调整图片尺寸。

第 25 行代码使用 paste 方法，将读取的图片依次按顺序贴到 img_result 的指定位置。

im：源图像或像素值（整数或元组）。

box：要粘贴的位置。可传入（left, top, width, height）或（left, top）（本例）。如忽略该参数，则默认贴到左上角。

mask：可选，遮罩图像。

第 26 行代码使用 close 方法关闭 Image 对象变量 img。

第 27 行代码使用 Path 包的 unlink 方法删除图片文件，便于后续删除空文件夹。

第 28 行代码将 i 递增为 1。

第 29 行代码使用 save 方法将 img_result 变量保存为图片。

fp：字符串文件名路径。

format：文件格式。文件格式必须与文件扩展名一致。例如，“JPEG”格式对应“jpg”扩展名。

params：图像编码器的额外参数。

第 30 行代码使用 close 方法关闭图片。

第 31 行代码使用 Path 包的 rmdir 方法删除临时图片文件夹。

注意

使用 rmdir 方法删除非空文件夹将报错。

长图显示效果如图 12-18 所示。

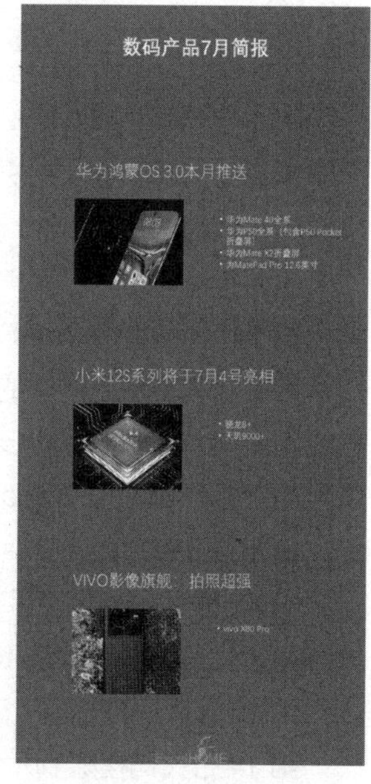

图 12-18　长图显示效果

12.9　导出 PPT 为多图

除了长图，还可以使用 win32com 模块将 PPT 幻灯片导出为多图，并根据实际调整图片分辨率，以适应不同的场景需求。

以下示例代码通过调用 win32com 模块将 PPT 另存为图片，并调整图片尺寸及分辨率。

```
#001   from win32com.client import Dispatch
#002   from PIL import Image
```

```
#003  from pathlib import Path, PurePath
#004  folder_name = Path(__file__).parent
#005  img_fold = PurePath(folder_name).joinpath('png')
#006  template = PurePath(folder_name).joinpath('mult_pic.pptx')
#007  if not Path(img_fold).exists():
#008        Path(img_fold).mkdir()
#009  ppt = Dispatch("Powerpoint.Application")
#010  prs = ppt.Presentations.Open(template)
#011  prs.SaveAs(img_fold, 17)
#012  ppt.Quit()
#013  prs = None
#014  ppt = None
#015  dpi = (1920, 1080)
#016  for file in Path(img_fold).iterdir():
#017        img = Image.open(file)
#018        img = img.resize(dpi)
#019        img.save(file, 'jpeg', dpi = dpi)
#020        img.close()
```

➢ 代码解析

第 1 行代码导入 win32com.client 模块的 Dispatch 包，用于打开应用程序。

第 2 行代码从 PIL 模块导入 Image 包，用于读写图片文件。

第 3 行代码从 pathlib 模块导入 Path 和 PurePath 包，用于处理路径。

第 4 行代码使用 PurePath 包的 parent 属性获取 Python 文件所在目录。

第 5 行代码使用 PurePath 包的 joinpath 函数连接目录名和文件夹名称，用于存放 PPT 导出的图片。

第 6 行代码使用同样的方法连接目录名和文件名获取数据源文件全路径。

第 7~8 行代码使用分支语句，当图片文件夹不存在时则创建。

第 9 行代码使用 Dispatch 包创建 PowerPoint 应用程序。传入参数值为应用程序名。

第 10 行代码使用 Presentations 集合的 Open 方法打开 PPT 文件。

第 11 行代码将文件另存为图片，17 表示 JPG 格式（ppSaveAsJPG）。

第 12 行代码使用 Quite 方法退出程序。

第 13 行代码移除 prs 变量，释放内存。

第 14 行代码移除 ppt 变量，释放内存。

第 15 行代码定义图片分辨率（dpi，Dot Per Inch，每英寸像素点数）为 1920×1080。

第 16~20 行代码为循环代码块，遍历指定路径下的图片文件。

第 17 行代码传入文件路径，使用 Image 的 Open 方法打开图片，赋值给变量 img。

第 18 行代码使用 resize 方法将图片尺寸调整为 1920×1080。

提示

> 为避免全屏显示时可能出现拉伸变形等情况，应根据显示器分辨率进行调整。

第 19 行代码传入 dpi 变量，使用 save 方法将 img 变量保存为指定分辨率的图片。

第 20 行代码使用 close 方法关闭图片。任意右击一张图片，查看图片属性的详细信息，图片分辨率已调整为 1920×1080。

12.10 批量添加动画

为了调动观众情绪进行互动，加深观众对演讲内容的印象，通常会在 PPT 中插入适量动画。例如，问答环节开始时先隐藏答案，等观众参与后再揭晓等。

以下示例代码通过调用 win32com 模块为 PPT 批量添加滚动字幕效果的动画。

```
#001  from win32com.client import Dispatch
#002  import os
#003  folder_name = os.path.dirname(__file__)
#004  template = os.path.join(folder_name, 'animotion.pptx')
#005  result = os.path.join(folder_name, 'animotion_result.pptx')
#006  ppt = Dispatch("Powerpoint.Application")
#007  prs = ppt.Presentations.Open(template)
#008  total = prs.slides(1).shapes.count
#009  timeline = prs.Slides(1).TimeLine
#010  for i in range(1, total+1):
#011        shape = prs.slides(1).shapes(i)
#012        if i > = 10:
#013            effect = timeline.MainSequence.AddEffect(
#014            Shape = shape, effectId = 1, trigger = 1)
#015            animotion = effect.Behaviors.Add(Type = 1)
#016            animotion.Timing.Speed = 0.4
#017            animotion.Timing.Duration = 1
#018            animotion.Timing.Accelerate = 0.9
#019            animotion.Timing.SmoothEnd = -1
#020            motion = animotion.MotionEffect
#021            motion.FromX = 0
#022            motion.FromY = 70
#023            motion.ToX = 0
#024            motion.ToY = 0
#025  prs.SaveAs(result, 24)
#026  os.system('taskkill /f /im POWERPNT.EXE')
```

➢ 代码解析

第 1 行代码导入 win32com.client 模块的 Dispatch 包，用于打开应用程序。

第 2 行代码导入 os 模块，用于获取文件路径。

第 3 行代码使用 os 模块的 path.dirname 函数获取 Python 文件所在目录。

第 4 行代码使用 os 模块的 path.join 函数连接目录名和文件名获取模板文件的全路径。

第 5 行代码使用同样的方式获取输出文件的全路径。

第 6 行代码使用 Dispatch 包创建 PowerPoint 应用程序。传入参数值为应用程序名。

第 7 行代码使用 Presentations 集合的 Open 方法打开 PPT 文件。

第 8 行代码使用 count 属性统计出第 1 张幻灯片的形状数量，赋值为变量 total。

第 9 行代码定义第 1 张幻灯片的动画时间线，赋值为 timeline，用来存储动画的形状、幻灯片或幻灯片范围集合（SlideRange）等对象的信息。

第 10~24 行代码为循环代码块，用于批量添加动画。

range(1, total+1) 用于获取第 1 张幻灯片所有形状的索引编号。

第 11 行代码通过 shapes 集合获取指定编号的形状，赋值为变量 shape。

第 12~24 行代码为条件代码块，从第 10 个形状开始添加动画。

提示

当无法确定应该从第几个形状开始添加动画时，可添加以下代码进行测试：

```
print(i, prs.slides(1).shapes(i).TextFrame.TextRange.Text)
```

通过 i 值与文本对照便可大致得知。如文本框含有段落，部分 i 值或段落可能无法正确显示。

第 13~14 行代码使用 AddEffect 方法，对时间线的 MainSequence 属性添加动画效果，赋值给变量 effect，该方法返回一个动画效果对象（Effect）。

effectId 为 1，表示添加的动画效果类型为“出现”。

trigger 为 1，表示在播放幻灯片的状态下，单击页面时触发该动画效果。

这两个值均为枚举值。trigger 的参数值为任一 MsoAnimTriggerType 枚举值。

如表 12-8 所示，枚举值 1 对应的名称为“msoAnimTriggerOnPageClick”，因此，trigger=1 表示单击页面时触发动画。了解更多枚举，请参阅以下链接：

https://docs.microsoft.com/zh-cn/office/vba/api/powerpoint(enumerations)

表 12-8　MsoAnimTriggerType 枚举说明

名称	值	说明
msoAnimTriggerAfterPrevious	3	单击“上一张”按钮后触发动画
msoAnimTriggerMixed	–1	混合动作触发动画
msoAnimTriggerNone	0	没有作为触发器相关的动作触发动画
msoAnimTriggerOnPageClick	1	单击页面时触发动画
msoAnimTriggerOnShapeClick	4	单击形状时触发动画
msoAnimTriggerWithPrevious	2	单击“上一张”按钮时触发动画
msoAnimTriggerOnMediaBookmark	5	由媒体对象中的书签触发动画

AddEffect 方法的参数说明如表 12-9 所示。

表 12-9　AddEffect 方法的参数说明

参数名	参数值	说明
Shape	必选，shape 对象	向其添加动画效果的形状
effectId	必选，MsoAnimEffect 枚举值	要应用的动画效果
Level	可选，MsoAnimateByLevel 枚举值，默认为 0	对图表、图示或文本应用的动画效果级别
trigger	可选，MsoAnimTriggerType 枚举值，默认为 1	触发动画效果的动作
Index	可选，长整型，默认为 –1（添加到末尾）	在动画效果集合中放置的位置

第 15 行代码使用 Add 方法为动画效果的 Behaviors 属性变量添加“行为”，赋值为 animotion。

> **提示** 仅使用前面的代码可以生成动画效果。例如，设置 effectId 的值为 148，可生成在“向上”路径上移动的动画，而无法精细控制移动速度、持续时间等参数。

第 16~19 行代码设置动画的 Timing 对象相关属性，该对象代表动画效果的计时属性。

Speed=0.4 表示设置移动速度为 0.4，该值越大移动越快。

Duration=1 表示动画持续时间为 1 秒。

Accelerate=0.9 表示慢速启动并在动画序列进行到 90% 后达到默认速度。

SmoothEnd=-1 表示动画结束时减速。-1 对应的枚举名称为“msoTrue”。

第 20 行代码定义 animotion 的移动属性，赋值为 motion，用于设置起止位置。

被应用的对象将根据起止位置进行移动。

第 21~24 行代码设置起止位置，以应用动画的形状初始位置左上角为原点。

FromX/FromY：起始位置坐标。FromY 为 70 表示动画开始前，文本框距离初始位置下方为 70。

ToX/ToY：相对终止位置。设置为 0，表示动画最终定位为初始位置。

在一些场合也可以使用参数形成阶梯排列表示递增或增长状态。示例代码如下：

```
motion.ToY = 40 - 10 * (i - 10)
```

第 25 行代码使用 SaveAs 方法将文件另存为 PPT。24 表示文件格式为 PPTX 文件。

第 26 行代码使用 system 方法调用 taskkill 命令，结束 PowerPoint 应用程序进程。

动画效果显示如图 12-19 所示，单击页面后，文本框缓缓从底部升上来。

成立
发展初期
继续壮大
新的征程
2017年3月在XX市成立，
注册资金XX万元。
2018年1月XX公司高级算
法工程师加入。
同年4月出品第一个产品：
流失用户分析系统1.0版

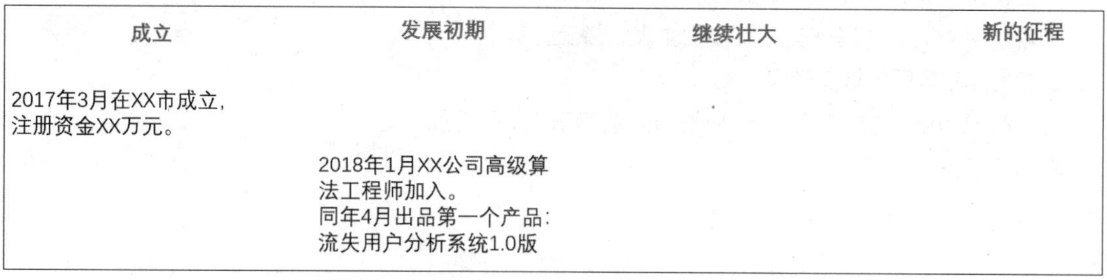

图 12-19 动画效果显示

第四篇

Python日常办公自动化

除了传统的办公三件套（表格、文档、演示文稿），日常办公中还会处理其他多种类型的对象，包括磁盘上的文件和文件夹、邮件、PDF 文件、图片、视频等。有些工作场景中还需要创建一些高级数据图表，甚至爬取网站上的数据或者向网站提交数据。

在 Python 的帮助下，完成这些任务都可以变得更加轻松且高效。

第 13 章　批量处理文件夹与文件

大家在日常工作中一定会和各种各样的计算机文件“打交道”，也会遇到很多烦琐的、重复的处理文件的场景。本章将介绍文件的基本概念和操作，并通过大量示例讲解如何通过 Python 自动化处理文件。

13.1　文件路径

文件路径是指文件在计算机上的存储位置和文件名。例如，在 Windows 系统中，有一个存放头像照片的文件夹，其路径是 C:\Users\Public\Pictures\ 头像 .jpg。在这个路径中，文件名为“头像 .jpg”，点号后面的部分被称为文件“扩展名”，用来表示文件类型（jpg 表示一种图片格式）。Users、Public、Pictures 均是“文件夹”（或称“目录”），C:\ 是 Windows 系统上的“根文件夹”（或称“根目录”）。在 macOS 和 Linux 系统中，根目录是 /。

不同操作系统上的文件路径表示方法可能会有差异，本章示例输出均是在 Windows 系统中运行得到的，如果在其他操作系统上运行，可能结果会有部分差异。

13.1.1　不同系统文件路径的差异

➲ I　文件路径分隔符

在 Windows 系统中，文件路径使用反斜杠（\）作为文件夹间的分隔符，比如 C:\Users\Public\Pictures\ 头像 .jpg。

在 macOS 和 Linux 系统中，文件路径使用正斜杠（/）作为文件夹间的分隔符，比如 /Users/Public/Pictures/ 头像 .jpg。

➲ II　文件路径大小写

在 Windows 和 macOS 系统中，文件路径不区分大小写。

在 Linux 系统中，文件路径区分大小写。例如，/tmp/a.txt 和 /tmp/A.txt 是两个不同的文件路径。

Python 内置了 pathlib 模块，能够在不同操作系统上统一文件路径的处理方式，以增加代码的跨平台兼容性。如果将若干个文件夹名称传给 pathlib 的 Path 类，则会返回一个表示文件路径的对象，并能根据操作系统使用正确的文件路径分隔符，从而组合出文件路径。此外，通过 / 运算符可将 Path 对象和字符串进行连接，也可和 Path 对象连接。演示代码如下：

```
#001  from pathlib import Path
#002  p = Path('Users', 'Public', 'Pictures', '头像.jpg')
#003  p_str = str(p)
#004  print(p, type(p))
#005  print(p_str, type(p_str))
#006  print(Path('Users') / 'Public' / 'Pictures')
#007  print(Path('Users', 'Public') / Path('Pictures'))
```

➢ 代码解析

第 1 行代码从 pathlib 模块中导入 Path 类。

第 2 行代码将 Users、Public、Pictures 和头像 .jpg 传递给 Path 类，返回 Path 对象。

第 3 行代码通过 str( ) 函数获取 Path 对象的文件路径字符串。

第 4 行代码输出变量 p 的值和类型，结果如下所示。

```
Users\Public\Pictures\头像.jpg <class 'pathlib.WindowsPath'>
```

Path 对象因操作系统的不同而不同，在 Windows 系统上是 pathlib.WindowsPath 对象，在 macOS 和 Linux 系统上是 pathlib.PosixPath 对象。

第 5 行代码输出变量 p_str 的值和类型，结果如下所示。

```
Users\Public\Pictures\头像.jpg <class 'str'>
```

第 6 行代码通过传入 User 字符串初始化 Path 对象，然后依次拼接 Public 和 Pictures 字符串，结果如下所示。

```
User\Public\Pictures
```

第 7 行代码通过传入 User 和 Public 对象初始化 Path 对象，传入 Pictures 字符串初始化另一个 Path 对象，然后拼接这两个 Path 对象，结果如下所示。

```
User\Public\Pictures
```

13.1.2 绝对路径与相对路径

操作系统中的所有文件如同一棵树被管理着，这棵树被称作“目录树”。目录树的最上层目录是“根目录”，在它下面的就是子目录。在 Windows 系统中，不同的盘有对应的根目录。例如，C 盘的根目录是 C:\，D 盘的根目录是 D:\。在 macOS 和 Linux 系统中，根目录是 /。

绝对路径和相对路径的区别在于路径的参照点是根目录还是当前工作目录。

➲ I 绝对路径

绝对路径是以根目录为参照的完整路径。例如，在 Windows 系统中，C:\Users\ Public\Pictures\头像 .jpg 就是头像 .jpg 文件相对于根目录 C:\ 的绝对路径。

➲ II 相对路径

相对路径是以当前路径为参照的路径。例如，Public\Pictures\ 头像 .jpg 就是相对于当前路径的相对路径。相对路径中还可通过点（.）来表达路径层级的相对关系。

（1）.. 表示当前路径的上一级目录。

（2）. 表示当前路径，也可省略。

例如，假设当前路径为 C:\Users\Public\Pictures，若相对路径为 ..\Documents，则 Documents 的绝对路径是 C:\Users\Public\Documents；若相对路径为 .\Documents 或 Documents，则 Documents 的绝对路径是 C:\Users\Public\Pictures\Documents。

pathlib 模块的 Path 支持对相对路径进行处理，并可使用 absolute 方法获取绝对路径；使用 resolve 方法将原始路径进行解析，获取到最终的绝对路径。

```
#001  from pathlib import Path
#002  print(Path('Users', 'Public') / '..')
#003  print(Path('Users', 'Public', '..').absolute())
#004  print((Path('Users') /'Public' / '..').resolve())
```

➢ 代码解析

第 1 行代码从 pathlib 模块中导入 Path 类。

第 2 行代码通过传入 User 和 Public 对象初始化 Path 对象，然后拼接相对路径 ..，输出结果如下。

```
User\Public\..
```

第 3 行代码使用 Path 对象的 absolute 方法获取 Users\Public\.. 的绝对路径。这取决于当前工作目录，如果工作目录为 C:\，则结果如下。

```
C:\Users\Public\..
```

第 4 行代码使用 Path 对象的 resolve 方法对 Users\Public\.. 进行解析，获取最终的绝对路径。如果工作目录为 C:\，那么绝对路径为 C:\Users\Public\..，由于 .. 表示上一级路径，因此最终的绝对路径为 C:\Users。

> **注意**
>
> 在 Python 3.9 及之前的版本中，如果 resolve 方法返回的路径不存在，就会返回相对路径而不是绝对路径。例如，Path('NotExists/Public/..').resolve() 的返回值在 Windows 上为 WindowsPath('NotExists')。而在 Python 3.10 及之后的版本中，不论路径是否存在，resolve 方法都会返回绝对路径。

13.1.3　当前工作目录

每个进程都有一个当前工作目录，即运行这个程序所处的工作目录。当前工作目录可简称为当前目录或工作目录。通过 pathlib 模块的 Path.cwd 方法可以获取当前工作目录的字符串，通过 os 模块的 chdir( ) 函数可以改变当前工作目录。演示代码如下：

```
#001  import os
#002  from pathlib import Path
#003  print(Path.cwd())
#004  os.chdir('C:\\Windows')
#005  print(Path.cwd())
```

➢ 代码解析

第 1 行代码导入 os 模块。

第 2 行代码从 pathlib 模块中导入 Path 类。

第 3 行代码输出当前工作目录。这取决于当前程序在哪里运行，如果是在 C:\ 上运行，那么工作目录就是 C:\。

第 4 行代码更改当前工作目录为 C:\Windows。此处使用了两个反斜杠（\\），原因是反斜杠在 Python 中是特殊字符，用来转义说明。如果想表达一个反斜杠字符串，则需要使用两个反斜杠。Python 也支持使用字符串前缀 r 来声明原始字符串，即不对字符串作转义，因此 'C:\\Windows' 的等价写法是 r'C:\Windows'。

第 5 行代码输出当前工作目录，由于第 4 行代码修改了工作目录，因此结果如下。

```
C:\Windows
```

通过命令提示符操作，能够更加清晰地理解“当前工作目录”的概念。在开始菜单搜索“cmd”并按回车键打开命令提示符。

输入命令“cd C:\Users”并按回车键，进入该目录。输入 Python 并按回车键，打开 Python 交互解释器，输入以下语句：

```
from pathlib import Path
print(Path.cwd())
```

结果如图 13-1 所示，Python 输出的当前工作目录就是打开 Python 交互解释器时所在的目录（即 C:\Users）。

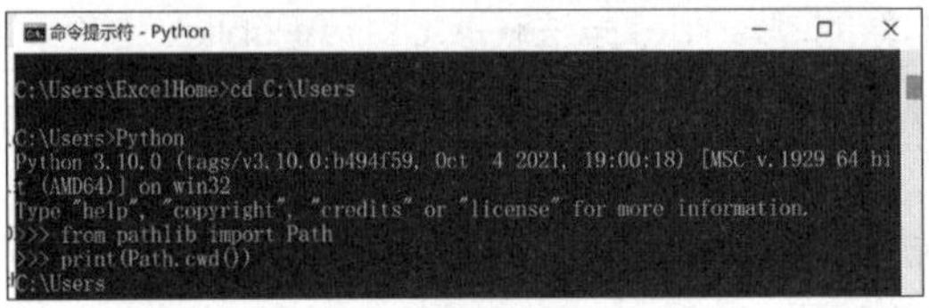

```
命令提示符 - Python
C:\Users\ExcelHome>cd C:\Users

C:\Users>Python
Python 3.10.0 (tags/v3.10.0:b494f59, Oct  4 2021, 19:00:18) [MSC v.1929 64 bit (AMD64)] on win32
Type "help", "copyright", "credits" or "license" for more information.
>>> from pathlib import Path
>>> print(Path.cwd())
C:\Users
```

图 13-1　在 C:\Users 目录下启动 Python 并输出当前工作目录

输入“exit( )”并按回车键以退出 Python 解释器。在命令提示符中输入“cd C:\Users\Public”以切换至一个新目录。再次输入 Python 并按回车键，打开 Python 交互解释器，输入以下语句：

```
from pathlib import Path
print(Path.cwd())
```

结果如图 13-2 所示，当切换至新目录并打开 Python 交互解释器后，当前工作目录就是新目录（即 C:\Users\Public）。

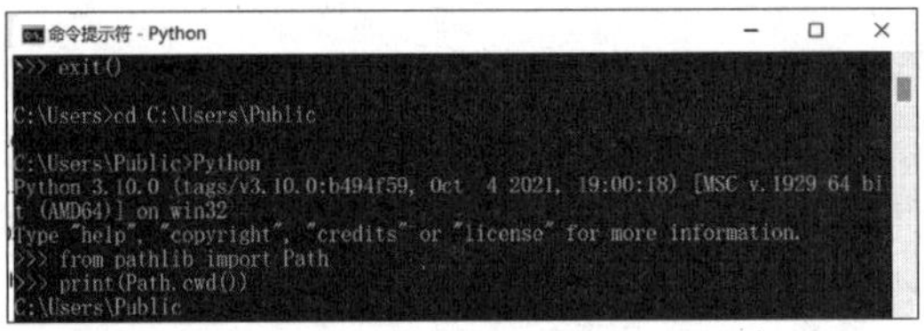

```
命令提示符 - Python
>>> exit()

C:\Users>cd C:\Users\Public

C:\Users\Public>Python
Python 3.10.0 (tags/v3.10.0:b494f59, Oct  4 2021, 19:00:18) [MSC v.1929 64 bit (AMD64)] on win32
Type "help", "copyright", "credits" or "license" for more information.
>>> from pathlib import Path
>>> print(Path.cwd())
C:\Users\Public
```

图 13-2　在 C:\Users 目录下启动 Python 并输出当前工作目录

13.1.4　主目录

每个用户在操作系统中都会有一个专属于自己的目录，称为“主目录”或“主文件夹”。用户往往对主目录有读写权限，可将脚本、二进制等文件放在主目录中运行和使用。通过 pathlib 模块的 Path.home( ) 可以获取表示主目录的 Path 对象。演示代码如下：

```
#001  from pathlib import Path
#002  print(Path.home())
```

➢ 代码解析

第 1 行代码从 pathlib 模块中导入 Path 类。

第 2 行代码使用 Path.home( ) 获取用户的主目录 Path 对象并输出，结果如下。

```
C:\Users\ExcelHome
```

路径最后的文件夹名称 ExcelHome 为当前登录的用户名。

在不同操作系统上，主目录的上级目录通常是不一样的。

（1）在 Windows 系统上，主目录位于 C:\Users 下。

（2）在 macOS 系统中，主目录位于 /Users 下。

（3）在 Linux 系统中，主目录位于 /home 下。

13.1.5　获取路径的各个部分

给定一个 Path 对象，可以获取其表示的文件路径的不同部分，如根路目录、父目录、文件名等。演示代码如下：

```
from pathlib import Path
p = Path(r'C:\Users\Public\Pictures\头像.jpg')
print(p.anchor)
print(p.parent)
```

```
#005  print(p.name)
#006  print(p.stem)
#007  print(p.suffix)
```

➢ 代码解析

第 1 行代码从 pathlib 模块中导入 Path 类。

第 2 行代码给定路径初始化 Path 对象。

第 3 行代码输出路径的“锚点”，即文件系统的根目录，结果如下。

```
C:\
```

第 4 行代码输出路径的“父目录”Path 对象，结果如下。

```
C:\Users\Public\Pictures
```


第 5 行代码输出路径的“文件名”，它由“主干名”（或“基本名称”）和“后缀”（或“扩展名”）构成，结果如下。

```
头像.jpg
```

第 6 行代码输出路径的“主干名”，结果如下。

```
头像
```

第 7 行代码输出路径的“后缀”，结果如下。

```
.jpg
```

13.1.6　检查路径的有效性

在处理文件时往往需要判断文件路径是否存在、是文件夹还是文件、是否为绝对路径、是否相同等。Path 对象提供了丰富的方法用来检查相关条件。演示代码如下：

```
#001  from pathlib import Path
#002  p = Path(r'C:\Users')
#003  p2 = Path(r'C:\Users\Public\..')
#004  print(p.exists())
#005  print(p.is_dir())
#006  print(p.is_file())
#007  print(p.is_absolute())
#008  print(p.samefile(p2))
```

➢ 代码解析

第 1 行代码从 pathlib 模块中导入 Path 类。

第 2 行和第 3 行代码分别给定两个路径初始化 Path 对象。

第 4 行代码调用 exists 方法判断路径是否存在，若存在则返回 True。

第 5 行代码调用 is_dir 方法判断路径是否存在且为文件夹，若是则返回 True。

第 6 行代码调用 is_file 方法判断路径是否存在且为文件，若是则返回 True。

第 7 行代码调用 is_absolute 方法判断路径是否为绝对路径，若是则返回 Ture。

第 8 行代码调用 samefile 方法判断两个路径是否存在且指向相同的文件，若是则返回 True。

13.2　文件属性与操作

无论是文件还是文件夹，都有许多属性，比如创建时间、修改时间、大小、操作权限等。其中，操作权限是指当前用户是否可以读写某文件或文件夹。如果用户有读权限，则可以读取文件内容、获取文件夹下的文件列表等；如果用户有写权限，则可以修改文件内容、在文件夹下创建新文件夹或新文件等。通过 Python 可以方便地获取文件或文件夹的属性，并进行相关操作。

13.2.1　获取文件属性

pathlib 模块的 Path 类提供了 stat 方法用来获取文件或文件夹的各种属性，该方法返回 os.stat_result 类，其属性和说明如表 13-1 所示。

表 13-1　os.stat_result 类对象的属性

属性名	说明
st_mode	文件模式：包括文件类型和文件模式位（即权限位）
st_dev	该文件所在设备的标识符
st_ino	与平台相关，若不为 0，则根据 st_dev 值唯一地标识文件 在 Windows 中，该值表示文件索引号 在 macOS 和 Linux 中，该值表示索引节点号
st_nlink	硬链接的数量
st_uid	文件所有者的用户 ID
st_gid	文件所有者的用户组 ID
st_size	文件大小（以字节为单位），文件可以是常规文件或符号链接。符号链接的大小是它包含的路径的长度，不包括末尾的空字节
st_atime	最后访问时间，以秒为单位，为浮点数
st_atime_ns	最后访问时间，以纳秒表示，为整数
st_mtime	最后修改时间，以秒为单位，为浮点数
st_mtime_ns	最后修改时间，以纳秒表示，为整数
st_ctime	在 Windows 中，表示创建时间 在 macOS 和 Linux 中，表示最后元数据更改时间，以秒为单位，为浮点数
st_ctime_ns	在 Windows 中，表示创建时间 在 macOS 和 Linux 中，表示最后元数据更改时间，以纳秒为单位，为整数

由于文件属性中的文件大小、创建时间、修改时间、访问时间等都是数字，经过简单的处理可以输出对人友好的格式。假设当前工作目录中有一个名为“Python 之禅 .txt”的文件，演示代码如下：

```
#001  import time
#002  from pathlib import Path
#003
#004  def human_size(size):
#005      round_size = round(size/1024)
#006      return f'{round_size} KB'
#007
#008  def human_time(timestamp):
#009      t = time.localtime(timestamp)
#010      return time.strftime('%Y-%m-%d %H:%M', t)
#011
#012  p = Path(__file__).parent / 'Python之禅.txt'
```

```
#013   stat = p.stat()
#014   print(f'文件大小: {human_size(stat.st_size)}')
#015   print(f'创建时间: {human_time(stat.st_ctime)}')
#016   print(f'修改时间: {human_time(stat.st_mtime)}')
#017   print(f'访问时间: {human_time(stat.st_atime)}')
```

➢ 代码解析

第 1 行代码导入 time 模块，用来处理时间。

第 2 行代码从 pathlib 模块中导入 Path 类。

第 4~6 行代码定义 human_size 函数，用来将文件大小参数 size 转换成以 KB 为单位的字符串。

第 8~10 行代码定义 human_time 函数，用来将时间戳参数 timestamp 转换成“年 – 月 – 日 时 : 分”格式的本地时间。这里的时间戳是指从格林尼治时间1970年01月01日00时00分00秒起计算的总秒数。

第 12 行代码获取当前脚本所在目录下的“Python 之禅 .txt”文件的路径。

第 13 行代码使用 stat 方法获取文件属性。

第 14~17 行代码分别输出该文件的大小、创建时间、修改时间和访问时间。

代码输出结果如下:

```
文件大小: 1 KB
创建时间: 2022-03-06 19:40
修改时间: 2022-03-06 19:40
访问时间: 2022-07-01 22:10
```

13.2.2　文件对象

读写文件是最常见的文件操作，其基本流程是先获取到文件对象，然后使用该对象的各种方法进行操作。

Python 内置的 open 函数能够打开文件并获得文件对象。语法如下:

```
    open(file, mode = 'r', buffering = -1, encoding = None, errors = None,
newline = None, closefd = True, opener = None)
```

除了参数 file，其他参数均可选。常用的参数是前 4 个。

参数 file 用于设置要打开文件的路径，可以是字符串，也可以是 pathlib 模块中的 Path 对象。

参数 mode 用于指定打开文件的模式。默认值是 r，表示以文本模式打开并读取。其他常见的模式有写入模式 w（已存在的文件内容会被清空）和追加写入模式 a（写入内容追加到文件末尾）等。可用的文件模式如表 13-2 所示。

表 13-2　文件模式

模式	说明
r	读取（默认）
w	写入（已存在的文件内容会被清空）
x	排他性创建，如果文件已存在则失败
a	打开文件用于写入，如果文件存在则在末尾追加
b	二进制模式
t	文本模式（默认）
+	打开用于更新（读取与写入）

模式 r 与 rt 相同，均是以文本模式打开并读取。w+ 和 w+b 模式将打开文件并清空内容。r+ 和 r+b 模式将打开文件但不清空内容。

参数 buffering 用于设置缓冲策略。若值为 0 表示关闭缓冲（只允许在二进制模式下），值为 1 表示选择行缓冲（只在文本模式下可用），值大于 1 表示固定大小的块缓冲区的字节大小。若不传，即默认值 -1，表示使用默认的缓冲策略。文件读写是与硬盘打交道，设置缓冲策略的目的是对读写硬盘的次数和效率做权衡。

参数 encoding 用于设置解码或编码文件文本的编码名称，应只在文本模式下使用。默认编码依赖于操作系统，也可以显示指定 UTF-8、GBK 等编码。

参数 errors 用于指定如何处理编码和解码错误。比如，值为 strict 表示若存在编码错误则引发 ValueError 异常。默认值 None 具有相同效果。再如，值为 ignore 表示忽略错误，这可能导致数据丢失。

参数 newline 用于控制换行模式，仅适用于文本模式。其值可以是 None、''、'\n'、'\r' 和 '\r\n'。其工作原理如下。

（1）从文件中读取输入时，如果 newline 是 None，则启用通用换行模式，输入的行可以是以 '\n'、'\r' 和 '\r\n'，它们都会被自动转换成 '\n'。如果 newline 是 ''，也会启用通用换行模式，但并不会转换换行符。如果指定其他合法值，则输入行由给定字符串作为行结尾。

（2）写入内容到文件时，如果 newline 为 None，则写入的任何 '\n' 字符都将转换成系统默认的换行符。如果 newline 为 '' 或 '\n'，则不进行转换。如果指定其他合法值，则写入的任何 '\n' 字符都将被转换为给定的字符串。

参数 closefd 表示是否关闭文件描述符，参数 opener 表示自定义开启器。

打开文件并对文件进行一系列操作后，需要及时关闭文件，演示代码如下：

```
#001  f = open('test.txt', 'w')
#002  print(f)
#003  f.close()
```

每次打开文件后都要显示关闭文件略显烦琐，Python 提供了上下文管理器简化整个过程，演示代码如下：

```
#001  with open('Python之禅.txt', 'w') as f:
#002      print(f)
```

with 关键字的基本形式为“with … as …”，通过 with 关键字结合 open 函数可以打开文件的上下文管理器，并将文件对象赋值给 as 关键字后的变量 f。然后可以在 with 的作用域内使用文件对象 f 进行一系列的文件操作。在离开作用域后，上下文管理器会自动关闭文件对象。

除了内置的 open 函数，pathlib 模块的 Path 类的 open 方法也能打开文件获取文件对象，Path.open 的语法和 open 函数的语法非常类似：

```
    Path.open(mode = 'r', buffering = -1, encoding = None, errors = None,
newline = None)
```

因此，使用 Path.open 并结合 with 关键字，也可以轻松操作文件，演示代码如下：

```
#001  from pathlib import Path
#002  path = Path('Python之禅.txt')
#003  with path.open() as f:
#004      print(f)
```

无论是 open 函数还是 Path.open 方法，以文本模式打开文件时返回的文件对象都是 io.TextI OWrapper 类型，其常用的方法和说明如表 13-3 所示。

表 13-3 io.TextI OWrapper 文件对象常用方法

方法	说明
read	读取整个或部分长度的文件内容并返回字符串
readline	读取一行并返回字符串
readlines	将整个文件按行读取并返回元素是字符串的列表
write	将字符串写入文件
writelines	将元素是字符串的列表按行写入文件
close	关闭文件
flush	把文件缓冲区的内容写入硬盘
tell	返回文件操作标记的当前位置，以文件的开头作为原点
next	返回下一行，并将文件操作标记移动到下一行
seek	移动文件指针到指定位置
truncate	截断文件

文件对象常用方法的使用将在下文介绍。

13.2.3 读取文件

在此章节的示例文件夹中有一个名为“Python 之禅 .txt”的文件，该文件文本以 UTF-8 编码，在同目录下的“读取文件 .py”脚本中可通过 Path.open 指定模式为 r，编码为 utf-8 打开此文件。演示代码如下：

```
#001  from pathlib import Path
#002  p = Path(__file__).parent / 'Python之禅.txt'
#003  f = p.open('r', encoding = 'utf-8')
```

使用 read 方法读取整个文件内容：

```
print(f.read())
```

运行后的输出：

```
优美胜于丑陋，明了胜于晦涩。
简单胜于复杂，复杂胜于凌乱。
扁平胜于嵌套，间隔胜于紧凑。
可读性很重要！
即使实用比纯粹更优，特例亦不可违背原则。
错误绝不能悄悄忽略，除非它明确需要如此。
面对不确定性，拒绝妄加猜测。
任何问题应有一种，且最好只有一种，显而易见的解决方法。
虽然这并不容易，因为你不是Python之父。
做胜于不做，然而不假思索还不如不做。
很难解释的，必然是坏方法。
很好解释的，可能是好方法。
命名空间是个绝妙的主意，我们应好好利用它。
```

使用 read 方法后，由于默认情况下读取了整个文件内容，因此文件指针移动到了文件结尾处。此时再去 read 得到的内容会是空字符串。

使用 seek 方法可以将文件指针移动到指定位置，比如 seek(0) 可以移动到文件开头。紧接着，可以使用 read 方法读取指定长度的内容，比如 read(15) 就是读取前 15 个字节（即第一行含换行符）：

```
f.seek(0)
print(f.read(15), end = '')
```

运行后的输出：

```
优美胜于丑陋，明了胜于晦涩。
```

除了 read 方法，readline 方法可以 1 次读取 1 行，readlines 方法可以读取剩余所有的行到列表中。不论哪种方法，都是从当前文件指针处开始读取：

```
#001  print(f.readline(), end = '')
#002  print(f.readlines())
#003  f.close()
```

运行后的输出：

```
简单胜于复杂，复杂胜于凌乱。
['扁平胜于嵌套，间隔胜于紧凑。\n', '可读性很重要！\n', '即使实用比纯粹更优，特例亦不可违背原则。\n', '错误绝不能悄悄忽略，除非它明确需要如此。\n', '面对不确定性，拒绝妄加猜测。\n', '任何问题应有一种，且最好只有一种，显而易见的解决方法。\n', '虽然这并不容易，因为你不是Python之父。\n', '做胜于不做，然而不假思索还不如不做。\n', '很难解释的，必然是坏方法。\n', '很好解释的，可能是好方法。\n', '命名空间是个绝妙的主意，我们应好好利用它。']
```

需要注意的是，代码中第 3 行使用 close 方法关闭了文件对象。在使用完文件对象后，需要进行关闭，否则会造成内存资源和文件资源的浪费。

此外，文件对象本身支持被 for 关键字迭代，迭代元素是单行文本。结合内置函数 enumerate 迭代文件对象，可以做到仅读取指定行。例如，仅读取第 1、3 行的文本：

```
#001  from pathlib import Path
#002  p = Path(__file__).parent / 'Python之禅.txt'
#003  f = p.open('r', encoding = 'utf-8')
#004  for i, line in enumerate(f):
#005      if i in (0, 2):
#006          print(line, end = '')
#007      elif i > 2:
#008          break
#009  f.close()
```

➢ 代码解析

第 1 行代码从 pathlib 模块中导入 Path 类。

第 2 行代码获取示例文件的路径。

第 3 行代码以 r（读取）模式打开示例文件，获取文件对象 f。

第 4 行代码遍历文件对象 f，获取表示每一行字符串的变量 line，结合内置函数 enumerate，可以额外获取表示迭代序号的变量 i，序号从 0 开始。

第 5~6 行代码判断若是第 0 或 2 次迭代（即代表第 1 或 3 行），就输出行文本。

第 7~8 行代码判断若超过 2 次迭代（即读取到第 3 行后的行文本），则跳出循环。

第 9 行代码关闭文件对象。

运行后的输出：

优美胜于丑陋，明了胜于晦涩。
扁平胜于嵌套，间隔胜于紧凑。

在实际工作中，为防止因处理文件对象过程中出现报错，而导致没关闭文件对象，会使用 try… finally… 的语法结构操作和关闭文件。无论 try 中的语句是否出现错误，Python 会保证执行 finally 中的语句。借助这个机制就可以确保文件对象被关闭。演示代码如下：

```
from pathlib import Path
p = Path(__file__).parent / 'Python之禅.txt'
f = p.open('r', encoding = 'utf-8')
try:
    print(f.read())
finally:
    f.close()
```

与之等价的写法就是使用 with 关键字调用文件的上下文管理器。演示代码如下：

```
from pathlib import Path
p = Path(__file__).parent / 'Python之禅.txt'
f = p.open('r', encoding = 'utf-8')
with p.open('r', encoding = 'utf-8') as f:
    f.read()
```


13.2.4　写入文件

写入文件前需要打开文件获取到文件对象，并且在打开文件时需要指定文件模式，常用模式有 w（覆盖写入）、a（在文件末尾追加写入）或 r+（读取和写入）。

假定需要在此章节的示例文件夹中写入一个名为“部分 Python 之禅 1.txt”的文件，使用 write 方法可以将指定的内容写入文件中。如果需要换行，则需在写入的内容中包含换行符：

```
#001  from pathlib import Path
#002  p = Path(__file__).parent / '部分Python之禅1.txt'
#003  with p.open('w', encoding = 'utf-8') as f:
#004      f.write('简单胜于复杂，复杂胜于凌乱。\n'
#005              '扁平胜于嵌套，间隔胜于紧凑。\n')
```

➢ 代码解析

第 1 行代码从 pathlib 模块中导入 Path 类。

第 2 行代码获取要写入文件的路径。

第 3 行代码使用上下文管理器以 w（覆盖写入）模式打开文件。在文件模式是 w 模式时，如果该文件不存在会新建文件，然后写入内容；如果文件已存在，则会清空该文件的原有内容，再写入内容。

第 4~5 行代码写入指定内容到文件中。

运行后，部分 Python 之禅 1.txt 的文件内容：

简单胜于复杂，复杂胜于凌乱。
扁平胜于嵌套，间隔胜于紧凑。

上面的示例中写入了 2 行文本，如果希望在原来的基础上继续写入，则要使用 a（追加写入）模式打开文件。与此同时，可以使用 writelines 方法将列表作为多行写入。演示代码如下：

```
from pathlib import Path
p = Path(__file__).parent / '部分Python之禅2.txt'
```

```
#003  # 覆盖写入，并使用 write 方法
#004  with p.open('w', encoding = 'utf-8') as f:
#005      f.write('简单胜于复杂，复杂胜于凌乱。\n'
#006              '扁平胜于嵌套，间隔胜于紧凑。\n')
#007  # 追加写入，并使用 writelines
#008  with p.open('a', encoding = 'utf-8') as f:
#009      lines = [
#010          '可读性很重要! \n',
#011          '即使实用比纯粹更优，特例亦不可违背原则。\n',
#012          '错误绝不能悄悄忽略，除非它明确需要如此。\n'
#013      ]
#014      f.writelines(lines)
```

➤ 代码解析

第 1~6 行代码和上一个示例相同。

第 8~14 行代码使用 a（追加）模式打开文件，并写入多行内容。文件对象的 writelines 方法接受一个元素为字符串的列表，以将这些字符串写入文件。

运行后的文件内容：

```
简单胜于复杂，复杂胜于凌乱。
扁平胜于嵌套，间隔胜于紧凑。
可读性很重要!
即使实用比纯粹更优，特例亦不可违背原则。
错误绝不能悄悄忽略，除非它明确需要如此。
```

在追加写入时，如果需要在现有文件的开头插入新内容，即使先使用 seek 方法将文件指针移动到文件开头，然后再写入，在 w 或 r+ 模式下，新内容仍然会覆盖该位置原有的内容。正确的处理方式是先把原来的内容读取出来，和希望新增的内容合并在一起，然后从文件开头写入。演示代码如下：

```
#001  from pathlib import Path
#002  p = Path(__file__).parent / '部分Python之禅3.txt'
#003  # 覆盖写入，并使用 write 方法
#004  with p.open('w', encoding = 'utf-8') as f:
#005      f.write('简单胜于复杂，复杂胜于凌乱。\n'
#006              '扁平胜于嵌套，间隔胜于紧凑。\n'
#007              '可读性很重要! \n'
#008              '即使实用比纯粹更优，特例亦不可违背原则。\n'
#009              '错误绝不能悄悄忽略，除非它明确需要如此。\n')
#010  # 读取和写入模式
#011  with p.open('r+', encoding = 'utf-8') as f:
#012      content = f.read()
#013      new_content = f'优美胜于丑陋，明了胜于晦涩。\n{content}'
#014      f.seek(0)
#015      f.write(new_content)
```

➤ 代码解析

第 1~9 行代码和上一个示例相似。

第 11 行代码使用 r+（读取和写入）模式打开文件。

第 12 行代码读取整个文件内容。

第 13 行代码将“优美胜于丑陋，明了胜于晦涩。\n”添加到原有内容之前，生成新的内容。

第 14~15 行代码将文件指针移动到文件开头，然后将新内容写入文件中。

运行后的文件内容：

```
优美胜于丑陋，明了胜于晦涩。
简单胜于复杂，复杂胜于凌乱。
扁平胜于嵌套，间隔胜于紧凑。
可读性很重要！
即使实用比纯粹更优，特例亦不可违背原则。
错误绝不能悄悄忽略，除非它明确需要如此。
```


注意

当使用 a 模式写入文件时，无论用 seek 方法调整文件指针到何处，始终只会在文件末尾写入内容。

13.2.5　创建文件夹

Python 提供了多种方法创建文件夹，包括 os 模块的 mkdir 和 makedirs 函数、pathlib 模块的 Path.mkdir 方法等。

os.mkdir 可以创建单级文件夹，如果给定的参数是文件夹名称则在当前工作目录创建文件夹，如果给定的参数是文件夹路径则会创建该路径的文件夹。mkdir 要求路径中的父文件夹是存在的，否则会报错。有关当前工作目录的概念，请参阅 13.1.3 小节。演示代码如下：

```
#001  import os
#002  from pathlib import Path
#003  p = Path(__file__).parent
#004  os.chdir(p)
#005  os.mkdir('d0')
#006  # os.mkdir('d1/d2/d3')  # 由于d1不存在，运行此语句报错
```

➢ 代码解析

第 1 行代码导入 os 模块，用来切换和创建目录。

第 2 行代码从 pathlib 模块中导入 Path 类。

第 3 行代码获取示例代码所在文件夹的路径。

第 4 行代码将当前工作目录切换到此路径。

第 5 行代码会在当前工作目录下创建文件夹 d0，但如果当前工作目录已经存在 d0 会报错。

第 6 行代码尝试在当前工作目录的 d1/d2 目录下创建文件夹 d3，但由于 d1/d2 目录不存在，会导致报错：

```
FileNotFoundError: [WinError 3] 系统找不到指定的路径。: 'd1/d2/d3'
```

而 os.mkdirs 可以确保路径在父文件夹不存在时先创建父文件夹，演示代码如下：

```
import os
from pathlib import Path
p = Path(__file__).parent
os.chdir(p)
os.makedirs('d1/d2/d3')
```

运行成功后，新文件夹的目录结构为

```
d1
└─d2
    └─d3
```

Path.mkdir 方法同时具有 os.mkdir 和 os.makedirs 的效果，其参数 parents 可用于控制是否自动创建父文件夹。演示代码如下：

```
#001  from pathlib import Path
#002  Path('d0').mkdir()
#003  Path('d1/d2/d3').mkdir(parents = True)
```

默认情况下，Path.mkdir 不会自动创建父文件夹，类似第 2 行代码这种创建单级文件夹的情况可以不指定参数 parents。而由于第 3 行代码中需要确保目录中的每个文件夹都被创建，则要指定参数 parents 为 True。

请确保在运行示例前已在当前工作目录中删除文件夹 d0 和 d1，否则会报目录已存在的错误。

13.2.6 重命名文件和文件夹

在 Python 中，对文件和文件夹的重命名和移动是同一种行为，无论是哪种，本质都是将给定的源路径修改成目标路径。Python 中有多种方法可以完成此任务，包括 os 模块的 rename 函数、pathlib 模块的 Path.rename、shutil 模块的 move 方法等，它们都支持对文件和文件夹进行重命名和移动。

os.rename 方法分别接受源路径和目标路径 2 个参数用于对文件和文件夹的重命名：

```
#001  import os
#002  from pathlib import Path
#003  p1 = Path(__file__).parent / 'Python之禅.txt'
#004  p2 = path1.parent.joinpath('The Zen of Python.txt')
#005  os.rename(p1, p2)
```

➢ 代码解析

第 1 行代码导入 os 模块，用来重命名文件。

第 2 行代码从 pathlib 模块中导入 Path 类。

第 3 行代码获取示例文件“Python 之禅 .txt”的路径作为源路径。

第 4 行代码获取期望重命名成的目标文件“The Zen of Python.txt”的路径。

第 5 行代码使用 os.rename 将文件“Python 之禅 .txt”重命名为“The Zen of Python.txt”。

Path.rename 相较而言会更加简洁，只需接受目标路径作为参数：

```
p2.rename(p1)
```

通过以上代码可将文件“The Zen of Python.txt”重命名为“Python 之禅 .txt”。

除了 os 和 path 模块，Python 还内置了 shutil 模块，提供了多种对文件和文件夹的高阶操作功能，使用 shutil 模块的 move 函数也可以达到重命名文件和文件夹的目的：

```
#001  import shutil
#002  shutil.move(p1, p2)
```

13.2.7　复制文件和文件夹

复制文件和文件夹是很常见的操作，Python 的 shutil 模块提供了多种方法来进行复制。

shutil.copy 可以将源文件的内容和权限模式（比如读取、写入、执行）复制到目标路径。如果目标路径是目录，则会将源文件复制到该目录下并以原来的文件名命名。演示代码如下：

```
#001  import shutil
#002  from pathlib import Path
#003  p1 = Path(__file__).parent / 'Python之禅.txt'
#004  p2 = p1.parent.joinpath('Python之禅-副本.txt')
#005  shutil.copy(p1, p2)
#006  p1_sub = p1.parent.joinpath('子目录')
#007  shutil.copy(p1, p1_sub)
```

➢ 代码解析

第 1 行代码导入 shutil 模块，用来复制文件。

第 2 行代码从 pathlib 模块中导入 Path 类。

第 3 行代码获取示例文件“Python 之禅 .txt”的路径，作为源路径。

第 4~5 行代码获取目标文件“Python 之禅 - 副本 .txt”的路径，将文件“Python 之禅 .txt”复制到当前工作目录下名称为“Python 之禅 - 副本 .txt”的文件中。

第 6~7 行代码获取目标目录“子目录”的路径，将文件“Python 之禅 .txt”复制到当前工作目录的“子目录”文件夹中，文件名称依旧是“Python 之禅 .txt”。

运行成功后，新复制文件的目录结构为

```
Python之禅-副本.txt
子目录
└─Python之禅.txt
```

需要注意的是，文件的组成除了自身的内容、权限模式，还有包括修改时间、访问时间等元数据。shutil.copy 函数并不会复制这些元数据，这也就意味着使用它复制出的新文件的修改时间会自动变成当前时间。而如果希望复制这些元数据，则要使用 shutil.copy2 函数：

```
shutil.copy2(p1, p2)
assert p1.stat().st_mtime == p2.stat().st_mtime
```

这里通过 stat( ).st_mtime 获取文件的修改时间，判断文件和目标文件的修改时间是否相同。若不同，则会报错，通过 shutil.copy2 函数复制的文件的修改时间会和源文件一样。

如果需要复制整个文件夹，则要使用 shutil.copytree 函数，它的前 2 个参数分别接收源文件夹路径和目标文件夹路径。如果目标文件夹不存在，则将源文件夹复制为目标文件夹；反之，则会抛出 FileExistsError 的异常。如果希望遇到目标文件夹已存在时继续将源文件夹中的文件和文件夹复制到目标文件夹中，则可以指定参数 dirs_exist_ok=True。演示代码如下：

```
import shutil
from pathlib import Path
p1 = Path(__file__).parent / Path('班级信息')
p2 = p1.parent.joinpath('班级信息-副本')
shutil.copytree(p1, p2, dirs_exist_ok = True)
```

运行成功后，源文件夹和新文件夹的目录结构为

```
班级信息
```

```
├─汇总.txt
└─1班
|   ├─小明.txt
└─2班
    ├─小红.txt
    └─小张.txt

班级信息-副本
├─汇总.txt
└─1班
|   ├─小明.txt
└─2班
    ├─小红.txt
    └─小张.txt
```

13.2.8　删除文件和文件夹

删除也是十分常见的操作，Python 中的 os、pathlib 和 shutil 模块都提供了对应的方法来删除文件和文件夹。

要删除单个文件，可以使用 Path.unlink 方法、os.unlink 或 os.remove 函数，它们的作用都是等价的：

```
#001  import os
#002  from pathlib import Path
#003  p = Path(__file__).parent / 'foo.txt'
#004  p.unlink()
#005  # 其他等价写法
#006  # os.unlink(p)
#007  # os.remove(p)
```

➢ 代码解析

第 1 行代码导入 os 模块，用来删除文件。

第 2 行代码从 pathlib 模块中导入 Path 类。

第 3 行代码获取测试文件“foo.txt”的路径，作为被删除的文件。

第 4 行代码调用 unlink 方法删除该文件。如果要删除的对象不存在，代码将报错。

第 6~7 行代码是第 4 行代码的等价写法。

如果要删除单个空文件夹，即没有任何文件和子文件夹的文件夹，可以使用 Path.rmdir 方法和 os.rmdir 函数：

```
#001  import os
#002  from pathlib import Path
#003  p = Path(__file__).parent / 'bar'
#004  p.rmdir()
#005  # 其他等价写法
#006  # os.rmdir(p)
```

➢ 代码解析

第 1 行代码导入 os 模块，用来删除文件夹。

第 2 行代码从 pathlib 模块中导入 Path 类。

第 3 行代码获取测试文件夹“bar”的路径，作为被删除的文件夹。

第 4 行代码调用 rmdir 方法删除该文件夹。如果文件夹非空，即文件夹中含有文件或文件夹，则会抛出 OSError 异常。

第 6 行代码是第 4 行代码的等价写法。

为了删除非空文件夹，shutil 模块提供了 rmtree 方法来递归删除整个文件夹：

```
import shutil
from pathlib import Path
p = Path(__file__).parent / '班级信息'
shutil.rmtree(p)
```


13.2.9 压缩与解压

shutil 模块提供了 make_archive 方法来将文件夹压缩成 zip、tar、gztar、bztar、xztar 格式的归档文件，还提供了 unpack_archive 方法将归档文件解压。

make_archive 函数语法如下：

```
shutil.make_archive(base_name, format[, root_dir[, base_dir[, verbose[,
dry_run[, owner[, group[, logger]]]]]]])
```

除了参数 base_name 和 format，其他参数均可选。常用的参数是前 4 个。

参数 base_name 是要压缩成的文件路径（含名称），但不包含扩展名。

参数 format 是归档格式，支持 zip（要求 zlib 模块可用）、tar、gztar（要求 zlib 模块可用）、bztar（要求 bz2 模块可用）和 xztar （要求 lzma 模块可用） 格式。工作中最常用的是 zip 格式。

参数 root_dir 表示要归档文件 / 文件夹的根目录，归档中的所有路径都将是它的相对路径。

参数 base_dir 是要执行归档的起始目录，意味着它是归档中所有文件和目录共有的路径前缀。

root_dir 和 base_dir 默认均为当前工作目录。

make_archive 函数返回生成的归档文件路径。

本章节示例文件夹中有一个名为“班级信息”的文件夹，其目录结构如下：

```
班级信息
 ├─汇总.txt
 └─1班
 |   ├─小明.txt
 └─2班
      ├─小红.txt
      └─小张.txt
```

如果希望将“班级信息”文件夹中的整个“2 班”文件夹压缩成归档文件，且归档文件中要保持“2 班”的路径前缀，那么可以设置 root_dir 为“班级信息”的路径，base_dir 为“2 班”。演示代码如下：

```
import shutil
from pathlib import Path
path = Path(__file__).parent / '班级信息'
base_archive_path = path.parent / '2班-压缩'
archive_path = shutil.make_archive(
    base_archive_path,
    'zip',
    root_dir = path,
```

```
#009      base_dir = '2班'
#010  )
```

➢ 代码解析

第 1 行代码导入 shutil 模块，用于压缩。

第 2 行代码从 pathlib 模块中导入 Path 类。

第 3 行代码获取测试文件夹“班级信息”的路径，作为要压缩的文件夹的根路径。

第 4 行代码获取和“班级信息”文件夹同级的文件夹“2 班 - 压缩”的路径，作为压缩包的路径。

第 5~10 行代码将 path（即“班级信息”）下的 base_dir（即“2 班”）文件夹压缩到 base_archive_path（即“2 班 - 压缩”）路径下，归档格式为 zip。

运行代码后，在示例文件夹下会生成名为“2 班 - 压缩 .zip”的归档文件，其内部的目录结构为

```
2班
├─小红.txt
└─小张.txt
```

shutil.unpack_archive 可以轻松完成解压，其语法格式如下：

```
shutil.unpack_archive(filename[, extract_dir[, format]])
```

参数 filename 是归档文件的完整路径。

参数 extract_dir 是归档文件解包的目标目录。如果未提供，则将使用当前工作目录。

参数 format 是归档格式，和 shutil.make_archive 的参数 format 相同。默认情况下根据归档文件的扩展名判断归档格式。

通过以下代码可将示例归档文件“广告信息 .zip”解压在示例文件夹的“广告信息 - 解压”目录下：

```
#001  import shutil
#002  from pathlib import Path
#003  archive_path = Path(__file__).parent / '广告信息.zip'
#004  unpack_path = Path(__file__).parent / '广告信息-解压'
#005  shutil.unpack_archive(archive_path, unpack_path)
```

➢ 代码解析

第 1 行代码导入 shutil 模块，用于压缩。

第 2 行代码从 pathlib 模块中导入 Path 类。

第 3 行代码获取测试压缩文件“广告信息 .zip”的路径，作为要解压的文件路径。

第 4 行代码获取和“广告信息 .zip”文件同级的文件夹“广告信息 - 解压”的路径，作为解压的路径。

第 5 行代码将 archive_path（即“广告信息 .zip”）解压到 unpack _path（即“广告信息 - 解压”）路径下。shutil.unpack_archive 会自动根据“广告信息 .zip”文件的 .zip 扩展名判断其为 zip 归档格式。

运行代码后，在示例文件夹下会生成“广告信息 - 解压”文件夹，其内部的目录结构为

```
广告信息-解压
└─1组
|   ├─商场.txt
|   └─写字楼.txt
└─2组
    ├─地铁.txt
    └─小区.txt
```

13.2.10　遍历文件夹

遍历文件夹也是一个常见的文件操作，无论是查找文件，还是对文件分类，都需要先遍历文件夹中的文件和子文件夹。

在示例文件夹下有一个名为“班级信息”的文件夹，其目录结构如下：

```
班级信息
├─汇总.txt
└─1班
|   ├─小明.txt
└─2班
    ├─小红.txt
    └─小张.txt
```

pathlib.Path 类提供的 iterdir 方法可列出给定目录下的文件和文件夹。path.iterdir 方法返回一个迭代器，使用 for 循环遍历这个迭代器会依次返回一个 Path 对象，这样就可以直接调用相关方法对该目录下的文件和文件夹进行处理。例如，列出给定目录下的文件和文件夹，并标明类型：

```
#001  from pathlib import Path
#002  path = Path(__file__).parent / '班级信息'
#003  for p in path.iterdir():
#004      if p.is_file():
#005          print(f'{p.name}（文件）')
#006      elif p.is_dir():
#007          print(f'{p.name}（文件夹）')
```

➢ 代码解析

第 1 行代码从 pathlib 模块中导入 Path 类。

第 2 行代码获取示例文件夹的路径。

第 3 行代码调用 iterdir 方法遍历给定目录。

第 4~5 行代码判断若路径是文件，则输出“文件名称（文件）”。

第 6~7 行代码判断若路径是文件夹，则输出“文件夹名称（文件夹）”。

运行结果为

```
1班（文件夹）
2班（文件夹）
汇总.txt（文件）
```

上述过程遍历的是单层文件夹，如果要完整遍历给定目录下所有层级的文件夹，则可以使用函数进行递归调用实现：

```
from pathlib import Path

def traverse(p):
    for pp in p.iterdir():
        if pp.is_dir():
            print(pp.relative_to(root))
            traverse(pp)
        else:
            print(pp.relative_to(root))
```

```
#010
#011  root = Path(__file__).parent / '班级信息'
#012  traverse(root)
```

➢ 代码解析

第 1 行代码从 pathlib 模块中导入 Path 类。

第 3~9 行代码定义 traverse 函数，用来遍历给定目录。

第 4 行代码调用 iterdir 方法遍历给定路径。

第 5~7 行代码判断如果是文件夹，则输出相对路径，并继续调用 traverse 函数遍历这个文件夹。

第 8~9 行代码判断如果不是文件夹，则输出相对路径。

第 11 行代码获取文件夹“班级信息”的路径。

第 12 行代码遍历文件夹“班级信息”的所有层级。

运行结果为

```
1班
1班\小明.txt
2班
2班\小张.txt
2班\小红.txt
汇总.txt
```

13.3 文件自动处理实战

基于基础的文件操作能力可以实现复杂的文件操作，本节将介绍如何使用这些原子能力实现高阶的文件自动化，将烦琐、重复的文件处理工作自动化，从而提升工作效率。

13.3.1 输出目录树

macOS 和 Linux 操作系统中往往提供了 tree 命令来输出给定目录下的整个目录树，通过 Python，不仅可以输出目录树，还可以在此基础上实现一些自定义的能力，比如同时输出文件的大小。演示代码如下：

```
from pathlib import Path

def human_size(size):
    round_size = round(size/1024)
    return f'{round_size} KB'

def tree(p, level = 0):
    prefix = ''
    if level:
        prefix = '    ' * level + '└──'
    for sub in p.iterdir():
        if sub.is_dir():
            print(f'{prefix}{sub.name}')
```

```
#014                tree(sub, level = level+1)
#015            else:
#016                size = human_size(sub.stat().st_size)
#017                print(f'{prefix}{sub.name} {size}')
#018
#019    p = Path(__file__).parent / '班级信息'
#020    tree(p)
```

➢ 代码解析

第 1 行代码从 pathlib 模块中导入 Path 类。

第 3~5 行代码定义 human_size 函数，用来将文件大小参数 size 转换成以 KB 为单位的字符串。

第 7~17 行代码定义 tree 函数，用来打印整个目录树。此函数的参数 p 是表示路径的 Path 对象，参数 level 表示目录层级，默认是 0 级。

第 8 行代码初始化输出的前缀为空字符串。

第 9~10 行代码判断如果层级 level 不为 0，则进行指定层级的缩进，并添加 └─前缀用来表示子级结构。

第 11~17 行代码对目标目录进行遍历。

第 12~14 行代码判断路径为文件夹时，输出文件夹的名称，并对此文件夹再次调用 tree 函数，层级 level+1。

第 15~17 行代码判断路径不为文件夹时，输出文件的名称和大小。

代码输出结果如下：

```
1班
  └─小明.txt 0 KB
2班
  └─小张.txt 0 KB
  └─小红.txt 0 KB
汇总.txt 0 KB
```

13.3.2　批量重命名文件

在示例文件夹“图片”中，有多个按照种类划分的图片文件夹，存放着各自类别的图片，结构如下：

```
动物
  └─狗.jpg
  └─狮子.jpg
  └─猫.jpg
花卉
  └─牡丹.jpg
  └─玫瑰.jpg
  └─茉莉.jpg
```

现在对所有图片文件进行重命名，以图片所在文件夹名称和“-”作为名称前缀，再和原文件名组合成新文件名。使用 Path.rename 可以轻松地批量重命名：

```
from pathlib import Path

image_path = Path(__file__).parent / '图片'
```

```
#004  for category_path in image_path.iterdir():
#005      if not category_path.is_dir():
#006          continue
#007      for p in category_path.iterdir():
#008          name = p.name
#009          new_name = f'{category_path.name}-{name}'
#010          new_path = p.parent / new_name
#011          p.rename(new_path)
```

➢ 代码解析

第 1 行代码从 pathlib 模块中导入 Path 类。

第 3 行代码获取示例文件夹“图片”的路径。

第 4 行代码遍历“图片”目录下的所有文件和文件夹。

第 5~6 行代码判断路径不是文件夹时则继续下一个迭代，即只处理子文件夹。我们将这些子文件夹称为“分类文件夹”。

第 7~11 行代码遍历分类文件夹下的所有文件，对每个文件的文件名都加上分类文件夹名称和“-”前缀。

运行代码后，“图片”文件夹的结构如下：

```
动物
  └─动物-狗.jpg
  └─动物-狮子.jpg
  └─动物-猫.jpg
花卉
  └─花卉-牡丹.jpg
  └─花卉-玫瑰.jpg
  └─花卉-茉莉.jpg
```

13.3.3 按照日期分类文件

在示例文件夹“日志”中，存放着按照“日期 + 序号”格式命名的日志文件，如“2022-07-01 01.log”，结构如下：

```
2022-07-01 01.log
2022-07-01 02.log
2022-07-02 01.log
2022-07-02 02.log
2022-07-02 03.log
```

现在需要根据日志文件名中的日期创建对应的文件夹，并将日志文件批量移动到日期文件夹下。演示代码如下：

```
from pathlib import Path

log_path = Path(__file__).parent / '日志'
for p in log_path.iterdir():
    date = p.name.split(' ')[0]
    date_path = p.parent / date
    if not date_path.exists():
```

```
#008            date_path.mkdir()
#009        new_path = date_path / p.name
#010        p.rename(new_path)
```

➢ 代码解析

第 1 行代码从 pathlib 模块中导入 Path 类。

第 3 行代码获取示例文件夹"日志"的路径。

第 4 行代码遍历"日志"目录下的所有文件。

第 5 行代码将日志文件名按空格分割，取出第一个部分，即日期。

第 6 行代码获取日期文件夹的路径。

第 7~8 行代码判断在日期文件夹不存在时创建文件夹。

第 9~10 行代码将日志文件移动到对应的日期文件夹下。

运行代码后，"日志"文件夹的结构如下：

```
2022-07-01
   └─2022-07-01 01.log
   └─2022-07-01 02.log
2022-07-02
   └─2022-07-02 01.log
   └─2022-07-02 02.log
   └─2022-07-02 03.log
```

13.3.4　查找文件

Python 中的 fnmatch 是用来进行文件名匹配的模块，通过它结合文件夹遍历可以查找到文件名符合指定范式的文件。fnmatch 模块中的 fnmatch 函数最为常用，其语法如下：

```
fnmatch.fnmatch(filename, pattern)
```

它用来检测给定的 filename 字符串是否匹配 pattern 字符串，且大小写不敏感。

参数 pattern 为 shell 风格的通配符，所使用的特殊字符如表 13-4 所示。

表 13-4　pattern 通配符的特殊字符

模式	说明
*	匹配所有
?	匹配任意单个字符
[seq]	匹配 seq 中的任意字符
[!seq]	匹配任意不在 seq 中的字符

假设需要匹配以 01 结尾的日志文件，则 pattern 为"*01.log"。接下来，实现一个在给定目录中递归搜索以 01 结尾的日志文件并输出相对路径。演示代码如下：

```
from fnmatch import fnmatch
from pathlib import Path

def search(search_path, pattern, _root = None):
    root = _root or search_path
    for p in search_path.iterdir():
```

```
#007            if p.is_dir():
#008                search(p, pattern, root)
#009            elif fnmatch(p, pattern):
#010                relative_p = p.relative_to(root)
#011                print(relative_p)
#012
#013    log_path = Path(__file__).parent / '日志'
#014    search(log_path, '*01.log')
```

➢ 代码解析

第 1 行代码从 fnmatch 模块中导入 fnmatch 函数，用于文件名匹配。

第 2 行代码从 pathlib 模块中导入 Path 类。

第 4~11 行代码定义 search 函数，用于递归搜索符合指定范式的文件的相对路径。其中参数 search_path 为搜索路径，参数 pattern 为通配符，参数 _root 为搜索根路径。此处的参数 _root 以下画线作为前缀进行命名，在 Python 中表示私有变量。外部调用 search 函数时无须传入参数 _root，search 函数会自行判断。

第 5 行代码用来获取根搜索路径，如果传了参数 _root 就以它作为根搜索路径，反之则以参数 path 作为根搜索路径。

第 6 行代码遍历搜索路径下的所有文件和文件夹。

第 7~8 行代码判断路径为文件夹时，递归调用 search 函数进行搜索。

第 9~11 行代码判断路径不为文件夹时，使用 fnmatch 函数比较文件名和通配符，若匹配则根据文件路径和根搜索路径计算出相对路径并输出。

第 13 行代码获取示例文件夹“日志”的路径。

第 14 行代码调用 search 函数搜索“日志”文件夹中文件名符合“*01.log”通配符的文件，并输出相对路径。

代码输出如下：

```
2022-07-01 01.log
2022-07-02 01.log
```

13.3.5 清理重复文件

如果两个文件的内容完全相同，则可认为是重复文件。实际工作中可能会存在大量的重复文件，而 Python 能够批量地删除重复文件，从而提升办公效率。

Python 中 hashlib 模块的 md5 函数可根据给定数据计算出 MD5 值，如果 2 个文件的 MD5 值相同，则可以判断两者是重复文件。因此，判断大量文件是否重复就可以通过读取文件内容并计算 MD5 值进行比较判断。

在示例文件夹“重复文件”中，存放着如下文件：

```
135006da.txt
ac4ec7fd.jpg
de50bc05.txt
f45bc017.jpg
fbe1858f.jpg
```

现在需要找出此文件夹中所有的重复文件并将之删除，演示代码如下：

```
#001  import hashlib
#002  from pathlib import Path
#003
#004  dup_path = Path(__file__).parent / '重复文件'
#005  md5_set = set()
#006  for p in dup_path.iterdir():
#007      if not p.is_file():
#008          continue
#009      with p.open('rb') as f:
#010          data = f.read()
#011      md5 = hashlib.md5(data).hexdigest()
#012      if md5 in md5_set:
#013          p.unlink()
#014          print(f'清理重复文件: {p.name}')
#015      else:
#016          md5_set.add(md5)
```

➢ 代码解析

第 1 行代码导入 hashlib 模块。

第 2 行代码从 pathlib 模块中导入 Path 类。

第 4 行代码获取示例文件夹“重复文件”的路径。

第 5 行代码初始化集合变量，用来存放所有文件的 MD5 值，以此判断是否重复。

第 6 行代码遍历“重复文件”目录下的所有文件和文件夹。

第 7~8 行代码判断路径不是文件时跳过，进入下一次循环。

第 9~10 行代码使用二进制读模式打开文件，并读取文件内容。由于目标文件可能是二进制文件，因此指定此模式打开。

第 11 行代码计算文件的 MD5 值。

第 12~16 行代码判断若 MD5 值在现有的 MD5 集合 md5_set 内，即认为文件重复，就会删除对应文件，并输出文件名；反之，若不重复，则将此 MD5 值加入 md5_set 中。

代码输出如下：

```
清理重复文件: de50bc05.txt
清理重复文件: fbe1858f.jpg
```

13.3.6　统计词语数

对于文本文件，可能会有统计需求。比如，统计一本小说中各个词出现的次数，以推断作者的行文风格。

Python 有一个名为 jieba 的第三方库，专门用来对文本进行分词。可以借助此库再结合内置模块 collections 的 Counter 类，对出现的词语进行统计。

通过如下命令安装 jieba：

```
pip install jieba
```

接下来，打开示例文件“Python 之禅 .txt”，一次读取一行并使用 jieba 模块进行分词，然后排除标点符号，再统计词语次数。演示代码如下：

```
import jieba
```

```
#002  from pathlib import Path
#003  from collections import Counter
#004
#005  punctuation = set('，。？！、— = +-*……（）【】《》""\n')
#006  for word in ('胜于', '明了', '不做', '很好', '很重要'):
#007      jieba.add_word(word)
#008  words = []
#009  p = Path(__file__).parent / 'Python之禅.txt'
#010  with p.open(encoding = 'utf-8') as f:
#011      for line in f:
#012          line_words = jieba.cut(line, cut_all = False)
#013          for word in line_words:
#014              if word not in punctuation:
#015                  words.append(word)
#016  counter = Counter(words)
#017  print(counter)
```

➢ 代码解析

第 1 行代码导入 jieba 模块。

第 2 行代码从 pathlib 模块中导入 Path 类。

第 3 行代码从 collections 模块中导入 Counter 类。

第 5 行代码初始化含标点符号的集合，用于后续统计词频时排除标点符号。

第 6~7 行代码为 jieba 模块添加一些词汇，以使它对词语识别得更精确。

第 8 行代码初始化存放词语的列表，用于后续统计词语。

第 9 行代码获取示例文件的路径。

第 10 行代码以 UTF-8 编码方式打开示例文件。

第 11 行代码遍历文件的每一行。

第 12 行代码使用 jieba.cut 函数对当前行内容进行分词，参数 cut_all=False 表示使用精确模式分词。

第 13~15 行代码遍历分词后的每一个词语，如果它不是标点符号就追加到变量 words 中。

第 16~17 行代码使用变量 words 初始化 Counter，从而进行词频统计，最终输出统计结果。

代码输出如下：

```
Counter({'胜于': 7, '的': 4, '方法': 3, '是': 3, '复杂': 2, '它': 2, '一种': 2, '不做': 2, '解释': 2, '优美': 1, '丑陋': 1, '明了': 1, '晦涩': 1, '简单': 1, '凌乱': 1, '扁平': 1, '嵌套': 1, '间隔': 1, '紧凑': 1, '可读性': 1, '很重要': 1, '即使': 1, '实用': 1, '比': 1, '纯粹': 1, '更优': 1, '特例': 1, '亦': 1, '不可': 1, '违背': 1, '原则': 1, '错误': 1, '绝不能': 1, '悄悄': 1, '忽略': 1, '除非': 1, '明确': 1, ' 需要': 1, '如此': 1, '面对': 1, '不确定性': 1, '拒绝': 1, '妄加': 1, '猜测': 1, '任何': 1, '问题': 1, '应有': 1, '且': 1, '最好': 1, '只有': 1, '显而易见': 1, '解决': 1, '虽然': 1, '这': 1, '并': 1, '不': 1, '容易': 1, '因为': 1, '你': 1, '不是': 1, 'Python': 1, '之父': 1, ' 做': 1, '然而': 1, '不假思索': 1, '还': 1, '不如': 1, '很难': 1, '必 然': 1, '坏': 1, '很好': 1, '可能': 1, '好': 1, '命名': 1, '空间': 1, '个': 1, '绝妙': 1, '主意': 1, '我们': 1, '应': 1, '好好': 1, '利用': 1})
```

从上面的结果可以看出，“Python 之禅 .txt”里出现最多的词语是“胜于”，而绝大多数词语就只出现了 1 次。

13.3.7　判断文件类型

工作中除了会接触到文本文件，还会接触到大量的二进制文件，比如 JPEG、ZIP、PDF 等文件均是二进制文件。由于任意文件的扩展名都能被修改，这意味着靠扩展名判断文件类型是不准确的。一个文件数据开头的 N 个字节被称为“文件头”，不同类型的文件均有其特别的文件头。因此，可以根据一个文件的文件头来大致判断它的类型。

常见文件类型的文件头如表 13-5 所示。

表 13-5　常见文件类型的文件头

文件类型	文件头（十六进制）
JPEG（.jpg）	FF D8 FF
PNG（.png）	89 50 4E 47
GIF(.gif)	47 49 46 38
ZIP Archive (.zip)	50 4B 03 04
PDF(.pdf)	25 50 44 46

演示代码如下：

```
#001 from pathlib import Path
#002
#003 root = Path(__file__).parent / '文件类型'
#004 for p in root.iterdir():
#005     if not p.is_file():
#006         continue
#007     with p.open('rb') as f:
#008         head = f.read(4)
#009     if head.startswith(b'\xFF\xD8\xFF'):
#010         print(f'{p.name} 是 JPEG 类型')
#011     elif head.startswith(b'\x89\x50\x4E\x47'):
#012         print(f'{p.name} 是 PNG 类型')
#013     elif head.startswith(b'\x47\x49\x46\x38'):
#014         print(f'{p.name} 是 GIF 类型')
#015     elif head.startswith(b'\x50\x4B\x03\x04'):
#016         print(f'{p.name} 是 ZIP 类型')
#017     elif head.startswith(b'\x25\x50\x44\x46'):
#018         print(f'{p.name} 是 PDF 类型')
#019     else:
#020         print(f'{p.name} 是未知类型')
```

➢ 代码解析

第 1 行代码从 pathlib 模块中导入 Path 类。

第 3 行代码获取示例文件夹“文件类型”的路径。

第 4 行代码遍历“文件类型”目录下的所有文件和文件夹。

第 5~6 行代码判断当路径不是文件时则跳过，进入下一个循环。

第 7~8 行代码以二进制读模式打开文件，并读取前 4 个字节的文件头，用以判断文件类型。

第 9~20 行代码判断文件头是否以特定字节的数据开头，以判断该文件的类型并输出。

代码输出结果如下：

```
test.gif 是 GIF 类型
test.jpg 是 JPEG 类型
test.pdf 是 PDF 类型
test.png 是 PNG 类型
test.zip 是 ZIP 类型
```

第 14 章 自动处理电子邮件

在日常工作中，常常会有一些与电子邮件有关的重复性工作。例如，批量下载邮件中的附件，每周定时发送周报等。这些工作完全可以交给计算机来自动化处理，从而提升工作效率。本章将详细介绍如何使用 Python 实现邮件的自动化处理。

14.1 邮件协议

一封邮件从源地址发送到目标地址需要遵循一定的规则，这样发送方和接收方的计算机才能够协同工作，完成邮件的发送和接收，这些规则就是邮件协议。

常见的邮件协议，包括 SMTP（Simple Mail Transfer Protocol，简单文本传输协议）、POP3（Post Office Protocol 3，邮局协议版本 3）、IMAP（Internet Message Access Protocol，互联网邮件访问协议）等。

另外，微软的邮件服务 Exchange 提供 Exchange ActiveSync 协议让客户端 Outlook 管理邮件、通讯录和日程。Exchange ActiveSync 协议主要用于企业内部，因此不在本章的讲解范围。

14.1.1 发送邮件协议：SMTP

SMTP 协议是传输电子邮件的标准协议，它帮助每台计算机在发送或中转信件时找到下一个目的地。SMTP 服务器就是遵循 SMTP 协议的发送邮件服务器。通常需要提供用户名和密码才能登录 SMTP 服务器，从而在一定程度上避免用户受到垃圾邮件的侵扰。

Python 内置的 smtplib 库支持 SMTP 协议，可以使用它实现自动发送邮件。

14.1.2 接收邮件协议：POP3 和 IMAP

SMTP 协议只负责发送邮件，POP3 协议和 IMAP 协议则是负责接收邮件的协议。

POP3 协议负责从邮件服务器中检索电子邮件，是互联网电子邮件的第一个离线协议标准。它允许从邮件服务器中检索邮件，并可选择删除或保留邮件；或者询问是否有新邮件到达。POP3 协议还允许用户下载邮件中附带的二进制文件，如图片和 Office 文件等。

IMAP 协议除了具有 POP3 协议的基本功能外，还弥补了它的不足。例如，只下载选中的邮件而不是全部邮件；在邮件服务器上管理邮件文件夹（新建、重命名或删除）、删除邮件、查询某个邮件的一部分或全部内容，而不需要将邮件下载到本地。

Python 内置的 poplib 库支持 POP3 协议，imaplib 库支持 IMAP 协议，可以使用它们实现自动接收邮件。

14.1.3 开启邮件服务

收发邮件的前提是需要有一个邮件服务器，用来作为邮件的中转。这个邮件服务器可以自己搭建，也可以是第三方邮件服务器，如网易邮箱、新浪邮箱或者 QQ 邮箱等。

本小节以网易 126 邮箱为例，介绍如何设置第三方邮件服务器，以支持使用代码连接邮件服务器并进行管理。

登录网易 126 邮箱（https://mail.126.com/），依次单击【设置】→【POP3/SMTP/IMAP】，可以在页面中选择开启所需的服务，并且设置【收取全部邮件】，如图 14-1 所示。

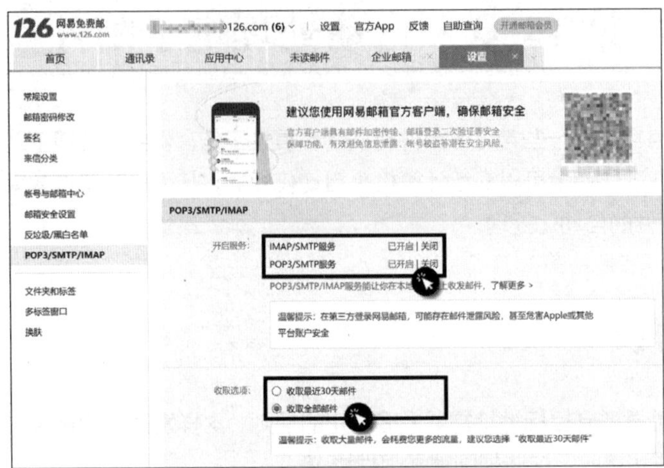

图 14-1　网易 126 邮箱设置菜单

首次开启服务成功后，会弹出授权密码界面，如图 14-2 所示。该授权密码由网易服务器随机生成，仅显示一次，可用于在邮件客户端或 Python 代码中登录邮件服务器。

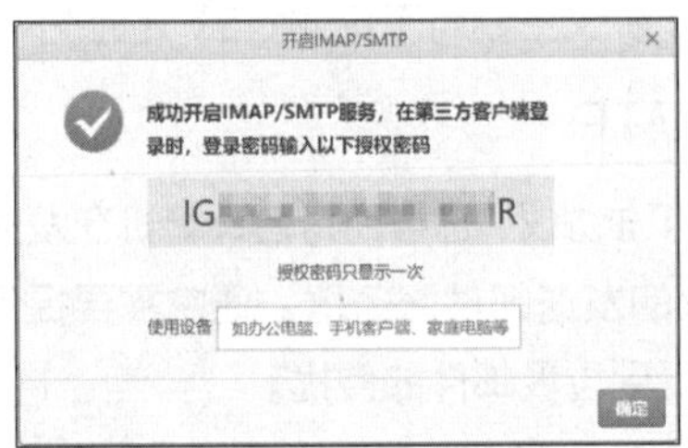

图 14-2　网易 126 邮箱 POP3/SMTP/IMAP 服务开启后显示的授权密码

此外，在页面底部的【提示】选项卡中可查看 POP3/SMTP/IMAP 服务器地址，如图 14-3 所示。在代码中连接邮件服务器时会用到这些服务器地址。

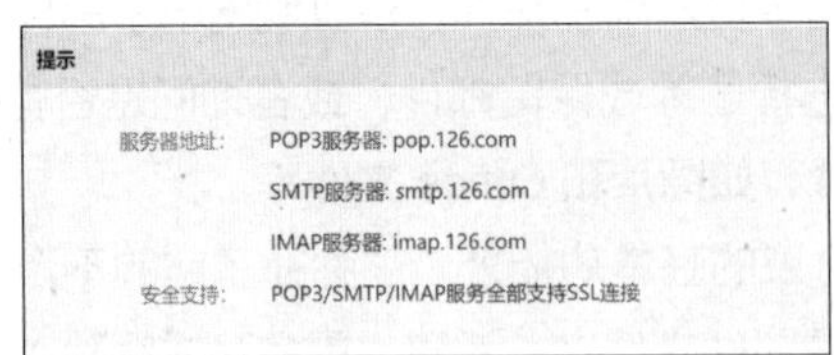

图 14-3　网易 126 邮箱 POP3/SMTP/IMAP 服务器地址

14.1.4　邮件发送与接收原理

简要理解邮件的发送原理，有助于编写代码自动处理邮件。以从网易 126 邮箱发送到新浪邮箱为例，邮件发送与接收的过程如图 14-4 所示。

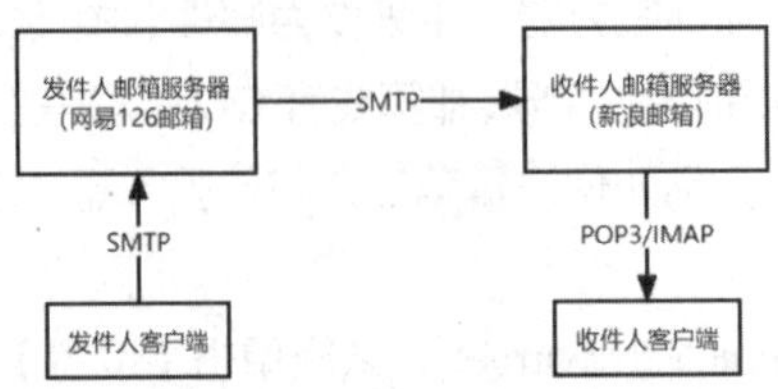

图 14-4　邮件发送与接收原理

在发送阶段，发件人客户端连接网易 126 邮箱服务器，使用 SMTP 协议发送邮件。该服务器判断目的地是新浪邮箱，于是继续使用 SMTP 协议将邮件发送到新浪邮箱。

在接收阶段，收件人客户端连接新浪服务器，使用 POP3 或 IMAP 协议接收邮件。

14.2 自动发送邮件

使用 SMTP 协议发送邮件，要求邮件内容必须遵循格式规范，这样邮件服务器才能够解析邮件的发件人、收件人、主题、内容和附件等信息。邮件内容格式由 RFC822 文档和 MIME（Multipurpose Internet Mail Extensions）多用途互联网邮件扩展类型协议定义。使用 Python 内置的 email 和 smtplib 库就可以编写邮件内容并发送。

14.2.1 发送文本邮件

文本邮件是最简单的邮件，邮件的核心内容为纯文本。演示代码如下：

```
#001  import smtplib
#002  from email.mime.text import MIMEText
#003  from email.utils import formataddr
#004
#005  from_name, from_addr = '小王', '******@126.com'
#006  to_addrs_by_name = {
#007      '小李': '******@sina.com',
#008      '小张': '******@qq.com'
#009  }
#010  password = '******'
#011  message = MIMEText('这是一封文本邮件。', _charset = 'utf-8')
#012  message['Subject'] = '文本邮件'
#013  message['From'] = formataddr((from_name, from_addr))
#014  for pair in to_addrs_by_name.items():
#015      message['To'] = formataddr(pair)
#016  mail = smtplib.SMTP_SSL('smtp.126.com')
#017  mail.login(from_addr, password)
#018  mail.sendmail(from_addr, to_addrs_by_name.values(),
#019                message.as_string())
#020  mail.quit()
```

➢ 代码解析

第 1 行代码导入 smtplib 库。

第 2 行代码从 email.mime.text 库中导入 MIMEText 类，用来组织文本邮件。

第 3 行代码从 email.utils 库中导入 formataddr 方法，用来格式化收发件人。

第 5 行代码分别定义发件人的名字和邮箱地址。

第 6~9 行代码定义表示多个收件人邮箱地址的字典，其中键为收件人的名字，值为收件人的邮箱地址。

第 10 行代码定义用于登录邮箱的密码，也就是 14.1.3 小节获得的授权密码。

第 11 行代码初始化表示文本内容的 MIMEText 对象，它接收的第 1 参数是文本数据，此处就是邮件的正文，第 2 参数定义字符集是 utf-8。

第 12 行代码设置邮件主题。

第 13 行代码设置邮件的发件人。此处使用 formataddr 格式化收件人，以实现如图 14-5 所示的同时包含名字和邮箱地址的效果。formataddr 函数的语法如下：

```
def formataddr(pair, charset = 'utf-8')
```

参数 pair 必填，是一个包含两个元素的元组，形如 (realname, email_address)，表示名字和邮箱地址。

参数 charset 选填，表示字符集编码，默认为 utf-8。

如果不需要显示发件人名字，第 13 行代码可改写为 message['From'] = from_addr。

第 14~15 行代码设置邮件的多个收件人。

第 14 行代码遍历 to_addrs_by_name 的每个键值对。

第 15 行代码格式化邮箱地址并设置为收件人。和发件人类似，如果不需要显示收件人名字，本行代码可改写为 message['To'] = pair[1]。

第 16 行代码初始化 smtplib.SMTP_SSL 对象，它表示使用 SSL 经过安全加密连接的 SMTP 对象，用来连接发件人邮箱服务器。它接收的第 1 参数是发件人邮箱服务器地址，此处填写网易 126 邮箱的 SMTP 服务器地址 smtp.126.com。

第 17 行代码调用 SMTP_SSL 对象的 login 方法连接并登录发件人邮箱服务器。login 方法接收的第 1 参数是发件人邮箱地址，第 2 参数是邮箱授权密码。

第 18~19 行代码调用 sendmail 方法发送邮件。sendmail 方法的语法如下：

```
def sendmail(self, from_addr, to_addrs, msg, mail_options = (), rcpt_options = ())
```

参数 from_addr 必填，表示邮件发件人地址。

参数 to_addrs 必填，为字符串列表，表示多个邮件收件人地址。

参数 msg 必填，表示邮件内容。这里使用 MIMEText.as_string( ) 方法作为此参数的值。

第 20 行代码调用 quit 方法断开与发件人服务器的连接。

运行示例代码，登录发件人邮箱，可看到如图 14-5 所示的效果。

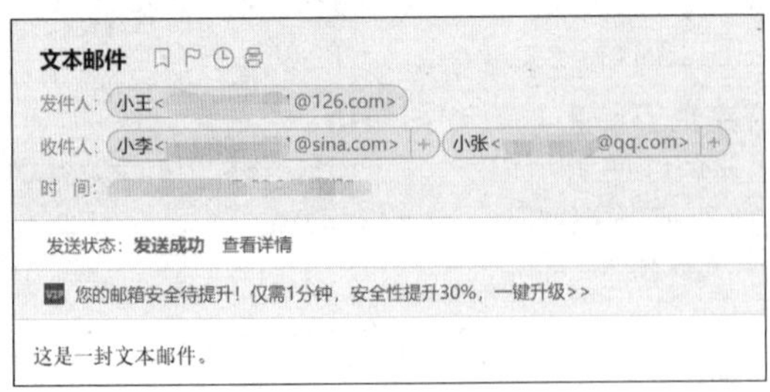

图 14-5　文本邮件

14.2.2　发送带附件的邮件

发送普通的文本邮件，主要使用 MIMEText 对象组织发件人、收件人、主题、正文等信息。如果想要在此基础上附上指定的文件作为附件，则要使用能同时容纳正文和附件的 MIMEMultipart 对象进行组织。

以下示例代码可以发送包含文档和图片附件的邮件：

```
#001 import smtplib
#002 from email.mime.multipart import MIMEMultipart
#003 from email.mime.text import MIMEText
#004 from email.utils import formataddr
#005 from pathlib import Path
#006
#007 from_name, from_addr = '小王', '******@126.com'
#008 to_name, to_addr = '小李', '******@sina.com'
#009 password = '******'
#010 message = MIMEMultipart()
#011 message.attach(MIMEText('这是一封带附件的邮件。'))
#012 attachment_dir = Path(__file__).parent / '附件'
#013 for p in attachment_dir.iterdir():
#014     content = p.read_bytes()
#015     attachment = MIMEText(content, 'base64', 'utf-8')
#016     attachment.add_header('Content-Disposition', 'attachment',
#017                           filename = p.name)
#018     message.attach(attachment)
#019 message['Subject'] = '带附件的邮件'
#020 message['From'] = formataddr((from_name, from_addr))
#021 message['To'] = formataddr((to_name, to_addr))
#022 mail = smtplib.SMTP_SSL('smtp.126.com')
#023 mail.login(from_addr, password)
#024 mail.sendmail(from_addr, [to_addr],
#025              message.as_string())
#026 mail.quit()
```

➢ 代码解析

第 1 行代码导入 smtplib 库。

第 2 行代码从 email.mime.multipart 库中导入 MIMEMultipart 类，用来组织复杂的邮件。

第 3 行代码从 email.mime.text 库中导入 MIMEText 类，用来组织邮件的文本内容。

第 4 行代码从 email.utils 库中导入 formataddr 方法，用来格式化收发件人。

第 5 行代码从 pathlib 库中导入 Path，用来处理路径。

第 7 行代码分别定义发件人的名字和邮箱地址。

第 8 行代码分别定义收件人的名字和邮箱地址。

第 9 行代码定义用于登录邮箱的密码，也就是 14.1.3 小节获得的授权密码。

第 10 行代码初始化表示复杂邮件的 MIMEMultipart 对象，后续进一步添加文本正文和附件。

第 11 行代码初始化表示文本内容的 MIMEText 对象，它接收的第 1 参数是文本数据，此处就是邮件的正文。

第 12 行代码获取附件所在的文件夹路径。

第 13~18 行代码将文件夹中的每个文件作为邮件的附件。

第 13 行代码遍历文件夹下的每个文件。

第 14 行代码以二进制形式读取文件数据。

第 15 行代码初始化表示附件的 MIMEText 对象，第 1 参数是附件文件的数据；第 2 参数是该数据的类型，二进制附件文件一般填 base64；第 3 参数是该数据的编码，这里填 utf-8。

第 16~17 行代码添加 Content-Disposition 头，值为 attachment 表示附件，并指定附件名称为文件名称。

第 18 行代码将附件添加到 MIMEMultipart 对象上，从而包含了邮件的正文和附件。

第 19 行代码设置邮件主题。

第 20~21 行代码分别设置邮件的发件人和收件人。

第 22 行代码初始化 smtplib.SMTP_SSL 对象，它表示使用 SSL 经过安全加密连接的 SMTP 对象，用来连接发件人邮箱服务器。

第 23 行代码调用 SMTP_SSL 对象的 login 方法连接并登录发件人邮箱服务器。

第 24~25 行代码调用 sendmail 方法发送邮件。

第 26 行代码调用 quit 方法断开与发件人服务器的连接。

运行示例代码后，登录发件人邮箱，可看到如图 14-6 所示的效果。

图 14-6　带附件的邮件

14.2.3　发送网页邮件

除了发送文本邮件和带附件的邮件，工作中往往还希望邮件的内容形式能够进一步美化，那么就需要发送网页邮件（又称 html 格式邮件）。网页邮件本质上是文本和附件邮件的组合。

以下示例代码将发送带有动物图册的网页邮件：

```
import smtplib
from email.mime.multipart import MIMEMultipart
from email.mime.text import MIMEText
from email.mime.image import MIMEImage
from email.utils import formataddr
from pathlib import Path

html_template = '''
```

```
#009 <html>
#010   <body>
#011     <h2>动物图册</h2>
#012     <table border = "1">
#013       <tr>
#014         <td>名称</td>
#015         <td>图片</td>
#016       </tr>
#017       {rows_html}
#018     </table>
#019   </body>
#020 </html>'''
#021 from_name, from_addr = '小王', '******@126.com'
#022 to_name, to_addr = '小李', '******@sina.com'
#023 password = '******'
#024 message = MIMEMultipart('alternative')
#025 rows = []
#026 image_dir = Path(__file__).parent / '图片'
#027 for i, p in enumerate(image_dir.iterdir()):
#028     content = p.read_bytes()
#029     image = MIMEImage(content)
#030     image_id = f'img-{i}'
#031     image.add_header('Content-ID', image_id)
#032     message.attach(image)
#033     row = f'''
#034     <tr>
#035       <td>{p.name}</td>
#036       <td>
#037         <img src = "cid:{image_id}" width = "160" height = "110"/>
#038       </td>
#039     </tr>'''
#040     rows.append(row)
#041 html_text = html_template.format(rows_html = '\n'.join(rows))
#042 message.attach(MIMEText(html_text, 'html'))
#043 message['Subject'] = '网页邮件'
#044 message['From'] = formataddr((from_name, from_addr))
#045 message['To'] = formataddr((to_name, to_addr))
#046 mail = smtplib.SMTP_SSL('smtp.126.com')
#047 mail.login(from_addr, password)
#048 mail.sendmail(from_addr, [to_addr],
#049               message.as_string())
#050 mail.quit()
```

➢ 代码解析

第 1 行代码导入 smtplib 库。

第 2 行代码从 email.mime.multipart 库中导入 MIMEMultipart 类，用来组织复杂的邮件。

第 3 行代码从 email.mime.text 库中导入 MIMEText 类，用来组织邮件的文本内容。

第 4 行代码从 email.mime.image 库中导入 MIMEImage 类，用来组织邮件的图片内容。

第 5 行代码从 email.utils 库中导入 formataddr 方法，用来格式化收发件人。

第 6 行代码从 pathlib 库中导入 Path，用来处理路径。

第 8~20 行代码定义网页的 HTML 内容模板、标题和用来呈现动物图册的表格。其中，{rows_html} 代表图册中每一行动物的名字和图片，将会在下文动态填入，从而形成最终的网页内容。

第 21 行代码分别定义发件人的名字和邮箱地址。

第 22 行代码分别定义收件人的名字和邮箱地址。

第 23 行代码定义用于登录邮箱的密码，也就是 14.1.3 小节获得的授权密码。

第 24 行代码初始化表示复杂邮件的 MIMEMultipart 对象，参数值 alternative 表示可传输超文本内容（即 HTML 格式网页）。

第 25 行代码初始化一个名为 rows 的列表，用来存放图册中的每行 HTML 文本。

第 26 行代码获取图片所在的文件夹路径。

第 27~40 行代码将文件夹中的每张图片添加到网页表格中。

第 27 行代码遍历文件夹下的每张图片，并使用 enumerate 获取从 0 开始计算的索引。

第 28 行代码以二进制形式读取图片数据。

第 29 行代码初始化表示图片的 MIMEImage 对象，参数是图片的数据。

第 30~31 行代码基于索引生成图片 ID，并为该图片设置此 ID。这样才能在 HTML 中根据 ID 引用对应的图片。

第 32 行代码将图片添加到 MIMEMultipart 对象上，从而确保在 HTML 中成功引用对应的图片。

第 33~40 行代码定义图册中的单行 HTML 文本，其中第 1 列是图片名称，第 2 列是长宽固定的图片。图片通过 cid: 图片 ID 的方式进行引用，然后将该行 HTML 文本加入 rows 列表中。

第 41 行代码使用换行符连接 rows 列表中的每个元素，并动态填入前文定义的 HTML 模板中，形成最终的网页内容。

第 42 行代码初始化表示网页内容的 MIMEText 对象，它的第 1 参数是网页数据，第 2 参数是 html，表示是网页类型。

第 43 行代码设置邮件主题。

第 44~45 行代码分别设置邮件的发件人和收件人。

第 46 行代码初始化 smtplib.SMTP_SSL 对象，它表示使用 SSL 经过安全加密连接的 SMTP 对象，用来连接发件人邮箱服务器。

第 47 行代码调用 SMTP_SSL 对象的 login 方法连接并登录发件人邮箱服务器。

第 48~49 行代码调用 sendmail 方法发送邮件。

第 50 行代码调用 quit 方法断开与发件人服务器的连接。

运行示例代码后，登录发件人邮箱，可看到如图 14-7 所示的效果。

图 14-7 网页邮件

14.3 自动接收邮件

接收邮件要使用 POP3 或 IMAP 协议，由于 IMAP 协议优于 POP3，本节将介绍如何使用支持该协议的 Python 内置库 imaplib 接收邮件。

14.3.1 从邮件服务器接收邮件

和发送邮件类似，接收邮件也需要连接邮箱服务器并读取和管理邮件，只是这里的邮箱服务器是支持 IMAP 协议的邮箱服务器。主流的邮箱服务都支持 IMAP 协议，14.1.3 小节介绍的网易 126 邮箱也支持 IMAP 协议，其服务器地址为 imap.126.com，授权密码同 SMTP 邮箱服务器。

以下示例代码将从邮件服务器中接收最近若干封邮件，并输出发件人和邮件主题：

```
import imaplib
import email
from email.header import decode_header

username = ******@126.com'
password = '******'

def receive_mails(recent_num):
    mail = imaplib.IMAP4_SSL('imap.126.com')
    mail.login(username, password)
    imaplib.Commands['ID'] = ('AUTH', )
    mail._simple_command('ID', '("version" "0.0.1")')
    typ, data = mail.select()
    total = int(data[0])
    for i in range(total, total - recent_num, -1):
        typ, data = mail.fetch(str(i), '(RFC822)')
        received = data[0]
        msg = email.message_from_bytes(received[1])
        subject, charset = decode_header(msg['Subject'])[0]
        if isinstance(subject, bytes):
            subject = subject.decode(charset or 'utf-8')
        from_, charset = decode_header(msg['From'])[0]
        if isinstance(from_, bytes):
            from_ = from_.decode(charset or 'utf-8')
        print(f'收到 <{from_}> 发来的一封邮件，主题：《{subject}》')
        process_mail(msg, subject)
    mail.close()
    mail.logout()

def process_mail(msg, subject):
    pass

receive_mails(5)
```

➢ 代码解析

第 1 行代码导入 imaplib 库。

第 2 行代码导入 email 库。

第 3 行代码从 email.headr 库中导入 decode_header 函数，用来解码邮件头信息。

第 5~6 行代码分别定义用于登录邮箱的账号和密码，其中密码就是 14.1.3 小节获得的授权密码。

第 8~28 行代码定义用于接收最近若干封邮件的函数，此函数接收一个参数 recent_num，表示接收最近邮件的数量。

第 9 行代码初始化 imaplib.IMAP4_SSL 对象，它表示使用 SSL 经过安全加密连接的 IMAP 对象，用来连接收件人邮箱服务器。它接收的第 1 参数是收件人邮箱服务器地址，此处填写在 14.1.3 小节获取的网易 126 邮箱的 IMAP 服务器地址 imap.126.com。

第 10 行代码调用 IMAP4_SSL 对象的 login 方法连接并登录收件人邮箱服务器。

第 11~12 行代码将此程序的客户端信息发送给收件人服务器，否则网易邮箱会禁止接收邮件，并会在执行第 13 行代码时在 messages 中返回 SELECT Unsafe Login. Please contact kefu@188.com for help。此处客户端信息中的版本号是自定义的 0.0.1，表示是一个初始版本。

第 13 行代码调用 select 方法选择邮箱中的文件夹，不传参数时则选择默认文件夹。只有先选择文件夹，才能从邮箱中读取邮件。select 方法的语法如下：

```
def select(self, mailbox = 'INBOX', readonly = False)
```

参数 mailbox 选填，表示要选择的邮箱文件夹，默认为收件箱。

参数 readonly 选填，表示是否只读。如果设置为 True，后续对邮件的修改将被禁止。

select 方法会返回操作成功与否（通常为 OK 或 NO），以及选中文件夹中的邮件数量。

第 14 行代码获取 int 类型的邮件数量。在第 13 行代码中获取的邮件数量是一个包含 byte 类型的列表，形如 [b'1000']，因此需要转换成 int。

第 15~26 行代码依次接收最近的 recent_num 封邮件并进行处理。

第 16 行代码调用 fetch 方法获取邮件。fetch 方法接收的第 1 参数是邮件编号；第 2 参数是获取的邮件部分，通常填写 (RFC822)，即邮件的标准格式。

第 17~18 行代码将获取到的邮件内容转换成容易处理的 email.message.Message 对象，该对象和 14.2 节所使用的 MIMEText、MIMEMultipart 对象类似，比如通过 msg['Subject'] 获取邮件主题。

第 19 行代码获取原始邮件主题并进行解码，得到一个解析后的列表。列表的每个元素都是一个包含数据和字符集的二元数组。对于主题来说，这里只需取列表的第一个元素作为解析后的邮件主题 subject 和它的字符集 charset。

第 20~21 行代码判断若邮件主题是 bytes 类型，则优先使用 charset 解码，若 charset 为空则默认使用 utf-8 解码。

第 22~24 行代码使用和第 19~21 行代码类似的方式获取邮件的发件人。

第 25 行代码输出收到的邮件基本信息。

第 26 行代码调用由第 30~31 行代码定义的 process_mail 函数来进一步处理邮件。目前，process_mail 函数是一个空实现。在后续的 14.3.2、14.3.3、14.3.4 小节会分别根据邮件类型进行处理。

第 27 行代码调用 close 方法关闭选中的邮箱文件夹。

第 28 行代码调用 logout 方法退出登录邮件服务器。

运行示例代码，输出效果如下：

```
收到 <小王> 发来的一封邮件，主题：《网页邮件》
收到 <小王> 发来的一封邮件，主题：《带附件的邮件》
收到 <小王> 发来的一封邮件，主题：《文本邮件》
```

14.3.2 处理文本邮件

在 14.3.1 小节的示例代码基础上，可在 process_mail 函数中根据邮件类型来处理文本邮件，输出邮件的文本内容。演示代码如下：

```
#001  def process_mail(msg, subject):
#002      content_type = msg.get_content_type()
#003      if content_type == 'text/plain':
#004          body = msg.get_payload(decode = True)
#005          if isinstance(body, bytes):
#006              charset = msg.get_content_charset()
#007              body = body.decode(charset or 'utf-8')
#008          print(f'文本邮件内容为：{body}')
```

➢ 代码解析

第 1~8 行代码定义 process_mail 函数处理邮件。

第 2 行代码调用 get_content_type 方法获取邮件内容类型，其中文本邮件的类型为 text/plain。

第 3 行代码判断邮件是否为文本邮件，若是则进一步处理。

第 4~8 行代码处理文本邮件。

第 4 行代码调用 get_payload 方法提取邮件内容，一般情况下邮件内容经 Base64 编码，这里需要设置 decode=True 来解码。

第 5~7 行代码判断若邮件内容是 bytes 类型，则尝试获取邮件内容的字符集 charset，优先使用 charset 解码，若 charset 为空则默认使用 utf-8 解码。

第 8 行代码输出邮件正文内容。

运行完整的示例代码，输出效果如下：

```
收到 <小王> 发来的一封邮件，主题：《网页邮件》
收到 <小王> 发来的一封邮件，主题：《带附件的邮件》
收到 <小王> 发来的一封邮件，主题：《文本邮件》
文本邮件内容：这是一封文本邮件。
```

14.3.3 处理带附件的邮件

在 14.3.1 小节的示例代码基础上，用 process_mail 函数除了可以处理文本邮件，还可以处理带附件的邮件，下载邮件中的全部附件。演示代码如下：

```
from pathlib import Path
root = Path(__file__).parent

def process_mail(msg, subject):
    if not msg.is_multipart():
        return
    subject = subject.replace(':', '')\
        .replace('\r', '').replace('\n', '')\
        .replace('/', '').replace('?', '')\
```

```
#010         .replace('.', '').replace('&', '')\
#011         .strip()
#012     for part in msg.walk():
#013         disposition = str(part.get('Content-Disposition'))
#014         if 'attachment' in disposition:
#015             filename = part.get_filename()
#016             if filename:
#017                 filename, charset = decode_header(filename)[0]
#018                 if isinstance(filename, bytes):
#019                     filename = filename.decode(
#020                         charset or 'utf-8')
#021                 folder_path = root / subject
#022                 folder_path.mkdir(exist_ok = True)
#023                 file_path = folder_path / filename
#024                 with open(file_path, 'wb') as f:
#025                     body = part.get_payload(decode = True)
#026                     f.write(body)
```

➢ 代码解析

第 1 行代码从 pathlib 库中导入 Path 类，用于处理路径。

第 2 行代码获取示例文件夹路径。

第 4~26 行代码定义 process_mail 函数处理邮件。

第 5~6 行代码调用 is_multipart 方法判断邮件是否由多部分组成，此方法针对含有附件的邮件会返回 True。如果邮件不是由多部分组成，则不处理。

第 7~11 行代码处理邮件主题中的特殊字符，否则可能无法作为文件夹的名称。

第 12~26 行代码遍历邮件的每个部分，并处理和附件相关的部分。

第 13~14 行代码获取 Content-Disposition 头，并判断其值是否包含 attachment。若包含，则说明此邮件附带了文件。

第 15~20 行代码获取附件的名字。

第 15 行代码调用 get_filename 方法获取原始文件名。

第 16~17 行代码判断若获取到原始文件名，则调用 decode_header 函数进行解析，得到解析后的文件名和字符集。

第 18~20 行代码判断若文件名是 bytes 类型，则优先使用 charset 解码，若 charset 为空则默认使用 utf-8 解码。

第 21~23 行代码在示例文件夹下以邮件主题作为名称创建文件夹。

第 24~26 行代码以二进制写（wb）的模式将邮件中的附件写入此文件夹中。

运行完整的示例代码，邮件中的附件将被下载至以邮件主题命名的文件夹中，效果如图 14-8 所示。

图 14-8　下载后的邮件附件

14.3.4　处理网页邮件

在 14.3.1 小节的示例代码基础上，用 process_mail 函数除了可以处理文本邮件和带附件的邮件，还可以处理网页邮件，下载邮件中的整个网页及相关文件。

以下示例代码将处理简单网页和包含图片的网页：

```
from pathlib import Path
root = Path(__file__).parent

def process_mail(msg, subject):
    subject = subject.replace(':', '')\
        .replace('\r', '').replace('\n', '')\
        .replace('/', '').replace('?', '')\
        .replace('.', '').replace('&', '')\
        .strip()
    if msg.is_multipart():
        for part in msg.walk():
            content_type = part.get_content_type()
            body = part.get_payload(decode = True)
            if content_type == 'text/html':
                if isinstance(body, bytes):
                    charset = part.get_content_charset()
                    body = body.decode(charset or 'utf-8')
                body = body.replace('src = "cid:', 'src = "')
                folder_path = root / subject
                folder_path.mkdir(exist_ok = True)
                file_path = folder_path / f'{subject}.html'
                with open(file_path, 'w') as f:
                    f.write(body)
            elif content_type.startswith('image'):
                filename = part.get('Content-ID')
                if filename:
                    filename = filename.lstrip('<').rstrip('>')
                    folder_path = root / subject
                    folder_path.mkdir(exist_ok = True)
                    file_path = folder_path / filename
                    with open(file_path, 'wb') as f:
                        f.write(body)
    elif msg.get_content_type() == 'text/html':
        body = msg.get_payload(decode = True)
        if isinstance(body, bytes):
            charset = msg.get_content_charset()
            body = body.decode(charset or 'utf-8')
        file_path = root / f'{subject}.html'
        with open(file_path, 'w') as f:
            f.write(body)
```

➢ 代码解析

第 1 行代码从 pathlib 库中导入 Path 类，用于处理路径。

第 2 行代码获取示例文件夹路径。

第 4~40 行代码定义 process_mail 函数处理邮件。

第 5~9 行代码处理邮件主题中的特殊字符，否则可能无法作为文件夹的名称。

第 10 行代码调用 is_multipart 方法判断邮件是否由多部分组成。简单的网页邮件会返回 False，且 get_content_type( ) 返回 text/html；复杂的网页邮件返回 True，需进一步处理网页相关的文件。

第 11~32 行代码遍历邮件的每个部分，并处理和网页相关的部分。

第 12 行代码获取邮件内容类型。

第 13 行代码调用 get_payload 方法提取邮件内容，一般情况下邮件内容经 Base64 编码，这里需要设置 decode=True 来解码。

第 14~23 行代码针对邮件内容类型是 text/html 的网页内容进行处理。

第 15~17 行代码解码网页内容。

第 18 行代码将网页内容中引用图片的 cid: 前缀去掉。14.2.3 小节提到邮件网页中的图片是通过 cid: 图片 ID 的方式进行引用的，但是，在将网页和相关图片下载到本地后，想要正常引用这些图片，则要去掉 cid: 前缀。

第 19~20 行代码在示例文件夹下以邮件主题作为名称创建文件夹。

第 21~23 行代码以邮件主题 .html 作为网页文件名称，写入上一步创建的文件夹中。

第 24~32 行代码用来下载网页引用的图片文件。

第 25 行代码获取 Content-ID 头作为图片文件名称，包含此头的文件即邮件网页所引用的文件。

第 26 行代码判断文件名若不为空，则进一步处理。

第 27 行代码移除文件名两边的“<”和“>”，因为邮件网页引用的图片 ID 不包含这两个符号。

第 28~29 行代码同第 19~20 行代码，在示例文件夹下以邮件主题作为名称创建文件夹，若存在则忽略。

第 30~32 行代码以二进制写（wb）的模式将邮件中的图片写入上一步创建的文件夹中。

第 33~40 行代码类似于第 10~17 行代码，这里处理简单网页的情况，将之写入以邮件主题 .html 命名的文件中。

运行示例代码，邮件中的网页和图片将被下载至以邮件主题命名的文件夹中，如图 14-9 所示。使用浏览器软件打开网页文件的效果如图 14-10 所示。

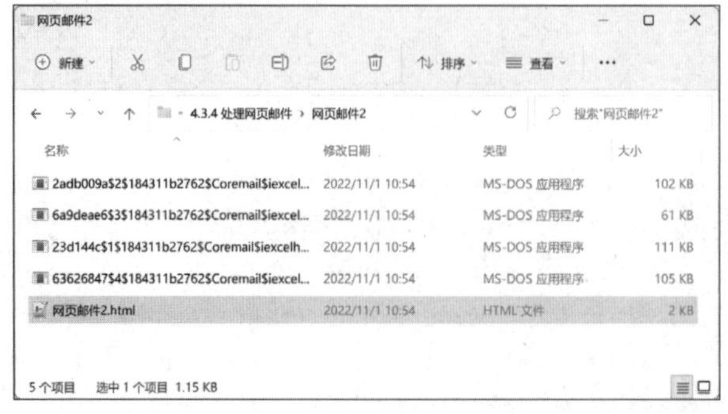

图 14-9　下载到的网页格式邮件之一

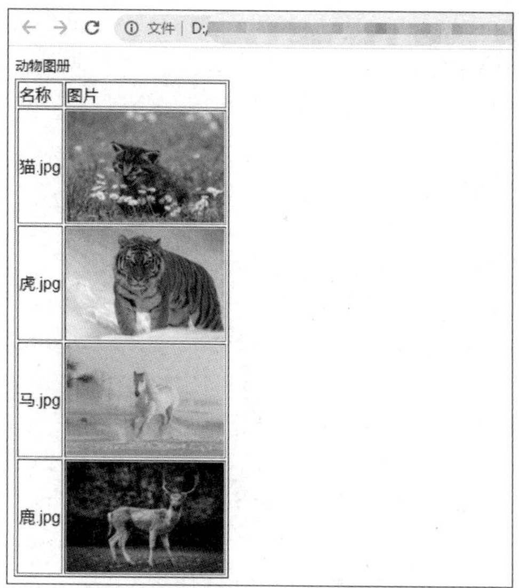

图 14-10　打开下载后的网页

14.3.5　搜索邮件

实际工作中往往有搜索邮件的需求，imaplib 提供了 search 方法用来搜索邮件。此方法返回的内容项之一是符合条件的邮件的序号，然后就可以参照 14.3.1 小节的方法根据序号读取邮件内容。

以下示例代码将实现按邮件主题或发件人邮箱地址进行邮件的搜索：

```
import imaplib
import email
from email.header import decode_header

username = '******@126.com'
password = '******'

def search_mail(subject = None, from_addr = None):
    if not any((subject, from_addr)):
        print('请提供subject, from_addr任一参数')
        return
    mail = imaplib.IMAP4_SSL('imap.126.com')
    mail.login(username, password)
    imaplib.Commands['ID'] = ('AUTH', )
    mail._simple_command('ID', '("version" "0.0.1")')
    mail.select()
    criteria = []
    if subject:
        criteria.append('SUBJECT')
        criteria.append(f'"{subject}"'.encode('utf-8'))
    if from_addr:
        criteria.append('FROM')
        criteria.append('"{from_addr}"'.encode('utf-8'))
```

```
#024        typ, data = mail.search('utf-8', *criteria)
#025        if not data[0]:
#026            print('未搜索到符合要求的邮件')
#027            return
#028        indexes = data[0].decode().split(' ')
#029        for i in indexes:
#030            typ, data = mail.fetch(str(i), '(RFC822)')
#031            received = data[0]
#032            msg = email.message_from_bytes(received[1])
#033            subject, charset = decode_header(msg['Subject'])[0]
#034            if isinstance(subject, bytes):
#035                subject = subject.decode(charset or 'utf-8')
#036            from_, charset = decode_header(msg['From'])[0]
#037            if isinstance(from_, bytes):
#038                from_ = from_.decode(charset or 'utf-8')
#039            print(f'搜索到 <{from_}> 发来的一封邮件，主题：《{subject}》')
#040        mail.close()
#041        mail.logout()
#042
#043    search_mail('文本邮件')
```

➢ 代码解析

第 1 行代码导入 imaplib 库。

第 2 行代码导入 email 库。

第 3 行代码从 email.headr 库中导入 decode_header 函数，用来解码邮件头信息。

第 5~6 行代码分别定义用于登录邮箱的账号和密码，其中密码就是 14.1.3 小节获得的授权密码。

第 8~41 行代码定义用于搜索邮件的函数，此函数接收表示邮件主题的参数 subject 和表示发件人邮箱地址的参数 from_addr。

第 9~11 行代码判断参数 subject 和 from_addr 是否至少提供了一个，若都未提供，则输出提示并返回。

第 12 行代码初始化 imaplib.IMAP4_SSL 对象。

第 13 行代码调用 IMAP4_SSL 对象的 login 方法连接并登录收件人邮箱服务器。

第 14~15 行代码将此程序的客户端信息发送给收件人服务器，否则网易邮箱会禁止接收邮件。

第 16 行代码调用 select 方法选择邮箱中的文件夹，不传参数时则选择默认文件夹。

第 17~24 行代码用来准备搜索条件并进行搜索。

第 17 行代码初始化搜索条件列表。

第 18~20 行代码判断若提供 subject 参数，则在搜索条件中添加 SUBJECT 表示按主题搜索，然后在条件中添加要搜索的邮件主题，且以 utf-8 编码。

第 21~23 行代码同第 18~20 行类似，判断若提供 from_addr 参数，则在搜索条件中添加 FROM 表示按发件人搜索，然后在条件中添加要搜索的发件人地址，且以 utf-8 编码。

第 24 行代码调用 search 方法，指定第 1 参数字符集为 utf-8，指定后面的参数为搜索条件，进行搜索。此方法返回的第一个值表示操作成功与否（通常为 OK 或 NO）；第二个值为符合条件的邮件序号，是

一个包含 byte 类型的列表，形如 [b'1 2 5 10']。

第 25~27 行代码判断若返回的序号为空，表示搜索到符合条件的邮件，则输出提示并返回。

第 28 行代码将返回的序号转换为序号列表。

第 29~39 行代码依次读取搜索出的邮件。

第 30 行代码调用 fetch 方法获取邮件。

第 31~32 行代码将获取到的邮件内容转换成容易处理的 email.message.Message 对象，该对象和 14.2 节所使用的 MIMEText、MIMEMultipart 对象类似，比如通过 msg['Subject'] 获取邮件主题。

第 33 行代码获取原始邮件主题并进行解码，得到一个解析后的列表。列表的每个元素都是一个包含数据和字符集的二元数组。对于主题来说，这里只需取列表的第一个元素作为解析后的邮件主题 subject 和它的字符集 charset。

第 34~35 行代码判断若邮件主题是 bytes 类型则优先使用 charset 解码，若 charset 为空则默认使用 utf-8 解码。

第 36~38 行代码使用和第 34~35 行代码类似的方式获取邮件的发件人。

第 39 行代码输出收到的邮件基本信息。

第 40 行代码调用 close 方法关闭选中的邮箱文件夹。

第 41 行代码调用 logout 方法退出登录邮件服务器。

第 43 行代码调用 search_mail 函数搜索主题包含“文本邮件”的邮件。

运行示例代码，输出效果如下：

```
搜索到 <小王> 发来的一封邮件，主题：《 文本邮件 》
```

示例代码中使用了 SUBJECT 和 FROM 两个搜索条件，常见的搜索条件如表 14-1 所示。

表 14-1　搜索条件说明

搜索条件	说明
ALL	返回邮件文件夹中的所有邮件
BEFORE/ON/SINE 日期	返回给定日期之前、当天、之后的邮件。日期格式形如 01-Jul-2022
SUBJECT 关键字	返回主题中包含给定关键字的邮件
BODY 关键字	返回正文中包含给定关键字的邮件
TEXT 关键字	返回主题或正文中包含给定关键字的邮件
FROM 地址	返回包含指定发件人的邮件
TO 地址	返回包含指定收件人的邮件
CC 地址	返回包含指定抄送人的邮件

14.3.6　标记邮件

IMAP 协议支持标记邮件，可将邮件标记为已读、红旗或删除邮件等。演示代码如下：

```
import imaplib

username = '******@126.com'
password = '******'

def flag_mail(flag, recent_num = 3):
    mail = imaplib.IMAP4('imap.126.com')
```

```
#008        mail.login(username, password)
#009        imaplib.Commands['ID'] = ('AUTH', )
#010        mail._simple_command('ID', '("version" "0.0.1")')
#011        typ, data = mail.select()
#012        total = int(data[0])
#013        for i in range(total, total - recent_num, -1):
#014            mail.store(str(i), '+FLAGS', f'\\{flag}')
#015        mail.close()
#016        mail.logout()
#017
#018    flag_mail('Seen')
```

➢ 代码解析

第 1 行代码导入 imaplib 库。

第 3~4 行代码分别定义用于登录邮箱的账号和密码，其中密码就是 14.1.3 小节获得的授权密码。

第 6~16 行代码定义用于标记最近若干封邮件的函数，此函数接收表示标记的参数 flag 和表示最近邮件数量的参数 recent_num。

第 7 行代码初始化 imaplib.IMAP4_SSL 对象。

第 8 行代码调用 IMAP4_SSL 对象的 login 方法连接并登录收件人邮箱服务器。

第 9~10 行代码将此程序的客户端信息发送给收件人服务器，否则网易邮箱会禁止接收邮件。

第 11 行代码调用 select 方法选择邮箱中的文件夹，不传参数时则选择默认文件夹。

第 12 行代码获取 int 类型的邮件数量。

第 13~14 行代码依次对最近的 recent_num 封邮件进行标记。

第 15 行代码调用 close 方法关闭选中的邮箱文件夹。

第 16 行代码调用 logout 方法退出登录邮件服务器。

第 18 行代码调用 flag_mail 将最近 3 封邮件标记为已读。常见的 flag 含义如表 14-2 所示。

表 14-2　邮件标记说明

标记	说明
Seen	标记为已读
Flagged	标记为红旗
Deleted	删除邮件
Draft	标记为草稿

14.4　邮件自动处理实战

14.4.1　批量发送工资条

在工作中可能需要批量地给多个收件人发送邮件。例如，要给 Excel 表格中的数百个人发送工资条，如图 14-11 所示。若使用 xlwings 库读取 Excel 表格中的邮件地址，再结合 smtplib 库发送网页邮件，即可轻松实现大批量发送邮件。

	A	B	C	D	E	F	G
1	名字	邮箱	工资	全勤	奖金	扣款	合计
2	汉良才	example1@sina.com	5000	200	1000	0	6200
3	覃优扬	example2@sina.com	6000	200	3000	-300	8900
4	归芳洲	example3@sina.com	5500	200	500	0	6200
5	齐吉星	example4@sina.com	8000	0	1000	0	9000
6	冯俊达	example5@sina.com	9000	200	1500	0	10700
7	田卫红	example6@sina.com	7000	0	500	0	7500
8	盛贝贝	example7@sina.com	7500	200	500	0	8200
9	厉杨帅	example8@sina.com	7600	200	2500	0	10300
10	万明	example9@sina.com	8800	0	500	-200	9100

图 14-11　员工工资条

演示代码如下：

```
import time
import smtplib
import xlwings as xw
from pathlib import Path
from datetime import datetime
from email.mime.text import MIMEText
from email.utils import formataddr

from_name, from_addr = '蟒蛇公司', '******@126.com'
password = '******'
html_template = '''
<html>
  <body>
    {content_header}
    <table border = "1">
      <tr>{table_header}</tr>
      <tr>{table_row}</tr>
    </table>
  </body>
</html>'''

def send_salary_slips(interval = 1):
    mail = smtplib.SMTP_SSL('smtp.126.com')
    mail.login(from_addr, password)
    xl_path = Path(__file__).parent / '员工工资条.xlsx'
    wb = xw.Book(xl_path)
    sheet = wb.sheets['Sheet1']
    for row in sheet.range('A2:G10').rows:
        to_name = row[0].value
        to_addr = row[1].value
        send_salary_slip(mail, to_name, to_addr,
                         sheet.range('A1:G1'), row[2:])
        time.sleep(interval)
    mail.quit()

def send_salary_slip(mail, to_name, to_addr, header, row):
    now = datetime.now()
```

```
#038        date = f'{now.year}年{now.month}月'
#039        content_header = f'''
#040            <h3>{to_name}, 你好: </h3>
#041            <p>请查收{date}工资条。</p>'''
#042        table_header = '\n'.join(
#043            f'<td>{c.value}</td>' for c in header)
#044        table_row = '\n'.join(
#045            f'<td>{c.value}</td>' for c in row)
#046        html_text = html_template.format(
#047            content_header = content_header,
#048            table_header = table_header,
#049            table_row = table_row)
#050        message = MIMEText(html_text, 'html', _charset = 'utf-8')
#051        message['Subject'] = f'{from_name}{date}工资条'
#052        message['From'] = formataddr((from_name, from_addr))
#053        message['To'] = formataddr((to_name, to_addr))
#054        mail.sendmail(from_addr, [to_addr], message.as_string())
#055
#056    send_salary_slips()
```

➢ 代码解析

第 1 行代码导入 time 库。

第 2 行代码导入 smtplib 库。

第 3 行代码导入 xlwings 库，并取别名 xw。

第 4 行代码从 pathlib 库中导入 Path，用来处理路径。

第 5 行代码从 datetime 库中导入 datetime 类，用来获取日期。

第 6 行代码从 email.mime.text 库中导入 MIMEText 类，用来组织文本邮件。

第 7 行代码从 email.utils 库中导入 formataddr 方法，用来格式化收发件人。

第 9 行代码分别定义发件人的名字和邮箱地址。由于示例是批量发送工资条，这里的发件人应是公司名称，邮箱应是公司财务邮箱。

第 10 行代码定义用于登录邮箱的密码，也就是 14.1.3 小节获得的授权密码。

第 11~20 行代码定义工资条邮件的 HTML 内容模板。其中，{content_header} 表示邮件正文问候语，{table_header} 表示工资条表格的标题，{table_row} 表示工资条表格的数据，它们会在发送邮件前被动态填充。

第 22~34 行代码定义 send_salary_slips 函数来批量发送工资条邮件，它接收的第 1 参数是邮件发送间隔，默认为 1 秒。

第 23 行代码初始化 smtplib.SMTP_SSL 对象，它表示使用 SSL 经过安全加密连接的 SMTP 对象，用来连接发件人邮箱服务器。

第 24 行代码调用 SMTP_SSL 对象的 login 方法连接并登录发件人邮箱服务器。

第 25 行代码获取员工工资条 Excel 文件路径。

第 26 行代码使用 xw.Book 打开 Excel 文件获取工作簿对象，并赋值给变量 wb。

第 27 行代码使用工作簿对象 wb 的 sheets 属性获取名为“Sheet1”的工作表，并赋值给变量 sheet。

第 28~31 行代码遍历工作表中 A2:G10 范围内的每一行，以向表格中的每位员工发送工资条邮件。

第 29~30 行代码分别获取当前行的第 1、2 个单元格，作为收件人的名称和邮箱地址。

第 31~32 行代码调用 send_salary_slip 向当前行的员工发送工资条邮件。其中第 4 参数值 sheet.range('A1:G1') 是工资条表格的标题，第 5 参数 row[2:] 是工资条表格的数据。

第 33 行代码等待 interval 秒后再次进入循环，然后向下一个员工发送邮件。

第 34 行代码在发送完所有邮件后，调用 quit 方法断开与发件人服务器的连接。

第 36~54 行代码定义 send_salary_slip 函数来单次发送工资条邮件，它接收的第 1 参数是 mail 对象，第 2 参数是收件人名字，第 3 参数是收件人邮箱，第 4 参数是工资条表格标题，第 5 参数是工资条表格数据。

第 37~38 行代码获取当前年份和月份。

第 39~41 行代码生成邮件正文开头内容。

第 42~43 行代码生成邮件工资条表格的标题内容。

第 44~45 行代码生成邮件工资条表格的数据内容。

第 46~50 行代码生成邮件正文内容。

第 50 行代码初始化表示网页内容的 MIMEText 对象，它的第 1 参数是网页数据，第 2 参数是 html，表示是网页类型，第 3 参数定义字符集为 utf-8。

第 51 行代码设置邮件主题。

第 52 行代码设置邮件的发件人。

第 53 行代码设置邮件的收件人。

第 54 行代码调用 sendmail 方法发送邮件。

第 56 行代码调用 send_salary_slips 函数读取 Excel 文件中所有人的工资和邮箱信息，并批量发送工资条邮件。

运行示例代码，登录发件人邮箱，可看到如图 14-12 所示的效果。

图 14-12　工资条邮件

14.4.2　批量下载邮件中的特定附件

14.3.3 小节介绍了如何下载邮件中的附件，在此基础上可以进一步实现批量下载最近若干封邮件中匹配特定名称（如文件名后缀以 .jpg 结尾）的附件。演示代码如下：

```
import imaplib
import email
from email.header import decode_header
from pathlib import Path
```

```
from uuid import uuid4
from fnmatch import fnmatch

username = '******@126.com'
password = '******'

def receive_mails(recent_num, pattern):
    mail = imaplib.IMAP4_SSL('imap.126.com')
    mail.login(username, password)
    imaplib.Commands['ID'] = ('AUTH', )
    mail._simple_command('ID', '("version" "0.0.1")')
    typ, data = mail.select()
    total = int(data[0])
    for i in range(total, total - recent_num, -1):
        typ, data = mail.fetch(str(i), '(RFC822)')
        received = data[0]
        msg = email.message_from_bytes(received[1])
        subject, charset = decode_header(msg['Subject'])[0]
        if isinstance(subject, bytes):
            subject = subject.decode(charset or 'utf-8')
        download_attachments(msg, subject, pattern)
    mail.close()
    mail.logout()

def download_attachments(msg, subject, pattern):
    if not msg.is_multipart():
        return
    print(f'查找邮件《{subject}》中是否有符合 {pattern} 的附件并下载')
    subject = subject.replace(':', '')\
        .replace('\r', '').replace('\n', '')\
        .replace('/', '').replace('?', '')\
        .replace('.', '').replace('&', '')\
        .strip()
    folder_path = Path(subject)
    if folder_path.exists():
        folder_path = Path(f'{subject}-{uuid4()}')
    folder_path.mkdir()
    for part in msg.walk():
        disposition = str(part.get('Content-Disposition'))
        if 'attachment' in disposition:
            filename = part.get_filename()
            if filename:
                filename, charset = decode_header(filename)[0]
                if isinstance(filename, bytes):
                    filename = filename.decode(
```

```
#050                        charset or 'utf-8')
#051                if not fnmatch(filename, pattern):
#052                    continue
#053                file_path = folder_path / filename
#054                with open(file_path, 'wb') as f:
#055                    body = part.get_payload(decode = True)
#056                    f.write(body)
#057    if not list(folder_path.iterdir()):
#058        folder_path.rmdir()
#059
#060 receive_mails(10, '*.jpg')
```

➢ 代码解析

第 1 行代码导入 imaplib 库。

第 2 行代码导入 email 库。

第 3 行代码从 email.headr 库中导入 decode_header 函数，用来解码邮件头信息。

第 4 行代码从 pathlib 库中导入 Path 类，用于处理路径。

第 5 行代码从 uuid 库中导入 uuid4 函数，用于生成随机码。

第 6 行代码从 fnmatch 库中导入 fnmatch 函数，用于文件名或字符串的匹配。

第 8~9 行代码分别定义用于登录邮箱的账号和密码，其中密码就是 14.1.3 小节获得的授权密码。

第 11~27 行代码定义用于接收最近若干封邮件的函数，此函数接收参数 recent_num，表示接收最近邮件的数量；参数 pattern 表示模糊匹配附件文件名的模式。

第 12 行代码初始化 imaplib.IMAP4_SSL 对象，它表示使用 SSL 经过安全加密连接的 IMAP 对象，用来连接收件人邮箱服务器。

第 13 行代码调用 IMAP4_SSL 对象的 login 方法连接并登录收件人邮箱服务器。

第 14~15 行代码将此程序的客户端信息发送给收件人服务器，否则网易邮箱会禁止接收邮件。

第 16 行代码调用 select 方法选择邮箱中的文件夹，不传参数时则选择默认文件夹。

第 17 行代码获取 int 类型的邮件数量。第 16 行代码中获取的邮件数量是一个包含 byte 类型的列表，形如 [b'1000']，因此需要转换成 int。

第 18~27 行代码依次接收最近的 recent_num 封邮件并进行处理。

第 19 行代码调用 fetch 方法获取邮件。fetch 方法接收的第 1 参数是邮件编号；第 2 参数是获取的邮件部分，通常填写 (RFC822)，即邮件的标准格式。

第 20~21 行代码将获取到的邮件内容转换成容易处理的 email.message.Message 对象，该对象和 14.2 节所使用的 MIMEText、MIMEMultipart 对象类似，比如通过 msg['Subject'] 获取邮件主题。

第 22 行代码获取原始邮件主题并进行解码，得到一个解析后的列表。列表的每个元素都是一个包含数据和字符集的二元数组。对于主题来说，这里只需取列表的第一个元素作为解析后的邮件主题 subject 和它的字符集 charset。

第 23~24 行代码判断若邮件主题是 bytes 类型，则优先使用 charset 解码；若 charset 为空，则默认使用 utf-8 解码。

第 25 行代码调用 download_attachments 函数来下载邮件中符合特征的附件。

第 26 行代码调用 close 方法关闭选中的邮箱文件夹。

第 27 行代码调用 logout 方法退出登录邮件服务器。

第 29~58 行代码定义 download_attachments 函数来下载邮件附件。

第 30~31 行代码调用 is_multipart 方法判断邮件是否由多部分组成。如果邮件含有附件或是网页邮件，则返回 True；反之，如果邮件不是由多部分组成，则不处理。

第 32 行代码输出即将查找并下载附件的基本信息。

第 33~37 行代码处理邮件主题中的特殊字符，否则可能无法作为文件夹的名称。

第 38~41 行代码判断以邮件主题命名的文件夹是否存在。若存在，则附加随机码作为文件夹名来创建，反之则直接创建。

第 42~56 行代码遍历邮件的每个部分，并处理和附件相关的部分。

第 43~44 行代码获取 Content-Disposition 头，并判断其值是否包含 attachment。若包含，则说明此邮件包含附件。

第 45~50 行代码获取附件的名字。

第 45 行代码调用 get_filename 方法获取原始文件名。

第 46~47 行代码判断若获取到原始文件名，则调用 decode_header 函数进行解析，得到解析后的文件名和字符集。

第 48~50 行代码判断若文件名是 bytes 类型，则优先使用 charset 解码，若 charset 为空则默认使用 utf-8 解码。

第 51~52 行代码判断附件名称是否匹配给定的 pattern。若不匹配，则继续下一个循环。

第 53~56 行代码以二进制写（wb）的模式将邮件中的附件写入此文件夹中。

第 57~58 行代码判断以邮件主题命名的文件夹是否为空。若为空，说明此邮件没有匹配 pattern 的附件，则需要删除此文件夹。

第 60 行代码调用 receive_mails 接收最近的 10 封邮件，批量下载以 .jpg 结尾的附件到以对应邮件主题命名的文件夹中。

运行示例代码，效果如图 14-13 所示。

图 14-13　下载后的以 .jpg 结尾的邮件附件

14.4.3　每日发送天气预报邮件

某些行业的工作与天气情况息息相关，为了及时得到提醒，通过 Python 程序每天获取天气预报信息并发送给指定的邮箱是一个自动化的好办法。

以下示例代码借助 pyweathercn 库来获取天气预报信息，再结合 14.2 节介绍的发送邮件的方法，完成每日发送天气预报邮件的任务。运行代码前需要用命令 pip install pyweathercn 安装 pyweathercn。

```
#001 import time
#002 import smtplib
#003 import pyweathercn
#004 from datetime import datetime
#005 from email.mime.text import MIMEText
#006 from email.utils import formataddr
#007
#008 from_name, from_addr = '小王', '******@126.com'
#009 to_name, to_addr = '小李', '******@sina.com'
#010 password = '******'
#011
#012 def send_weather_mail_every_morning(city):
#013     while True:
#014         now = datetime.now()
#015         if now.hour == 8 and now.minute == 0:
#016             send_weather_mail(city)
#017         time.sleep(60)
#018
#019 def send_weather_mail(city):
#020     weather = pyweathercn.Weather(city)
#021     today = weather.today(True)
#022     text = f'{city}今日天气: {today["type"]}\n' \
#023            f'气温: {today["temp"]}\n' \
#024            f'{weather.tip(True)}'
#025     message = MIMEText(text, _charset = 'utf-8')
#026     message['Subject'] = '今日天气预报'
#027     message['From'] = formataddr((from_name, from_addr))
#028     message['To'] = formataddr((to_name, to_addr))
#029     mail = smtplib.SMTP_SSL('smtp.126.com')
#030     mail.login(from_addr, password)
#031     mail.sendmail(from_addr, [to_addr],
#032                   message.as_string())
#033     mail.quit()
#034
#035 send_weather_mail_every_morning('上海')
```

➢ 代码解析

第 1 行代码导入 time 库。

第 2 行代码导入 smtplib 库。

第 3 行代码导入 pyweathercn 库，用来获取天气预报信息。

第 4 行代码从 datetime 库中导入 datetime 类，用来获取时间。

第 5 行代码从 email.mime.text 库中导入 MIMEText 类，用来组织文本邮件。

第 6 行代码从 email.utils 库中导入 formataddr 方法，用来格式化收发件人。

第 8 行代码分别定义发件人的名字和邮箱地址。

第 9 行代码分别定义收件人的名字和邮箱地址。

第 10 行代码定义用于登录邮箱的密码，也就是 14.1.3 小节获得的授权密码。

第 12~17 行代码定义 send_weather_mail_every_morning 函数，用来每天发送天气预报邮件。它接受一个名为 city 的参数，表示要查询哪座城市的天气预报。

第 13 行代码是一个 while 循环。

第 14 行代码获取当前时间。

第 15~16 行代码判断当前时间是否为早上 8 点整，若是则调用 send_weather_mail 函数发送天气预报邮件。

第 17 行代码等待 60 秒后再次进入循环，然后重复第 14~16 行的逻辑。

第 19~33 行代码定义 send_weather_mail 函数，用来发送天气预报邮件。它接受一个名为 city 的参数，表示要查询哪座城市的天气预报。

第 20 行代码将 city 参数传入 pyweathercn 的 Weather 类中，得到 weather 对象。

第 21~24 行代码调用 weather 对象的 today 方法获取指定城市当天的天气预报信息。传入参数为 True 时，today 方法返回一个包含天气预报详情的字典；反之则返回一个天气预报简述的字符串。

第 25 行代码初始化表示文本内容的 MIMEText 对象，它接收的第 1 参数是文本数据，此处就是天气预报邮件的正文。

第 26 行代码设置邮件主题。

第 27~28 行代码分别设置邮件的发件人和收件人。

第 29 行代码初始化 smtplib.SMTP_SSL 对象，它表示使用 SSL 经过安全加密连接的 SMTP 对象，用来连接发件人邮箱服务器。

第 30 行代码调用 SMTP_SSL 对象的 login 方法连接并登录发件人邮箱服务器。

第 31~32 行代码调用 sendmail 方法发送邮件。

第 33 行代码调用 quit 方法断开与发件人服务器的连接。

第 35 行代码调用 send_weather_mail_every_morning 函数每天早上 8 点发送天气预报邮件。

运行示例代码后，登录收件人邮箱，可看到如图 14-14 所示的邮件。

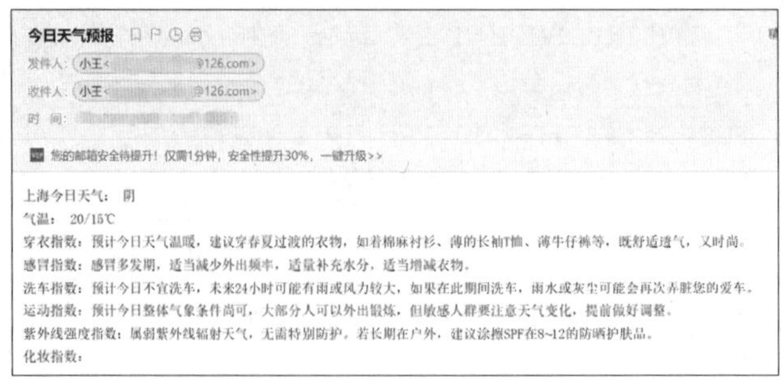

图 14-14　天气预报邮件

14.4.4　定时发送邮件

14.4.3 小节通过简单的判断实现了每天 8 点发送邮件，而实际工作中对定时发送的要求会更加多，比如每 2 小时发送、每周一发送、每周四 18 点发送等。schedule 是一个强大又易用的用于调度任务的第三方库，借助它可以轻松完成各种定时发送的任务。

以下示例代码借助 schedule 库定时发送文本邮件。运行代码前需要用命令 pip install schedule 安装 schedule。

```
#001 import time
#002 import smtplib
#003 import schedule
#004 from email.mime.text import MIMEText
#005 from email.utils import formataddr
#006
#007 from_name, from_addr = '小王', '******@126.com'
#008 to_name, to_addr = '小李', '******@sina.com'
#009 password = '******'
#010
#011 def send_mail_forever():
#012     schedule.every().friday.at('20:00').do(send_mail)
#013     while True:
#014         schedule.run_pending()
#015         time.sleep(1)
#016
#017 def send_mail():
#018     message = MIMEText('这是一封定时邮件。', _charset = 'utf-8')
#019     message['Subject'] = '定时邮件'
#020     message['From'] = formataddr((from_name, from_addr))
#021     message['To'] = formataddr((to_name, to_addr))
#022     mail = smtplib.SMTP_SSL('smtp.126.com')
#023     mail.login(from_addr, password)
#024     mail.sendmail(from_addr, [to_addr],
#025                   message.as_string())
#026     mail.quit()
#027
#028 send_mail_forever()
```

➢ 代码解析

第 1 行代码导入 time 库。

第 2 行代码导入 smtplib 库。

第 3 行代码导入 schedule 库，用来实现定时任务。

第 4 行代码从 email.mime.text 库中导入 MIMEText 类，用来组织文本邮件。

第 5 行代码从 email.utils 库中导入 formataddr 方法，用来格式化收发件人。

第 7 行代码分别定义发件人的名字和邮箱地址。

第 8 行代码分别定义收件人的名字和邮箱地址。

第 9 行代码定义用于登录邮箱的密码，也就是 14.1.3 小节获得的授权密码。

第 11~15 行代码定义 send_mail_forever 函数，用来定时发送邮件。

第 12 行代码调用 schedule 库的 every 函数初始化定时任务，然后调用 friday.at('20:00') 表示在每周五 20 点调用，最后调用 do(send_mail) 表示要运行的任务是发送邮件。

schedule 支持的定时任务语法多种多样，示例如下：

```
schedule.every(10).minutes.do(send_mail)表示每10分钟调度;
schedule.every().hour.do(send_mail)表示每小时调度;
```

schedule.every().day.at('00:00').do(send_mail)表示每天0点调度；

schedule.every(5).to(10).minutes.do(send_mail)表示每5到10分钟之间的随机间隔调度；

schedule.every().monday.do(send_mail)表示每周一调度

第 13 行代码是一个 while 循环。

第 14 行代码调用 run_pending( ) 方法运行可被调度的任务。

第 15 行代码等待 1 秒再继续进入循环。

第 17~25 行代码定义函数 send_mail 来发送邮件。

第 18 行代码初始化表示文本内容的 MIMEText 对象，它接收的第 1 参数是文本数据，第 2 参数定义字符集是 utf-8。

第 19 行代码设置邮件主题。

第 20~21 行代码分别设置邮件的发件人和收件人。

第 22 行代码初始化 smtplib.SMTP_SSL 对象，它表示使用 SSL 经过安全加密连接的 SMTP 对象，用来连接发件人邮箱服务器。

第 23 行代码调用 SMTP_SSL 对象的 login 方法连接并登录发件人邮箱服务器。

第 24~25 行代码调用 sendmail 方法发送邮件。

第 26 行代码调用 quit 方法断开与发件人服务器的连接。

第 28 行代码调用 send_mail_forever 函数定时发送邮件。

14.4.5 通过邮件远程控制计算机

使用收发邮件的方法也可以实现远程控制计算机。思路是，在被控制的计算机上运行 Python 程序，每隔一段时间（比如 10 秒）接收邮件。当收到代表远程命令的邮件时执行指定的命令，再将执行结果通过邮件发送回来。

演示代码如下：

```
import time
import locale
import imaplib
import smtplib
import email
from email.header import decode_header
from email.mime.text import MIMEText
from subprocess import check_output

username = '******@126.com'
password = '******'

def receive_and_run_command():
    mail = imaplib.IMAP4_SSL('imap.126.com')
    mail.login(username, password)
    imaplib.Commands['ID'] = ('AUTH', )
    mail._simple_command('ID', '("version" "0.0.1")')
    while True:
```

```
        time.sleep(10)
        mail.select()
        typ, data = mail.search('utf-8', 'UNSEEN')
        if not data[0]:
            continue
        indexes = data[0].decode().split(' ')
        for i in reversed(indexes[-3:]):
            typ, data = mail.fetch(str(i), '(RFC822)')
            received = data[0]
            msg = email.message_from_bytes(received[1])
            subject, charset = decode_header(msg['Subject'])[0]
            if isinstance(subject, bytes):
                subject = subject.decode(charset or 'utf-8')
            processed = process_mail(subject)
            if processed:
                mail.store(str(i), '+FLAGS', '\\Seen')
            else:
                mail.store(str(i), '-FLAGS', '\\Seen')
        mail.close()

def process_mail(subject):
    if subject[0:4] ! = '远程命令':
        return False
    cmd = subject[4:]
    try:
        output = check_output(cmd, shell = True)
        output = output.decode(locale.getpreferredencoding())
        text = f'结果:\n{output}'
        send_mail(f'执行命令{cmd}成功', text)
    except Exception as e:
        text = f'失败原因\n:{e}'
        send_mail(f'执行命令{cmd}失败', text)
    return True

def send_mail(subject, text = ''):
    message = MIMEText(text, _charset = 'utf-8')
    message['Subject'] = subject
    message['From'] = username
    message['To'] = username
    mail = smtplib.SMTP_SSL('smtp.126.com')
    mail.login(username, password)
    mail.sendmail(username, [username],
                  message.as_string())
    mail.quit()
```

```
#063
#064  receive_and_run_command()
```

➢ 代码解析

第 1 行代码导入 time 库。

第 2 行代码导入 locale 库。

第 3 行代码导入 implib 库。

第 4 行代码导入 smtplib 库。

第 5 行代码导入 email 库。

第 6 行代码从 email.headr 库中导入 decode_header 函数，用来解码邮件头信息。

第 7 行代码从 email.mime.text 库中导入 MIMEText 类，用来组织文本邮件。

第 8 行代码从 subprocess 库中导入 check_output 函数，用来执行命令。

第 10~11 行代码分别定义用于登录邮箱的账号和密码，也就是 14.1.3 小节获得的授权密码。

第 13~37 行代码定义 receive_and_run_command 函数，用来持续接收邮件、执行远程命令和发送命令结果邮件。

第 14 行代码初始化 imaplib.IMAP4_SSL 对象，它表示使用 SSL 经过安全加密连接的 IMAP 对象，用来连接收件人邮箱服务器。

第 15 行代码调用 IMAP4_SSL 对象的 login 方法连接并登录收件人邮箱服务器。

第 16~17 行代码将此程序的客户端信息发送给收件人服务器，否则网易邮箱会禁止接收邮件。

第 18 行代码是一个 while 循环。

第 19 行代码等待 10 秒再进行后续流程。

第 20 行代码调用 select 方法选择邮箱中的文件夹，不传参数时则选择默认文件夹。

第 21 行代码调用 search 方法，指定第 1 参数字符集为 utf-8，第 2 参数搜索条件为未读邮件。此方法返回的第 1 个值表示操作成功与否（通常为 OK 或 NO）；第 2 个值为符合条件的邮件序号，是一个包含 byte 类型的列表，形如 [b'1 2 5 10']。

第 22~23 行代码判断若返回的序号为空，表示未搜索到未读邮件，则继续下一个循环。

第 24 行代码将返回的序号转换为序号列表。

第 25~36 行代码处理搜索出的最近 3 封邮件。

第 26 行代码调用 fetch 方法获取邮件。

第 27~28 行代码将获取到的邮件内容转换成容易处理的 email.message.Message 对象，该对象和 14.2 节所使用的 MIMEText、MIMEMultipart 对象类似，比如通过 msg['Subject'] 获取邮件主题。

第 29 行代码获取原始邮件主题并进行解码，得到一个解析后的列表。列表的每个元素都是一个包含数据和字符集的二元数组。对于主题来说，这里只需取列表的第一个元素作为解析后的邮件主题 subject 和它的字符集 charset。

第 30~31 行代码判断若邮件主题是 bytes 类型，则优先使用 charset 解码；若 charset 为空则默认使用 utf-8 解码。

第 32 行代码调用 process_mail 函数处理邮件。若是远程命令邮件，则会执行命令并返回 True；反之则返回 False。

第 33~36 行代码判断若已处理，则将邮件标记为已读，从而在下次接收邮件时不会再重复接收；若未处理，则将邮件标记为未读，从而避免因为被程序读取此邮件而导致邮件被标记成已读。

第 37 行代码关闭邮箱，从而在下个循环执行时可重新打开邮箱接收新邮件。

第 39~51 行代码定义 process_mail 函数，用来判断并处理远程命令邮件。其中，参数 subject 表示邮件主题。

第 40~41 行代码判断如果邮件主题开头不是“远程命令”，则视作普通邮件，不处理并直接返回 False。

第 42 行代码将邮件主题中“远程命令”后的内容作为命令。

第 43~50 行代码执行命令并处理结果。

第 44 行代码调用 check_output 函数执行命令并获取输出结果。其中，shell=True 参数表示此命令是 Windows cmd 中的命令。

第 45 行代码对命令输出结果进行解码。命令输出的内容可能包含中文等非 ASCII 字符，需要进行解码。使用 locale.getpreferredencoding( ) 函数可以获取系统上默认的文本编码。

第 46~47 行代码将命令输出结果作为邮件内容进行发送。

第 48~50 行代码捕获命令执行失败的情况，并将失败原因作为邮件内容进行发送。

第 51 行代码在命令执行完成后返回 True，表示已处理。

第 53~62 行代码定义 send_mail( ) 函数。其中，参数 subject 表示邮件主题，text 表示邮件内容。

第 54 行代码初始化表示文本内容的 MIMEText 对象，它接收的第 1 参数是文本数据，此处就是命令执行结果。

第 55 行代码设置邮件主题。

第 56~57 行代码设置邮件的收发件人，此处收发件人是同一个邮箱。

第 58 行代码初始化 smtplib.SMTP_SSL 对象，它表示使用 SSL 经过安全加密连接的 SMTP 对象，用来连接发件人邮箱服务器。

第 59 行代码调用 SMTP_SSL 对象的 login 方法连接并登录发件人邮箱服务器。

第 60~61 行代码调用 sendmail 方法发送邮件。

第 62 行代码调用 quit 方法断开与发件人服务器的连接。

第 64 行代码调用 receive_and_run_command 函数，持续接收邮件、执行远程命令和发送命令结果邮件。

运行示例代码后，可向指定邮箱发送主题为“远程命令 dir %HOMEPATH%”的邮件，%HOMEPATH% 表示用户主目录，dir 列出目录下的所有文件和文件夹。稍等片刻即可收到如图 14-15 所示的执行结果邮件。

```
执行命令dir %HOMEPATH%成功
发件人: 我<          @126.com>
收件人: 我<          @126.com>
时  间:
伦敦一区皇家园林奢宅，享世界知名高等教育 立即咨询

结果:
 驱动器 C 中的卷没有标签。
 卷的序列号是 F693-5B74

 C:\Users\prodesire 的目录

2022/10/12  21:29    <DIR>          .
2022/08/09  18:45    <DIR>          ..
2022/07/03  13:46    <DIR>          .config
2022/07/03  14:09    <DIR>          .vscode
2022/07/03  12:59    <DIR>          Contacts
2021/06/05  20:10    <DIR>          Desktop
2022/07/03  12:59    <DIR>          Documents
2021/06/05  20:10    <DIR>          Downloads
2022/07/03  12:59    <DIR>          Favorites
2022/07/03  12:59    <DIR>          Links
2021/06/05  20:10    <DIR>          Music
2022/07/04  07:24    <DIR>          OneDrive
2021/06/05  20:10    <DIR>          Pictures
2022/07/03  12:59    <DIR>          Saved Games
2022/07/03  13:01    <DIR>          Searches
2021/06/05  20:10    <DIR>          Videos
```

图 14-15　远程命令执行结果邮件

除了执行命令，还可以实现更多更强大的功能，比如截图、将指定路径的文件作为附件发送到指定邮箱等。当然，实现远程控制计算机一定要注意安全问题。本节给出的示例代码中并没有校验远程命令邮件发送者的身份（比如必须是自己发送的），也没有使用密码等手段做进一步的安全校验。在实际使用中，则要关注相关的安全问题，避免被不法分子攻击。

第 15 章　自动处理 PDF 文件

PDF 文件具备良好的跨平台通用性，具有广泛的应用。大部分 PDF 阅读软件是免费的，但是如果需要编辑处理 PDF 文档，那么将需要购买相关软件。本章将介绍如何使用 Python 操作 PDF 文件实现日常工作的常见需求，主要包括拆分文件、合并文件、转换文件格式、提取文字、提取表格和提取图片等。

15.1　指定页数拆分 PDF 文件

示例 PDF 文件共有 8 页，如图 15-1 所示。

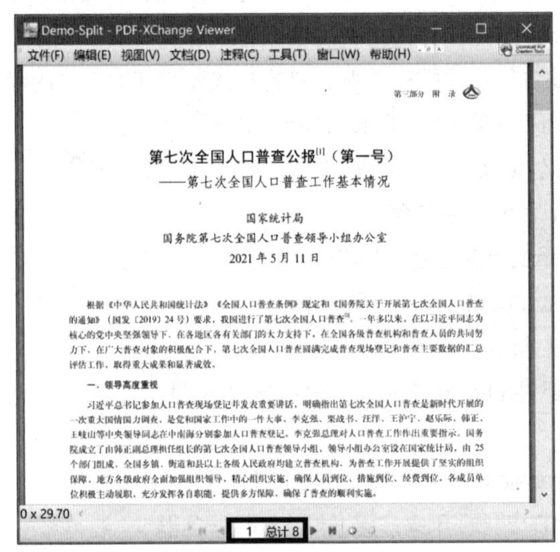

图 15-1　示例 PDF 文件

以下示例代码将 PDF 文件每两页拆分为一个单独的 PDF 文件。

运行代码前需要安装 PyPDF2 模块（pip install PyPDF2）。

```
import os
import shutil
from PyPDF2 import PdfReader, PdfWriter
src_fname = 'Demo-Split.pdf'
src_path = os.path.dirname(__file__)
src_file = os.path.join(src_path, src_fname)
dest_path = os.path.join(src_path, 'PDF')
try:
    shutil.rmtree(dest_path)
except FileNotFoundError:
    pass
finally:
    os.mkdir(dest_path)
pg_cnt = 2
```

```
#015  with open(src_file, 'rb') as fin:
#016      pdf_reader = PdfReader(fin)
#017      num_pages = len(pdf_reader.pages)
#018      if num_pages < = pg_cnt:
#019          print(f'{src_fname}总页数为{num_pages}，无须拆分。')
#020      else:
#021          for i in range(0, num_pages, pg_cnt):
#022              dest_fname = f'Report-{i//pg_cnt+1:02d}.pdf'
#023              dest_file = os.path.join(dest_path, dest_fname)
#024              pdf_writer = PdfWriter()
#025              for j in range(i, i+pg_cnt):
#026                  if j < = num_pages:
#027                      page = pdf_reader.getPage(j)
#028                      pdf_writer.addPage(page)
#029              with open(dest_file, 'wb') as fout:
#030                  pdf_writer.write(fout)
```

➢ 代码解析

第 1 行代码导入 os 模块。

第 2 行代码导入 shutil 模块。

第 3 行代码由 PyPDF2 模块导入 PdfReader 和 PdfWriter 函数。

> **注意**
>
> PyPDF2 模块不同版本中的函数名称略有区别，在 2.x 版本中使用 PdfReader、PdfWriter 和 PdfMerger 函数操作 PDF 文件，然而在 1.x 版本中则需要使用 PdfFileReader、PdfFileWriter 和 PdfFileMerger 函数。

第 4 行代码指定源 PDF 文件名称为“Demo-Split.pdf”。

第 5 行代码使用 os 模块的 path.dirname 函数获取 Python 文件所在目录，其中 __file__ 属性返回 Python 文件的全路径。

第 6 行代码使用 os 模块的 path.join 函数连接目录名和文件名获取全路径，其中 src_path 为当前目录，src_fname 为文件名。

第 7 行代码使用 os 模块的 path.join 函数连接目录名和子目录名获取全路径，其中 src_path 为当前目录，“PDF”为子目录名，拆分后的文件保存在此目录中。

第 8~13 行代码为 try 语句结构进行异常处理。如果目录已经存在，则删除目录及其中的全部文件，然后再重新创建该目录；如果目录不存在，则直接创建该目录。

第 9 行代码调用 shutil 模块的 rmtree 函数删除目录和其中的全部文件，参数为目录的全路径。

如果指定目录不存在，那么将产生错误 FileNotFoundError，转而执行第 11 行代码，此处的 pass 语句不执行任何操作，相当于忽略运行第 9 行代码产生的错误。

无论第 9 行代码运行时是否产生错误，都将执行第 11 行代码，创建指定目录。

深入了解

如果读者不习惯使用 try 语句结构，那么可以使用如下代码实现同样的效果。

```
#001  if os.path.isdir(dest_path):
```

```
#002        shutil.rmtree(dest_path)
#003    os.mkdir(dest_path)
```

第 1 行代码调用 isdir 函数判断目录 dest_path 是否已经存在，如果存在则执行第 2 行代码删除目录 dest_path 和其中的全部文件。

第 3 行代码创建目录 dest_path。

第 14 行代码指定每两页（以下简称为拆分页数）拆分为一个独立的 PDF 文件。

第 15 行代码调用 open 函数，使用二进制只读方式打开源 PDF 文件。

第 16 行代码调用 PdfReader 函数读取源 PDF 文件。

第 17 行代码获取源 PDF 文件的总页数。

如果 PDF 总页数不大于拆分页数，说明无须进行拆分。假设在此示例中，源 PDF 文件总页数为 2，则第 19 行代码给出如下提示信息，结束程序的执行。

```
Demo-Split.pdf总页数为2，无须拆分。
```

第 21~30 行代码循环处理源 PDF 文件实现拆分。

第 21 行代码中 range 函数的第 3 个参数为循环步长，此处指定为拆分页数。

第 22 行代码构建拆分后文件的名称，其规则为“Report-xx.pdf”，其中“xx”为两位数字的顺序编号。“//”为整除运算符，“:02d”为格式字符，其含义为将数字格式化为两位数字，不足两位将在左侧补 0。

第 23 行代码使用 os 模块的 path.join 函数连接目录名和文件名获取全路径，其中 dest_path 为保存拆分文件的目录，dest_fname 为拆分后的文件名称。

第 24 行代码调用 PdfWriter 函数创建 PDF 文件流。

第 25~28 行代码循环处理将页面逐个添加到 PDF 文件流中。

最后一个拆分文件的总页数可能会小于拆分页数，第 26 行代码判断循环变量 j 是否满足不大于源 PDF 文件总页数，如果满足条件，第 27 行代码调用 getPage 函数读取第 j 页，第 28 行代码调用 addPage 函数将该页添加到目标 PDF 文件流中。

第 29 行代码调用 open 函数使用二进制写方式打开目标 PDF 文件。

第 30 行代码调用 write 函数将 PDF 文件流保存为指定路径中的文件。

运行示例代码拆分后的 PDF 文件如图 15-2 所示。

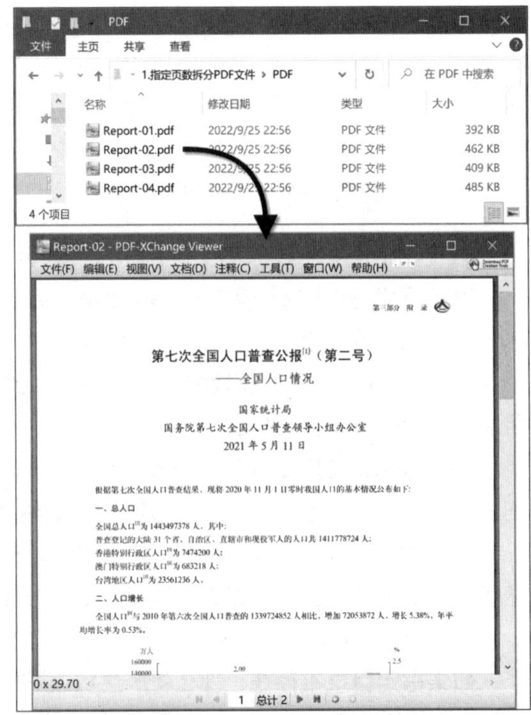

图 15-2　拆分后的 PDF 文件

15.2　按奇偶页拆分 PDF 文件

双面打印既环保又节约办公成本，但是很多打印机不支持双面打印功能，只能使用手工双面打印操

作，即先打印奇数页面，然后翻转纸张，再打印偶数页面，非常麻烦而且很容易出错。使用 Python 代码按奇偶页拆分，就可以轻松实现自动双面打印。

示例 PDF 文件共有 8 页，如图 15-3 所示。

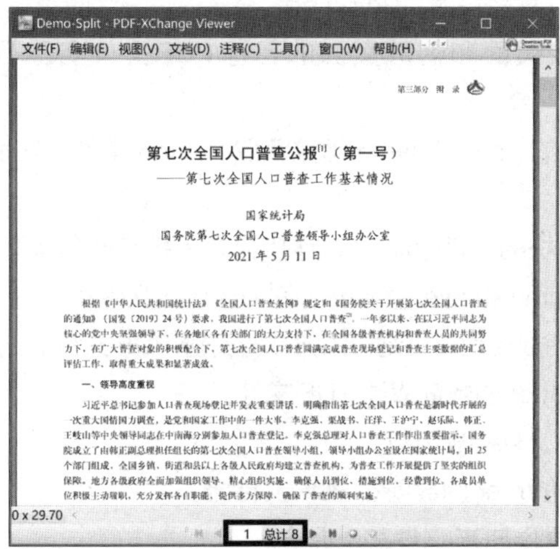

图 15-3　示例 PDF 文件

以下示例代码将 PDF 文件的奇数页面和偶数页面拆分为单独的 PDF 文件。

运行代码前需要安装 PyPDF2 模块（pip install Py PDF2）。

```
import os
from PyPDF2 import PdfReader, PdfWriter
src_fname = 'Demo.pdf'
odd_fname = 'Demo-Odd.pdf'
even_fname = 'Demo-Even.pdf'
src_path = os.path.dirname(__file__)
src_file = os.path.join(src_path, src_fname)
odd_file = os.path.join(src_path, odd_fname)
even_file = os.path.join(src_path, even_fname)
with open(src_file, 'rb') as fin:
    pdf_reader = PdfReader(fin)
    num_pages = len(pdf_reader.pages)
    odd_writer = PdfWriter()
    even_writer = PdfWriter()
    for i in range(num_pages):
        page = pdf_reader.getPage(i)
        if i % 2 == 0:
            odd_writer.addPage(page)
        else:
            even_writer.addPage(page)
    with open(odd_file, 'wb') as fout:
        odd_writer.write(fout)
    with open(even_file, 'wb') as fout:
        even_writer.write(fout)
```

➢ 代码解析

第 1 行代码导入 os 模块。

第 2 行代码由 PyPDF2 模块导入 PdfReader 和 PdfWriter 函数。

第 3 行代码指定源 PDF 文件名称为“Demo.pdf”。

第 4~5 行代码指定奇数页面和偶数页面的目标 PDF 文件名称分别为“Demo-Odd.pdf”和“Demo-Even.pdf”。

第 6 行代码使用 os 模块的 path.dirname 函数获取 Python 文件所在目录，其中 __file__ 属性返回 Python 文件的全路径。

第 7~9 行代码使用 os 模块的 path.join 函数连接目录名和文件名获取全路径，其中 src_path 为当前目录，src_fname、odd_fname 和 even_fnam 分别为相应的文件名。

第 10 行代码调用 open 函数使用二进制只读方式打开源 PDF 文件。

第 11 行代码调用 PdfReader 函数读取源 PDF 文件。

第 12 行代码获取源 PDF 文件的总页数。

第 13~14 行代码调用 PdfWriter 函数创建 PDF 文件流。

第 15~20 行代码循环处理源 PDF 文件实现拆分。

第 16 行代码调用 getPage 函数读取源文件中的第 i 页。

第 17 行代码判断页面编号是否为偶数，其中“%”为取余运算符。如果满足条件，第 18 行代码将该页面添加到奇数页文件流中，否则第 20 行代码将该页面添加到偶数页文件流中。

注意 PdfReader 对象的页面编号从 0 开始（与 PDF 文档中页脚的页码无关），因此如果页面编号为偶数，那么该页是 PDF 文档的奇数页面。

第 21 行代码调用 open 函数使用二进制写方式打开奇数页面的目标 PDF 文件。

第 22 行代码调用 write 函数将 PDF 文件流保存为指定路径中的文件。

与此类似，第 23~24 行代码用于保存偶数页面的目标 PDF 文件。

运行示例代码拆分后的 PDF 文件如图 15-4 所示。

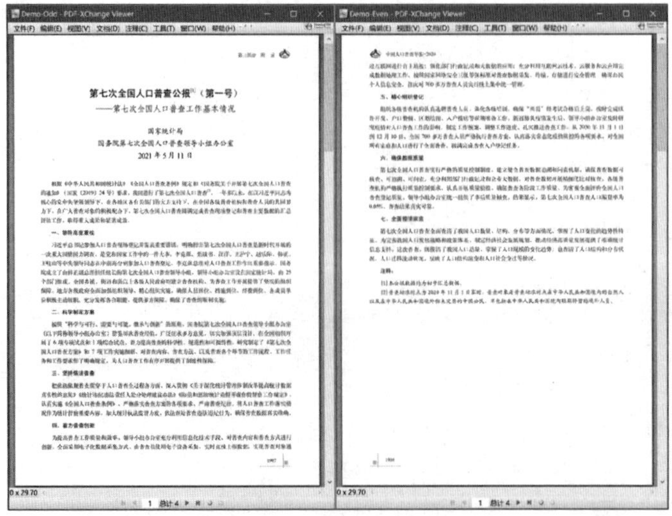

图 15-4 拆分后的奇数页 PDF 文件和偶数页 PDF 文件

15.3　批量合并多个 PDF 文件

以下示例代码将按照文件名的顺序合并指定目录中的多个 PDF 文件。待合并的 PDF 文件如图 15-5 所示。

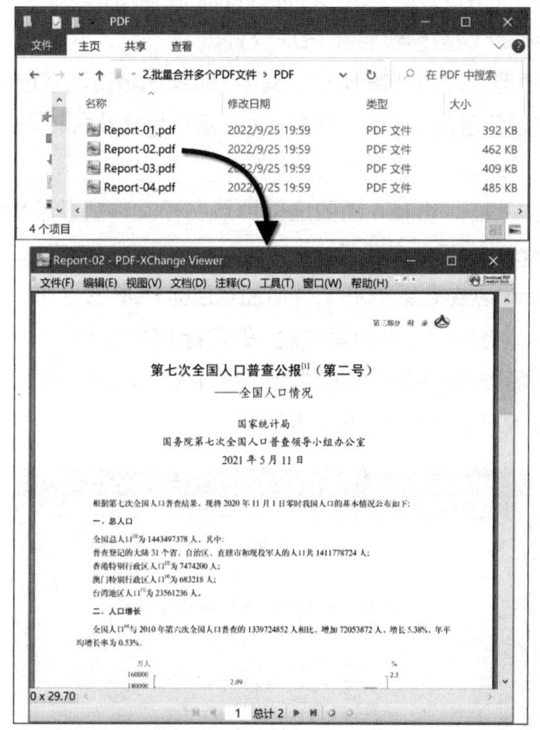

图 15-5　待合并的 PDF 文件

```
#001  import os
#002  from PyPDF2 import PdfMerger
#003  dest_fname = 'Demo-Merge.pdf'
#004  dest_path = os.path.dirname(__file__)
#005  dest_file = os.path.join(dest_path, dest_fname)
#006  src_path = os.path.join(dest_path, 'PDF')
#007  pdf_merger = PdfMerger()
#008  for file_name in os.listdir(src_path):
#009      if file_name.lower().endswith('.pdf'):
#010          src_file = os.path.join(src_path, file_name)
#011          pdf_merger.append(src_file)
#012  with open(dest_file, 'wb') as fout:
#013      pdf_merger.write(fout)
```

➢ 代码解析

第 1 行代码导入 os 模块。

第 2 行代码由 PyPDF2 模块导入 PdfMerger 函数。

第 3 行代码指定合并后的目标 PDF 文件名称为“Demo-Merge.pdf”。

第 4 行代码使用 os 模块的 path.dirname 函数获取 Python 文件所在目录，其中 __file__ 属性返回

Python 文件的全路径。

第 5 行代码使用 os 模块的 path.join 函数连接目录名和文件名获取全路径，其中 dest_path 为当前目录，dest_fname 为文件名。

第 6 行代码使用 os 模块的 path.join 函数连接目录名和子目录名获取全路径，其中 dest_path 为当前目录，“PDF”为子目录名，待合并的 PDF 文件保存在此目录中。

第 7 行代码调用 PdfMerger 函数创建目标 PDF 文件流。

第 8~11 行代码循环处理待合并的 PDF 文件，其中 listdir 函数返回指定目录中的文件名。

第 9 行代码判断文件扩展名是否为 pdf，其中 lower 函数将文件名转换为小写字母，endswith 函数用于判断文件扩展名。

第 10 行代码使用 os 模块的 path.join 函数连接目录名和文件名获取全路径，其中 src_path 为源 PDF 文件所在目录，file_name 为 PDF 文件名。

第 11 行代码调用 append 函数将源 PDF 文件追加到目标 PDF 文件流。

第 12 行代码调用 open 函数使用二进制写方式打开目标 PDF 文件。

第 13 行代码调用 write 函数将目标 PDF 文件流保存为指定路径的文件。

运行示例代码合并后的 PDF 文件如图 15-6 所示。

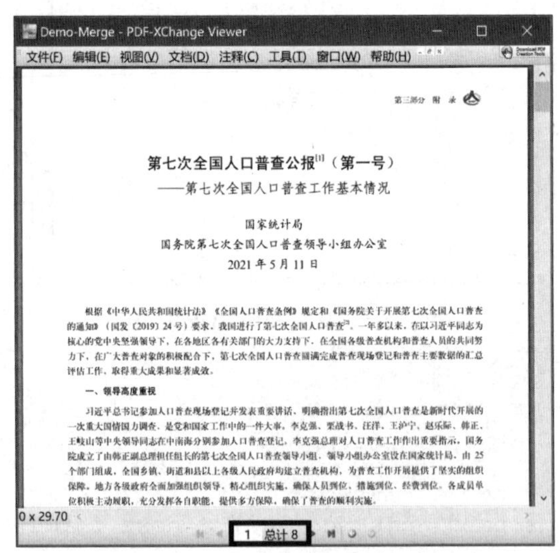

图 15-6　合并后的 PDF 文件

15.4　PDF 文件添加水印

为突出表明文档的机密性、重要性，或为了声明版权，经常需要为 PDF 文件添加水印，下面介绍两种使用 Python 为 PDF 文件添加水印的实现方式。

15.4.1　PDF 文件添加文字水印

在 PDF 文档中插入文字，并设置一定的透明度颜色，可以实现水印效果。以下示例代码为 PDF 文件每页添加多个水印。

运行代码前需要安装 fitz 模块（pip install PyMuPDF），请注意模块名称与扩展库名称不同。

```
#001 import os
#002 import fitz
#003 src_fname = 'Demo.pdf'
#004 dest_fname = 'Demo-Watermark-Text.pdf'
#005 text_wm = '全国人口普查公报'
#006 src_path = os.path.dirname(__file__)
#007 src_file = os.path.join(src_path, src_fname)
#008 dest_file = os.path.join(src_path, dest_fname)
#009 doc = fitz.open(src_file)
#010 cnt_r, cnt_c = 3, 2
#011 offset_x, offset_y = 0, 50
#012 for page in doc:
#013     h, w = page.rect.height, page.rect.width
#014     for c in range(cnt_c):
#015         for r in range(cnt_r):
#016             x = (c + 1) * w / (cnt_c + 1) + offset_x
#017             y = (r + 1) * h / (cnt_r + 1) + offset_y
#018             page.insert_text((x, y), text_wm, rotate = 90,
#019                              fontsize = 20, fontname = "china-s",
#020                              color = (1, 0, 0), fill_opacity = 0.5)
#021 doc.save(dest_file, deflate = True)
#022 doc.close()
```


➢ 代码解析

第 1 行代码导入 os 模块。

第 2 行代码导入 fitz 模块。

第 3 行代码指定源 PDF 文件名称为“Demo.pdf”。

第 4 行代码指定目标 PDF 文件名称为“Demo-Watermark-Text.pdf”。

第 5 行代码指定水印文字。

第 6 行代码使用 os 模块的 path.dirname 函数获取 Python 文件所在目录，其中 __file__ 属性返回 Python 文件的全路径。

第 7~8 行代码使用 os 模块的 path.join 函数连接目录名和文件名获取全路径，其中 src_path 为当前目录，src_fname 和 dest_fname 为相应的文件名。

第 9 行代码调用 open 函数打开源 PDF 文件。

第 10 行代码设置水印文字布局为 3 行 2 列，即共添加 6 个水印。

第 11 行代码设置插入点的水平和垂直方向的偏移量，以实现整体居中的效果。

第 12~20 行代码循环处理源 PDF 文件的每个页面。

第 13 行代码获取每个页面的高度和宽度，用于计算水印插入点位置。

第 14~20 行代码循环插入水印文字。

第 14 行代码循环处理每列，第 15 行代码循环处理每行。

第 16~17 行代码计算插入点位置。

第 18~20 行代码调用 insert_text 函数插入文字。第 1 个参数用于指定插入位置，第 2 个参数用于指定插入文字，其他参数含义如表 15-1 所示。

表 15-1　insert_text 函数参数

参数名称	含义	默认值
rotate	设置文字旋转角度，其可选值为 0、90、180 和 270	0（水平方向）
fontsize	设置字体大小	11
fontname	设置字体名称，内置 china-s 字体支持显示中文字符	helv
color	设置字体颜色，(1,0,0) 代表红色	None
fill_opacity	设置填充颜色的不透明度，取值范围为 0~1	0（完全不透明）

第 21 行代码调用 save 函数将 PDF 文件流保存为指定路径的文件。其中第 1 个参数用于指定目标文件全路径，deflate 参数设置为 True，将启用 PDF 文件流压缩功能，这样优化之后输出文件将占用更小的硬盘空间。

第 22 行代码关闭源 PDF 文件。

运行示例文件添加文字水印之后的 PDF 文档如图 15-7 所示。

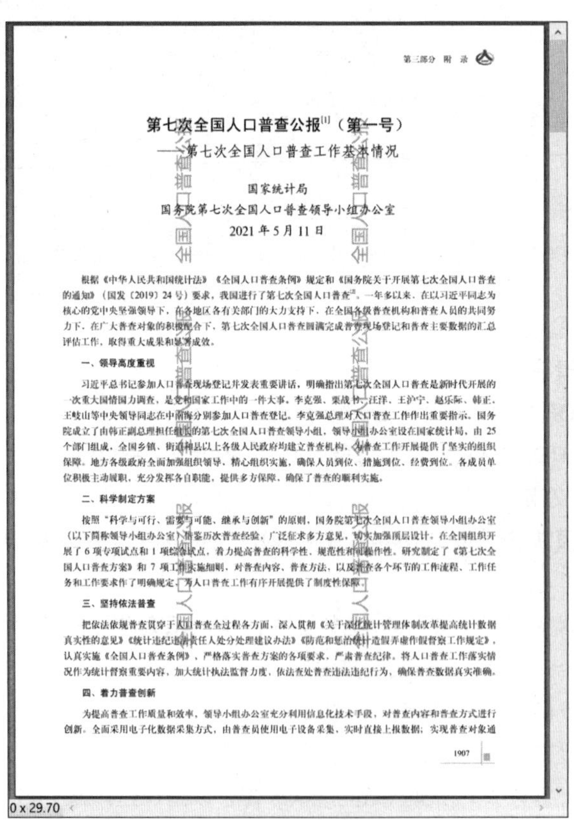

第三部分　附　录

第七次全国人口普查公报[1]（第一号）

——第七次全国人口普查工作基本情况

国家统计局

国务院第七次全国人口普查领导小组办公室

2021 年 5 月 11 日

根据《中华人民共和国统计法》《全国人口普查条例》规定和《国务院关于开展第七次全国人口普查的通知》（国发〔2019〕24 号）要求，我国进行了第七次全国人口普查[2]。一年多以来，在以习近平同志为核心的党中央坚强领导下，在各地区各有关部门的大力支持下，在全国各级普查机构和普查人员的共同努力下，在广大普查对象的积极配合下，第七次全国人口普查圆满完成普查现场登记和普查主要数据的汇总评估工作，取得重大成果和显著成效。

一、领导高度重视

习近平总书记参加人口普查现场登记并发表重要讲话，明确指出第七次全国人口普查是新时代开展的一次重大国情国力调查，是党和国家工作中的一件大事。李克强、栗战书、汪洋、王沪宁、赵乐际、韩正、王岐山等中央领导同志在中南海分别参加人口普查登记。李克强总理对人口普查工作作出重要指示。国务院成立了由韩正副总理担任组长的第七次全国人口普查领导小组，领导小组办公室设在国家统计局，由 25 个部门组成，全国乡镇、街道和县以上各级人民政府均建立普查机构，为普查工作开展提供了坚实的组织保障。地方各级政府全面加强组织领导，精心组织实施，确保人员到位、措施到位、经费到位。各成员单位积极主动履职，充分发挥各自职能，提供多方保障，确保了普查的顺利实施。

二、科学制定方案

按照“科学与可行、需要与可能、继承与创新”的原则，国务院第七次全国人口普查领导小组办公室（以下简称领导小组办公室）借鉴历次普查经验，广泛征求多方意见，切实加强顶层设计。在全国组织开展了 6 项专项试点和 1 项综合试点，着力提高普查的科学性、规范性和可操作性。研究制定了《第七次全国人口普查方案》和 7 项工作实施细则，对普查内容、普查方法，以及普查各个环节的工作流程、工作任务和工作要求作了明确规定，为人口普查工作有序开展提供了制度性保障。

三、坚持依法普查

把依法依规普查贯穿于人口普查全过程各方面，深入贯彻《关于深化统计管理体制改革提高统计数据真实性的意见》《统计违纪违法责任人处分处理建议办法》《防范和惩治统计造假弄虚作假督察工作规定》，认真实施《全国人口普查条例》，严格落实普查方案的各项要求，严肃普查纪律。将人口普查工作落实情况作为统计督察重要内容，加大统计执法监督力度，依法查处普查违法违纪行为，确保普查数据真实准确。

四、着力普查创新

为提高普查工作质量和效率，领导小组办公室充分利用信息化技术手段，对普查内容和普查方式进行创新。全面采用电子化数据采集方式，由普查员使用电子设备采集、实时直接上报数据；实现普查对象通

1907

图 15-7　添加文字水印后的 PDF 文档

15.4.2　PDF 文件添加图片水印

为了在叠加水印图片后，不影响原文档中文字的显示效果，通常水印为透明背景的图片或设置一定的透明度的文字，如图 15-8 所示。

可以用于创建透明背景图片的软件工具有很多种，为了便于读者制作水印文件，本书示例目录中提供了水印模板文件（Watermark.pptx），修改文字内容后，在快捷菜单中选择【另存为图片】命令，保

存为 PNG 文件，就可以得到透明背景水印文件，如图 15-9 所示。

图 15-8　透明背景水印效果

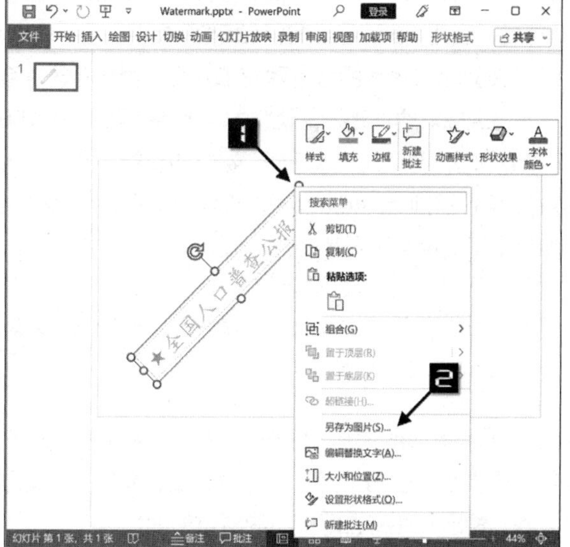

图 15-9　使用 PowerPoint 制作水印图片

以下示例代码为 PDF 文件的每页添加一个水印。

运行代码前需要安装 fitz 模块（pip install PyMuPDF），请注意模块名称与扩展库名称不同。

```
#001  import os
#002  import fitz
#003  src_fname = 'Demo.pdf'
#004  dest_fname = 'Demo-Watermark-Img.pdf'
#005  wm_fname = 'Watermark.png'
#006  src_path = os.path.dirname(__file__)
#007  src_file = os.path.join(src_path, src_fname)
#008  dest_file = os.path.join(src_path, dest_fname)
#009  wm_file = os.path.join(src_path, wm_fname)
#010  doc = fitz.open(src_file)
#011  rect = fitz.Rect(100, 200, 500, 600)
#012  for page in doc:
#013      page.insertImage(rect, filename = wm_file)
#014  doc.save(dest_file, deflate = True)
#015  doc.close()
```

➢ 代码解析

第 1 行代码导入 os 模块。

第 2 行代码导入 fitz 模块。

第 3 行代码指定源 PDF 文件名称为“Demo.pdf”。

第 4 行代码指定目标 PDF 文件名称为“Demo-Watermark-Img.pdf”。

第 5 行代码指定水印图片文件名称为“Watermark.png”。

第 6 行代码使用 os 模块的 path.dirname 函数获取 Python 文件所在目录，其中 __file__ 属性返回 Python 文件的全路径。

第 7~9 行代码使用 os 模块的 path.join 函数连接目录名和文件名获取全路径，其中 src_path 为当前目录，src_fname、dest_fname 和 wm_fname 为相应文件名。

第 10 行代码调用 open 函数打开源 PDF 文件。

第 11 行代码调用 Rect 函数创建叠加矩形，其中前两个参数为叠加矩形左上角坐标，后两个参数为叠加矩形右下角坐标。叠加矩形的宽度为 400 像素（500−100），高度为 400 像素（600−200）。

第 12~14 行代码循环处理源 PDF 文件的每个页面。

第 13 行代码调用 insertImage 函数插入水印图片，第 1 个参数用于指定插入图片的叠加矩形区域，filename 参数用于指定水印图片文件。

提示

fitz 模块 1.20.x 版本中使用 Insert_image 函数，而 1.18.x 版本中使用 insertImage 函数，函数名称是不同的。

第 14 行代码调用 save 函数将 PDF 文件流保存为指定路径的文件。

其中第 1 个参数用于指定目标文件全路径，deflate 参数设置为 True，将启用 PDF 文件流压缩功能，这样优化之后，输出文件将占用更小的硬盘空间。

对于本示例的目标文件 Demo-Watermark.pdf，未启用优化时，其大小为 13.5MB，启用压缩优化后，文件大小仅为 641KB。

第 15 行代码关闭源 PDF 文件。

运行示例文件添加图片水印后的 PDF 文档如图 15-10 所示。

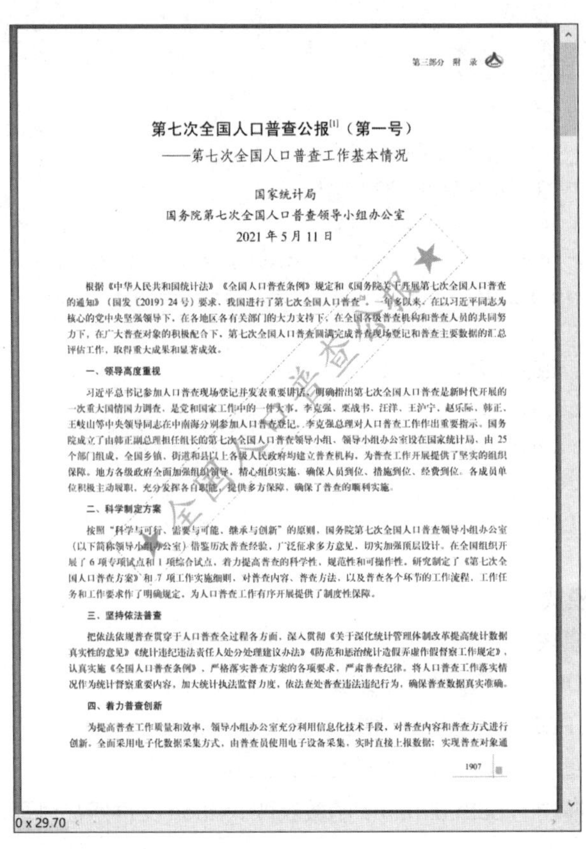
第三部分 附 录

第七次全国人口普查公报[1]（第一号）

——第七次全国人口普查工作基本情况

国家统计局

国务院第七次全国人口普查领导小组办公室

2021 年 5 月 11 日

根据《中华人民共和国统计法》《全国人口普查条例》规定和《国务院关于开展第七次全国人口普查的通知》（国发〔2019〕24 号）要求，我国进行了第七次全国人口普查[2]。一年多以来，在以习近平同志为核心的党中央坚强领导下，在各地区各有关部门的大力支持下，在全国各级普查机构和普查人员的共同努力下，在广大普查对象的积极配合下，第七次全国人口普查圆满完成普查现场登记和普查主要数据的汇总评估工作，取得重大成果和显著成效。

一、领导高度重视

习近平总书记参加人口普查现场登记并发表重要讲话，明确指出第七次全国人口普查是新时代开展的一次重大国情国力调查，是党和国家工作中的一件大事。李克强、栗战书、汪洋、王沪宁、赵乐际、韩正、王岐山等中央领导同志在中南海分别参加人口普查登记。李克强总理对人口普查工作作出重要指示。国务院成立了由韩正副总理担任组长的第七次全国人口普查领导小组，领导小组办公室设在国家统计局，由 25 个部门组成，全国乡镇、街道和县以上各级人民政府均建立普查机构，为普查工作开展提供了坚实的组织保障。地方各级政府全面加强组织领导，精心组织实施，确保人员到位、措施到位、经费到位。各成员单位积极主动履职，充分发挥各自职能，提供多方保障，确保了普查的顺利实施。

二、科学制定方案

按照“科学与可行、需要与可能、继承与创新”的原则，国务院第七次全国人口普查领导小组办公室（以下简称领导小组办公室）借鉴历次普查经验，广泛征求多方意见，切实加强顶层设计。在全国组织开展了 6 项专项试点和 1 项综合试点，着力提高普查的科学性、规范性和可操作性。研究制定了《第七次全国人口普查方案》和 7 项工作实施细则，对普查内容、普查方法，以及普查各个环节的工作流程、工作任务和工作要求作了明确规定，为人口普查工作有序开展提供了制度性保障。

三、坚持依法普查

把依法依规普查贯穿于人口普查全过程各方面，深入贯彻《关于深化统计管理体制改革提高统计数据真实性的意见》《统计违纪违法责任人处分处理建议办法》《防范和惩治统计造假弄虚作假督察工作规定》，认真实施《全国人口普查条例》，严格落实普查方案的各项要求，严肃普查纪律。将人口普查工作落实情况作为统计督察重要内容，加大统计执法监督力度，依法查处普查违法违纪行为，确保普查数据真实准确。

四、着力普查创新

为提高普查工作质量和效率，领导小组办公室充分利用信息化技术手段，对普查内容和普查方式进行创新。全面采用电子化数据采集方式，由普查员使用电子设备采集，实时直接上报数据；实现普查对象通

1907

图 15-10　添加图片水印后的 PDF 文档

15.5 PDF 文件转图片

在某些应用场景中，由于无法使用 PDF 阅读软件，PDF 文件也就无用武之地，如果将 PDF 文件转换为图片，那么就可以轻松解决这个难题。

以下示例代码将 PDF 文件的每个页面单独保存为一个图片文件。

```
#001  import os
#002  import shutil
#003  import fitz
#004  src_fname = 'Demo-Pdf2img.pdf'
#005  src_path = os.path.dirname(__file__)
#006  src_file = os.path.join(src_path, src_fname)
#007  dest_path = os.path.join(src_path, 'IMAGE')
#008  if os.path.isdir(dest_path):
#009      shutil.rmtree(dest_path)
#010  os.mkdir(dest_path)
#011  zoom_x = 4.0
#012  zoom_y = 4.0
#013  mat = fitz.Matrix(zoom_x, zoom_y)
#014  doc = fitz.open(src_file)
#015  for i in range(doc.page_count):
#016      dest_fname = f'Page-{i+1:02d}.png'
#017      dest_file = os.path.join(dest_path, dest_fname)
#018      pix = doc[i].get_pixmap(matrix = mat)
#019      pix.save(dest_file)
#020  doc.close()
```

➢ 代码解析

第 1 行代码导入 os 模块。

第 2 行代码导入 shutil 模块。

第 3 行代码导入 fitz 模块。

第 4 行代码指定源 PDF 文件名称为“Demo-Pdf2img.pdf”。

第 5 行代码使用 os 模块的 path.dirname 函数获取 Python 文件所在目录，其中 __file__ 属性返回 Python 文件的全路径。

第 6 行代码使用 os 模块的 path.join 函数连接目录名和文件名获取全路径，其中 src_path 为当前目录，src_fname 为文件名。

第 7 行代码使用 os 模块的 path.join 函数连接目录名和子目录名获取全路径，其中 src_path 为当前目录，“IMAGE”为子目录名，转换后的图片文件将保存在此目录中。

第 8 行代码调用 isdir 函数判断目录 dest_path 是否已经存在，如果存在则执行第 9 行代码删除目录 dest_path 和其中的全部文件。

第 10 行代码创建目录 dest_path。

第 11~12 行代码分别设置水平和垂直方向的缩放系数，示例中设置为 4，即保持原始尺寸纵横比放大 4 倍。

第 11~12 行代码可以简写为如下形式。

```
zoom_x = zoom_y = 4.0
```

第 13 行代码调用 Matrix 函数创建缩放矩阵。

第 14 行代码调用 open 函数打开源 PDF 文件。

第 15~19 行代码循环处理源 PDF 文件的每个页面。

第 15 行代码中的 page_count 属性返回值为 PDF 文件的总页数。

第 16 行代码构建图片文件名称，其规则为“Page-xx.png”，其中“xx”为两位数字的顺序编号。循环变量从 0 开始，此处使用 i+1 作为文件序号；“:02d”为格式字符，其含义为将数字格式化为两位数字，不足两位将在左侧补 0。

第 17 行代码使用 os 模块的 path.join 函数连接目录名和文件名获取全路径，其中 dest_path 为保存拆分文件的目录，dest_fname 为拆分后的图片文件名称。

第 18 行代码调用 get_pixmap 函数创建像素图（pixmap），其中 matrix 参数设置为缩放矩阵，实现图片缩放效果。

第 19 行代码将像素图保存为指定路径的文件。

第 20 行代码关闭 PDF 文件流。

运行示例代码导出的图片文件如图 15-11 所示。

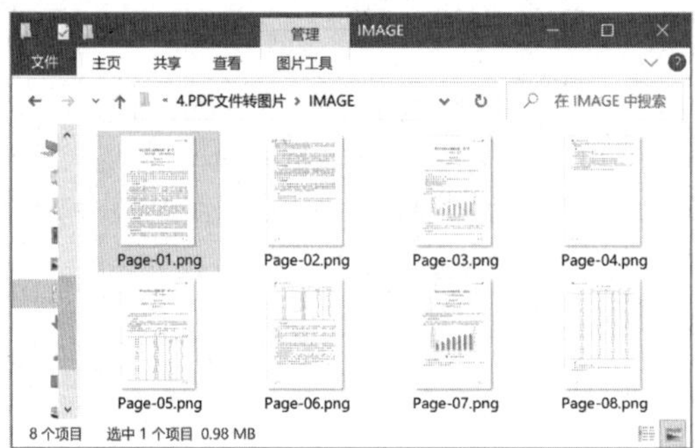

图 15-11　PDF 文件转图片

15.6　批量将图片转换为单个 PDF 文件

在 IMAGE 目录中有 8 个 PNG 格式的图片文件，如图 15-12 所示。

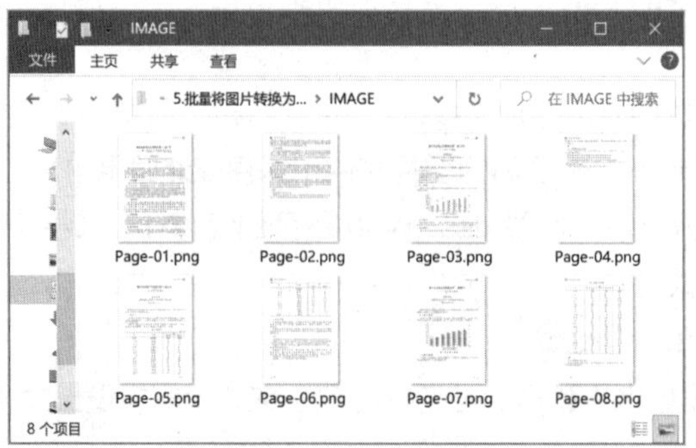

图 15-12　PNG 格式的图片

以下示例代码将指定目录中的多个图片文件转换为单个 PDF 文件。

```
#001  import os
#002  import fitz
#003  dest_fname = 'Demo-Img2pdf.pdf'
#004  dest_path = os.path.dirname(__file__)
#005  dest_file = os.path.join(dest_path, dest_fname)
#006  img_path = os.path.join(dest_path, 'IMAGE')
#007  doc = fitz.open()
#008  imgs = os.listdir(img_path)
#009  for img_fname in imgs:
#010      img_file = os.path.join(img_path, img_fname)
#011      img = fitz.open(img_file)
#012      rect = img[0].rect
#013      pdfstream = img.convert_to_pdf()
#014      img.close()
#015      imgpdf = fitz.open("pdf", pdfstream)
#016      page = doc.new_page(width = rect.width, height = rect.height)
#017      page.show_pdf_page(rect, imgpdf, 0)
#018  doc.save(dest_file)
#019  doc.close()
```


➢ 代码解析

第 1 行代码导入 os 模块。

第 2 行代码导入 fitz 模块。

第 3 行代码指定源 PDF 文件名称为“Demo-Img2pdf.pdf”。

第 4 行代码使用 os 模块的 path.dirname 函数获取 Python 文件所在目录，其中 __file__ 属性返回 Python 文件的全路径。

第 5 行代码使用 os 模块的 path.join 函数连接目录名和文件名获取全路径，其中 dest_path 为当前目录，dest_fname 为文件名。

第 6 行代码使用 os 模块的 path.join 函数连接目录名和子目录名获取全路径，其中 src_path 为当前目录，“IMAGE”为子目录名，图片文件保存在此目录中。

第 7 行代码调用 open 函数创建目标 PDF 文件流。

第 8 行代码调用 listdir 函数获取指定目录中的文件名清单（不包含目录），此处省略了判断文件类型的代码。

第 9~18 行代码循环处理图片文件。

第 10 行代码使用 os 模块的 path.join 函数连接目录名和文件名获取全路径，其中 img_path 为保存图片的目录，img_fname 为图片文件名。

第 11 行代码调用 open 函数打开图片文件。

第 12 行代码获取图片文件的分辨率，即图片的宽度和高度。

第 13 行代码将图片转换为 PDF 文件流。

第 14 行代码关闭图片文件。

第 15 行代码调用 open 函数按 PDF 格式打开文件流。

第 16 行代码按照图片分辨率在目标 PDF 中创建新页面。

第 17 行代码将图片填充到新建的页面中。

第 18 行代码将目标 PDF 文件流保存为指定路径的文件。

第 19 行代码关闭 PDF 文件流。

运行示例代码创建的 PDF 文件如图 15-13 所示。

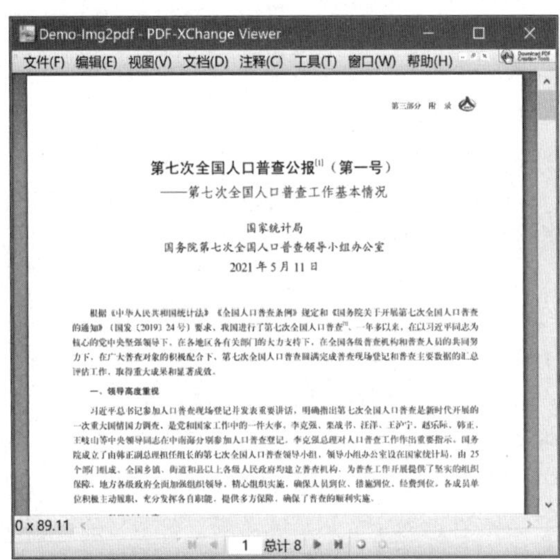

图 15-13　图片文件转换为 PDF 文件

15.7　PDF 文件转 Word 文件

Microsoft Word 可以将 PDF 文件转为 Word 文件，但是功能较为简单，而且每次只能转换一个文件。以下示例代码使用 Python 代码将 PDF 文件转为 Word 文件。

运行示例代码之前需要安装 pdf2docx 模块（pip install pdf2docx）。

```
#001  import os
#002  from pdf2docx import Converter
#003  src_fname = 'Demo-Pdf2doc.pdf'
#004  src_path = os.path.dirname(__file__)
#005  src_file = os.path.join(src_path, src_fname)
#006  cver = Converter(src_file)
#007  cver.convert()
#008  cver.close()
```

➢ 代码解析

第 1 行代码导入 os 模块。

第 2 行代码由 pdf2docs 模块导入 Converter 函数。

第 3 行代码指定源 PDF 文件名称为“Demo-Pdf2docx.pdf”。

第 4 行代码使用 os 模块的 path.dirname 函数获取 Python 文件所在目录，其中 __file__ 属性返回 Python 文件的全路径。

第 5 行代码使用 os 模块的 path.join 函数连接目录名和文件名获取全路径，其中 src_path 为当前目录，src_fname 为文件名。

第 6 行代码调用 Converter 函数读取 PDF 文件，其参数设置为源 PDF 文件全路径，其返回值为 pdf2docx.converter.Converter 对象。

第 7 行代码调用 convert 方法将 PDF 文件的全部页面转换为 DOCX 文件，并保存为指定路径的文件。注意此行代码中的 convert 必须是全部小写，它是 pdf2docx.converter.Converter 对象的一个方法。

深入了解

convert 方法的语法格式如下所示。

```
convert(docx_filename: Optional[str] = None, start: int = 0, end: Optional[int] = None, pages: Optional[list] = None, **kwargs)
```

convert 方法的参数用法如下。

❖ 参数 docx_filename 设置为 None 或者省略此参数，则将源文件扩展名由 pdf 替换为 docx 作为转换后的文件名。

❖ 参数 start 和参数 end 的用法如表 15-2 所示。

表 15-2　参数 start 和参数 end 的用法

代码	转换范围
cver.convert(dest_file, start=1)	从第 2 页开始至文档结束
cver.convert(dest_file, start=1, end=6)	从第 2 页开始至第 6 页
cver.convert(dest_file, end=6)	从第 1 页至第 6 页

如下代码将转换 PDF 文件的第 3、4 和 8 页。

```
cver.convert(dest_file, pages=[2, 3, 7])
```

第 8 行代码关闭转换器。

运行示例代码创建的 DOCX 文档如图 15-14 所示。由于 PDF 文档结构复杂，因此无法保证转换后的文档格式与样式与源 PDF 文件完全一致。

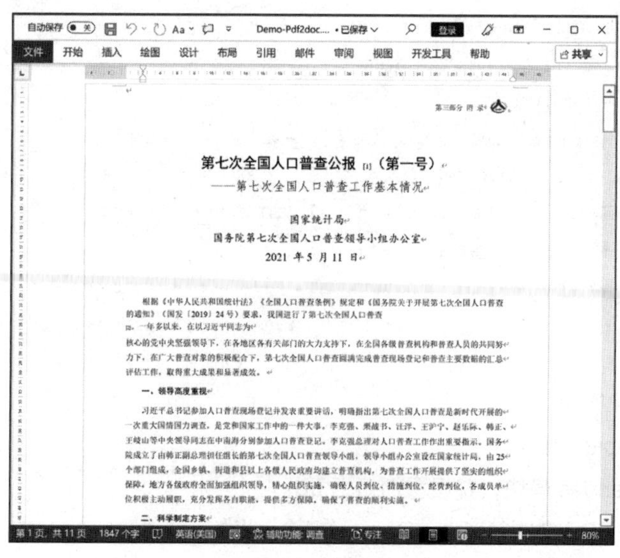

图 15-14　Word 文档

15.8 提取 PDF 文件中的表格

示例 PDF 文件中的表格如图 15-15 所示。

Demo-Table - PDF-XChange Viewer

文件(F) 编辑(E) 视图(V) 文档(D) 注释(C) 工具(T) 窗口(W) 帮助(H)

4 月 20 日外汇牌价

交易币	交易币单位	基本币	现汇卖出价	现钞卖出价	现汇买入价	现钞买入价
港币	100	人民币	85.68	85.68	85.34	84.74
新西兰元	100	人民币	449.75	449.75	446.17	432.06
澳大利亚元	100	人民币	481.21	481.21	477.37	462.28
美元	100	人民币	672.58	672.58	669.69	664.19
欧元	100	人民币	756.43	756.43	750.41	726.67
加拿大元	100	人民币	503.32	503.32	499.3	483.51
英镑	100	人民币	874.85	874.85	867.87	840.43
日元	100	人民币	6.0174	6.0174	5.9694	5.7806
新加坡元	100	人民币	496.63	496.63	492.67	477.09
瑞士法郎	100	人民币	663.43	663.43	658.15	637.33

4 月 22 日外汇牌价

交易币	交易币单位	基本币	现汇卖出价	现钞卖出价	现汇买入价	现钞买入价
港币	100	人民币	85.73	85.73	85.39	84.79
新西兰元	100	人民币	449.88	449.88	446.3	432.18
澳大利亚元	100	人民币	480.89	480.89	477.05	461.97
美元	100	人民币	672.88	672.88	669.99	664.49
欧元	100	人民币	758.66	758.66	752.62	728.81
加拿大元	100	人民币	505.01	505.01	500.99	485.14
英镑	100	人民币	874.84	874.84	867.86	840.42
日元	100	人民币	6.0201	6.0201	5.9721	5.7832
新加坡元	100	人民币	496.89	496.89	492.93	477.34
瑞士法郎	100	人民币	663.33	663.33	658.05	637.24

0 x 29.70　　1 总计 1

图 15-15　包含表格的 PDF 文件

以下示例代码将提取 PDF 文件中的表格，并保存为 Excel 工作簿文件。

运行示例代码之前需要安装 tablua 模块（pip install tabula-py）和 JRE（https://www.oracle.com/java/technologies/downloads/#jre8-windows）。

```
#001  import os
#002  import tabula
#003  import pandas as pd
#004  src_fname = 'Demo-Table.pdf'
#005  src_path = os.path.dirname(__file__)
#006  src_file = os.path.join(src_path, src_fname)
#007  dest_file = src_file.replace('.pdf', '.xlsx')
#008  dfs = tabula.read_pdf(src_file, pages = 'all')
#009  with pd.ExcelWriter(dest_file) as xl_writer:
#010      for i, df in enumerate(dfs):
#011          df.to_excel(xl_writer, index = False,
#012                      sheet_name = f'Table{i+1}')
```

➢ 代码解析

第 1 行代码导入 os 模块。

第 2 行代码导入 tablula 模块。

第 3 行代码导入 pandas 模块，并设置别名为 pd。

第 4 行代码指定源 PDF 文件名称为“Demo-Table.pdf”。

第 5 行代码使用 os 模块的 path.dirname 函数获取 Python 文件所在目录，其中 __file__ 属性返回

Python 文件的全路径。

第 6 行代码使用 os 模块的 path.join 函数连接目录名和文件名获取全路径，其中 src_path 为当前目录，src_fname 为源 PDF 文件名。

第 7 行代码调用 replace 方法将文件扩展名 pdf 替换为 xlsx，用于保存 Excel 工作簿文件。

第 8 行代码调用 read_pdf 函数读取源 PDF 文件，其中参数 pages 设置为 all，则读取 PDF 文件的全部页面，返回值为 pandas.core.frame.DataFrame 对象列表。

第 9 行代码调用 ExcelWriter 函数创建 Excel 工作簿。

第 10~12 行代码循环处理 DataFrame 对象。

第 11~12 行代码将 DataFrame 数据写入 Excel 工作表中，参数 index 设置为 False，则不保存 DataFrame 对象的索引，参数 sheet_name 用于设置工作表名称。

运行示例代码创建的 Excel 工作簿如图 15-16 所示。

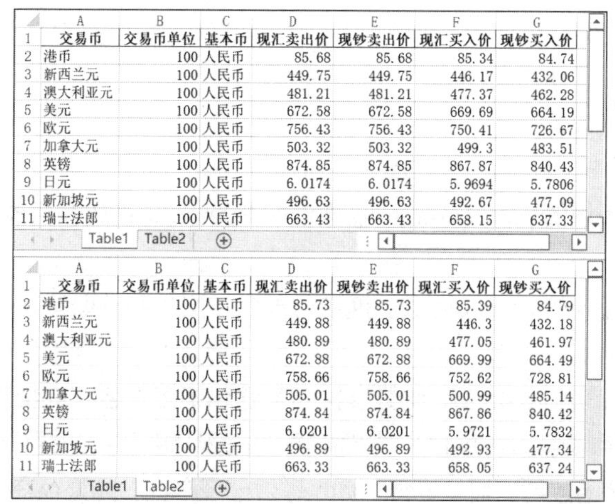

交易币	交易币单位	基本币	现汇卖出价	现钞卖出价	现汇买入价	现钞买入价
港币	100	人民币	85.68	85.68	85.34	84.74
新西兰元	100	人民币	449.75	449.75	446.17	432.06
澳大利亚元	100	人民币	481.21	481.21	477.37	462.28
美元	100	人民币	672.58	672.58	669.69	664.19
欧元	100	人民币	756.43	756.43	750.41	726.67
加拿大元	100	人民币	503.32	503.32	499.3	483.51
英镑	100	人民币	874.85	874.85	867.87	840.43
日元	100	人民币	6.0174	6.0174	5.9694	5.7806
新加坡元	100	人民币	496.63	496.63	492.67	477.09
瑞士法郎	100	人民币	663.43	663.43	658.15	637.33

Table1 Table2

交易币	交易币单位	基本币	现汇卖出价	现钞卖出价	现汇买入价	现钞买入价
港币	100	人民币	85.73	85.73	85.39	84.79
新西兰元	100	人民币	449.88	449.88	446.3	432.18
澳大利亚元	100	人民币	480.89	480.89	477.05	461.97
美元	100	人民币	672.88	672.88	669.99	664.49
欧元	100	人民币	758.66	758.66	752.62	728.81
加拿大元	100	人民币	505.01	505.01	500.99	485.14
英镑	100	人民币	874.84	874.84	867.86	840.42
日元	100	人民币	6.0201	6.0201	5.9721	5.7832
新加坡元	100	人民币	496.89	496.89	492.93	477.34
瑞士法郎	100	人民币	663.33	663.33	658.05	637.24

Table1 Table2

图 15-16　提取表格保存至 Excel 工作表

15.9　提取 PDF 文件中的图片

以下示例代码将提取 PDF 文件中的图片，保存为 PNG 格式文件。

```
import os
import shutil
import fitz
src_fname = 'Demo-Img.pdf'
src_path = os.path.dirname(__file__)
src_file = os.path.join(src_path, src_fname)
dest_path = os.path.join(src_path, 'IMAGE')
if os.path.isdir(dest_path):
    shutil.rmtree(dest_path)
os.mkdir(dest_path)
doc = fitz.open(src_file)
for i in range(doc.page_count):
```

```
#013        imgs = doc.get_page_images(i)
#014        for img in imgs:
#015            xref = img[0]
#016            img_fname = f'Page{i+1}-{xref}.png'
#017            img_file = os.path.join(dest_path, img_fname)
#018            pix = fitz.Pixmap(doc, xref)
#019            if pix.width > 600:
#020                if pix.n - pix.alpha > = 4:
#021                    pix = fitz.Pixmap(fitz.csRGB, pix)
#022                pix.save(img_file)
#023            pix = None
#024    doc.close()
```

➢ 代码解析

第 1 行代码导入 os 模块。

第 2 行代码导入 shutil 模块。

第 3 行代码导入 fitz 模块。

第 4 行代码指定源 PDF 文件名称为“Demo-Img.pdf”。

第 5 行代码使用 os 模块的 path.dirname 函数获取 Python 文件所在目录，其中 __file__ 属性返回 Python 文件的全路径。

第 6 行代码使用 os 模块的 path.join 函数连接目录名和文件名获取全路径，其中 src_path 为当前目录，src_fname 为文件名。

第 7 行代码使用 os 模块的 path.join 函数连接目录名和子目录名获取全路径，其中 src_path 为当前目录，“IMAGE”为子目录名，从源 PDF 文件中提取的图片将保存在此目录中。

第 8 行代码调用 isdir 函数判断目录 dest_path 是否已经存在，如果存在则执行第 9 行代码删除目录 dest_path 和其中的全部文件。

第 10 行代码创建目录 dest_path。

第 11 行代码调用 open 函数打开源 PDF 文件。

第 12~23 行代码循环处理源 PDF 文件的每个页面。

第 12 行代码调用 page_count 属性获取 PDF 文件的总页数。

第 13 行代码调用 get_page_images 函数提取第 i 个页面中的全部图片，其返回值为图片对象组成的列表。

第 14~23 行代码循环处理图片对象。

第 15 行代码读取图片在 PDF 文档结构中的交叉引用编号，保存在变量 xref 中。

第 16 行代码构建图片文件名称，其规则为“Pagex-y.png”，其中“x”为页码，“y”为图片的交叉引用编号。

第 17 行代码使用 os 模块的 path.join 函数连接目录名和文件名获取全路径，其中 dest_path 为保存拆分文件的目录，img_fname 为图片文件的名称。

第 18 行代码调用 Pixmap 函数读取源 PDF 文件中交叉引用编号为 xref 的图片，并创建像素图（pixmap）。

第 19 行代码判断像素图的宽度是否大于 600 像素，如果满足条件，则执行第 20~22 行代码保存像

素图。示例 PDF 中存在大量的“小”图，例如，发行机构的 logo，通过限制图片的宽度可以排除这类“小”图，读者处理其他文档时，需要根据实际情况调整限制阈值。

第 20 行代码判断像素图的颜色模式，如果满足条件，则需要先执行第 21 行代码，调用 Pixmap 函数转换为 RGB 颜色模式。

第 22 行代码将像素图保存为指定路径的文件。

第 23 行代码清空 pix 变量。

第 24 行代码关闭源 PDF 文件。

运行示例代码导出的图片文件如图 15-17 所示。

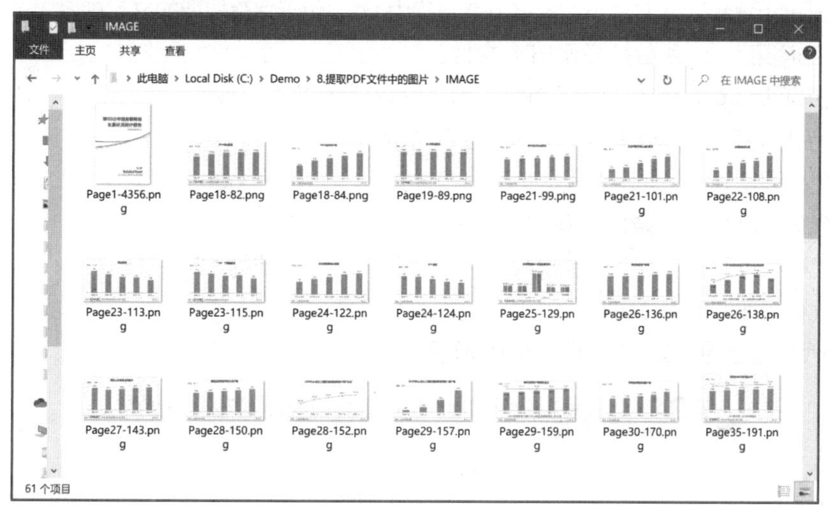

图 15-17　提取 PDF 文件中的图片

15.10　提取 PDF 文件中的文字

有些 PDF 文档页数较多，如果提取其中的文字，需要逐页选中文字，然后复制，操作起来费时费力。以下示例代码将快速提取 PDF 文件中的全部文字，保存为文本文件。

```
import os
import fitz
src_fname = 'Demo-Pdf2txt.pdf'
src_path = os.path.dirname(__file__)
src_file = os.path.join(src_path, src_fname)
dest_file = src_file.replace('.pdf', '.txt')
doc = fitz.open(src_file)
with open(dest_file, 'wb') as fout:
    for page in doc:
        text = page.get_text().encode('utf-8')
        fout.write(text)
        fout.write(b'\x0C')
doc.close()
```

➢ 代码解析

第 1 行代码导入 os 模块。

第 2 行代码导入 fitz 模块。

第 3 行代码指定源 PDF 文件名称为“Demo-Pdf2txt.pdf”。

第 4 行代码使用 os 模块的 path.dirname 函数获取 Python 文件所在目录，其中 __file__ 属性返回 Python 文件的全路径。

第 5 行代码使用 os 模块的 path.join 函数连接目录名和文件名获取全路径，其中 src_path 为当前目录，src_fname 为源 PDF 文件名。

第 6 行代码使用 replace 方法将扩展名 pdf 替换为 txt，用于保存提取的文字内容。

第 7 行代码调用 open 函数打开源 PDF 文件。

第 8 行代码调用 open 函数，使用二进制写方式打开目标文本文件。

第 9~12 行代码开始循环处理源 PDF 文件的每个页面。

第 10 行代码调用 get_text 函数读取页面中的文字，并使用 encode 函数转换为 UTF-8 编码格式。

第 11 行代码调用 write 函数将提取的文字写入目标文本文件。

第 12 行代码在每页文字内容之后插入一个分页符（ASCII 编码为 12），其中“\x”为 16 进制标识。

第 13 行代码关闭源 PDF 文件。

运行示例代码创建的文本文件如图 15-18 所示。

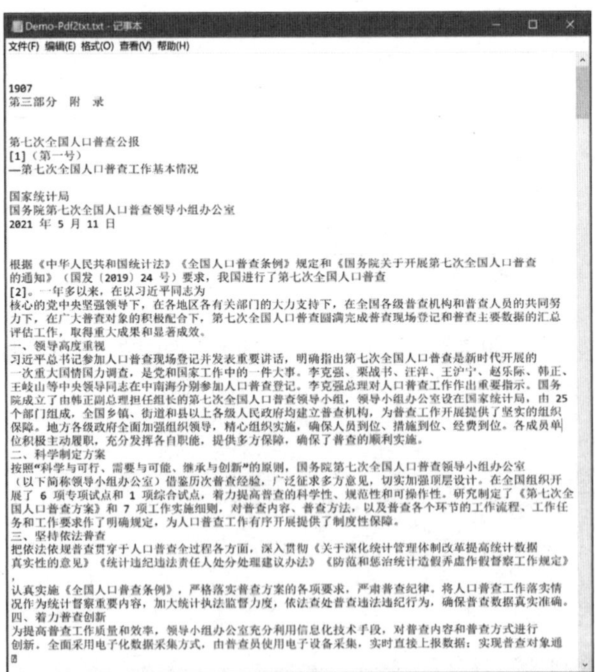

Demo-Pdf2txt.txt - 记事本
文件(F) 编辑(E) 格式(O) 查看(V) 帮助(H)

1907
第三部分　附　录

第七次全国人口普查公报
[1]（第一号）
—第七次全国人口普查工作基本情况

国家统计局
国务院第七次全国人口普查领导小组办公室
2021 年 5 月 11 日

根据《中华人民共和国统计法》《全国人口普查条例》规定和《国务院关于开展第七次全国人口普查
的通知》（国发〔2019〕24 号）要求，我国进行了第七次全国人口普查
[2]。一年多以来，在以习近平同志为
核心的党中央坚强领导下，在各地区各有关部门的大力支持下，在全国各级普查机构和普查人员的共同努
力下，在广大普查对象的积极配合下，第七次全国人口普查圆满完成普查现场登记和普查主要数据的汇总
评估工作，取得重大成果和显著成效。
一、领导高度重视
习近平总书记参加人口普查现场登记并发表重要讲话，明确指出第七次全国人口普查是新时代开展的
一次重大国情国力调查，是党和国家工作中的一件大事。李克强、栗战书、汪洋、王沪宁、赵乐际、韩正、
王岐山等中央领导同志在中南海分别参加人口普查登记。李克强总理对人口普查工作作出重要指示。国务
院成立了由韩正副总理担任组长的第七次全国人口普查领导小组，领导小组办公室设在国家统计局，由 25
个部门组成，全国乡镇、街道和县以上各级人民政府均建立普查机构，为普查工作开展提供了坚实的组织
保障。地方各级政府全面加强组织领导，精心组织实施，确保人员到位、措施到位、经费到位。各成员单
位积极主动履职，充分发挥各自职能，提供多方保障，确保了普查的顺利实施。
二、科学制定方案
按照“科学与可行、需要与可能、继承与创新”的原则，国务院第七次全国人口普查领导小组办公室
（以下简称领导小组办公室）借鉴历次普查经验，广泛征求多方意见，切实加强顶层设计。在全国组织开
展了 6 项专项试点和 1 项综合试点，着力提高普查的科学性、规范性和可操作性。研究制定了《第七次全
国人口普查方案》和 7 项工作实施细则，对普查内容、普查方法，以及普查各个环节的工作流程、工作任
务和工作要求作了明确规定，为人口普查工作有序开展提供了制度性保障。
三、坚持依法普查
把依法依规普查贯穿于人口普查全过程各方面，深入贯彻《关于深化统计管理体制改革提高统计数据
真实性的意见》《统计违纪违法责任人处分处理建议办法》《防范和惩治统计造假弄虚作假督察工作规定》
，
认真实施《全国人口普查条例》，严格落实普查方案的各项要求，严肃普查纪律。将人口普查工作落实情
况作为统计督察重要内容，加大统计执法监督力度，依法查处普查违法违纪行为，确保普查数据真实准确。
四、着力普查创新
为提高普查工作质量和效率，领导小组办公室充分利用信息化技术手段，对普查内容和普查方式进行
创新。全面采用电子化数据采集方式，由普查员使用电子设备采集，实时直接上报数据；实现普查对象通

图 15-18　提取 PDF 文件中的文字

15.11　提取 PDF 文件中的书签

PDF 文件中的书签类似于 Word 文档中的目录，通过书签可以快速了解文档目录结构，单击书签可

以跳转到相应的页面。

PDF 文件中的书签无法复制，也无法导出。如下示例代码使用 Python 提取 PDF 文件中的书签，并保存为文本文件。

```
#001  import os
#002  from PyPDF2 import PdfReader
#003  def main():
#004      src_fname = 'Demo-Bookmark.pdf'
#005      src_path = os.path.dirname(__file__)
#006      src_file = os.path.join(src_path, src_fname)
#007      dest_file = src_file.replace('.pdf', '.txt')
#008      with open(src_file, 'rb') as fin:
#009          pdf_reader = PdfReader(fin)
#010          for n in range(pdf_reader.numPages):
#011              page_num = pdf_reader.getPage(n).indirect_ref.idnum
#012              dict_pgnum[page_num] = n
#013          pdf_outlines = pdf_reader.getOutlines()
#014          bookmark = get_bookmarks(pdf_outlines)
#015      txt_lines = ''
#016      for grade, title, num in bookmark:
#017          if grade == 0:
#018              txt_lines + = '\n'
#019          indent = '\t' * grade
#020          txt_lines + = f'{indent}{title}\t\t{num+1}\n'
#021      with open(dest_file, 'w', encoding = 'utf-8') as fout:
#022          fout.write(txt_lines[1:])
#023  def get_bookmarks(object, grade = 0):
#024      for outline in object:
#025          if isinstance(outline, list):
#026              get_bookmarks(outline, grade+1)
#027          else:
#028              bookmark.append((grade, outline.title,
#029                               dict_pgnum[outline.page.idnum]))
#030      return bookmark
#031  if __name__ == '__main__':
#032      bookmark = []
#033      dict_pgnum = {}
#034      main()
```

➢ 代码解析

第 1 行代码导入 os 模块。

第 2 行代码导入 PyPDF2 模块。

第 3~22 行代码定义主函数 main()。

第 4 行代码指定源 PDF 文件名称为“Demo-Bookmark.pdf”。

第 5 行代码使用 os 模块的 path.dirname 函数获取 Python 文件所在目录，其中 __file__ 属性返回

15章

Python 文件的全路径。

第 6 行代码使用 os 模块的 path.join 函数连接目录名和文件名获取全路径，其中 src_path 为当前目录，src_fname 为源 PDF 文件名。

第 7 行代码使用 replace 方法将扩展名 pdf 替换为 txt，此文本文件将用于保存提取的书签。

第 8 行代码调用 open 函数，使用二进制只读方式打开源 PDF 文件。

第 9 行代码调用 PdfReader 函数读取源 PDF 文件。

第 10~12 行代码创建页码转换表，并保存在字典对象变量 dict_pgnum 中。

第 10 行代码中属性 numPages 的返回值为 PDF 文件的总页数。

第 11 行代码调用 gerPage 函数获取 PDF 文件中编号为 n 的页面对象，indirect_ref.idnum 的返回值为该页面的索引页码。

> **注意**
>
> idnum 获取的索引页码与 PDF 文档的实际页码不一定相同，因此需要构建页码转换表进行转换。

第 12 行代码将页码转换表保存到变量 dict_pgnum 中。

第 13 行代码调用 getOutlines 函数获取 PDF 文件的大纲。

第 14 行代码调用函数 get_bookmarks 提取大纲中的书签信息。

第 15 行代码初始化字符串变量 txt_lines，用于保存书签信息。

第 16~20 行代码循环遍历书签信息。

书签信息包含以下 3 部分。

（1）grade：书签级别，首级书签级别为 0。

（2）title：书签文字内容。

（3）num：页面的实际页码。

如果书签级别为 0，第 18 行代码将增加一个空行，即不同章节之间以空行间隔。

请注意，在第一个首级书签之前也将添加一个空行，第 22 行代码将书签写入文件时将剔除这个多余的空行。

第 19 行代码根据书签级别控制缩减量。其中“\t”代表制表符（即键盘上的 <Tab>），“*”运算符将指定字符（或者字符串）重复 n 次（n 为 grade 变量的值）。

如果 grade 值为 2，那么该书签为第 3 级，书签文字内容之前将添加两个制表符，以实现层级缩进效果，如图 15-19 所示。

```
第一章 互联网基础建设状况				11
	一、 互联网基础资源			11
		（一） IP地址			11
		（二） 域名			13
		（三） 移动电话基站数量		14
		（四） 互联网宽带接入端口数量		14
		（五） 光缆线路长度		15
	二、 互联网资源应用			16
		（一） 网站			16
		（二） 移动互联网接入流量		17
		（三） APP数量及分类		17
	三、 互联网接入环境			18
		（一） 上网设备			18
		（二） 上网时长			20
		（三） 固定宽带接入情况		20
		（四） 蜂窝物联网终端用户数		22
```

图 15-19 书签层级缩进

第 20 行代码将书签内容追加到变量 txt_lines 中。

第 21 行代码调用 open 函数使用写方式打开目标文本文件，并设置编码格式为 UTF-8。

第 22 行代码将提取的全部书签内容写入目标文本文件，其中“[1:]”将忽略多余的首个空行。

第 23~30 行代码定义递归函数 get_bookmarks( )，用于提取大纲中的书签内容，其中参数 object 既可以是列表对象（包含多个书签对象），又可以是单个书签对象。

第 24~29 行代码循环遍历 object 对象。

第 25 行代码调用 isinstance 函数判断 outline 对象类型。如果 outline 是列表对象，那么函数返回值为 True，第 26 行代码将再次调用函数 get_bookmarks 实现递归过程，变量 grade+1 将设置书签级别增加一级。

如果 outline 不是列表对象，那么第 28~29 行代码将提取书签内容，并追加到列表对象 bookmark 中。其中，变量 grade 为书签级别，属性 title 的返回值为书签的文本内容，属性 idnum 的返回值为页面的索引页码，字典对象 dict_pgnum 转换后返回实际页码。

第 30 行代码设置函数返回值为 bookmark。

第 31 行代码使用 If 判断语句实现了如果直接运行 Python 文件模块，则运行后续的代码块；如果模块是被导入的（使用 import 语句），则代码块不被运行。

第 32 行代码初始化列表对象变量 bookmark 用于保存书签。

第 33 行代码初始化字段对象变量 dict_pgnum 用于保存页码转换表。

第 34 行代码调用 main 函数。

运行示例代码提取的书签如图 15-20 所示。

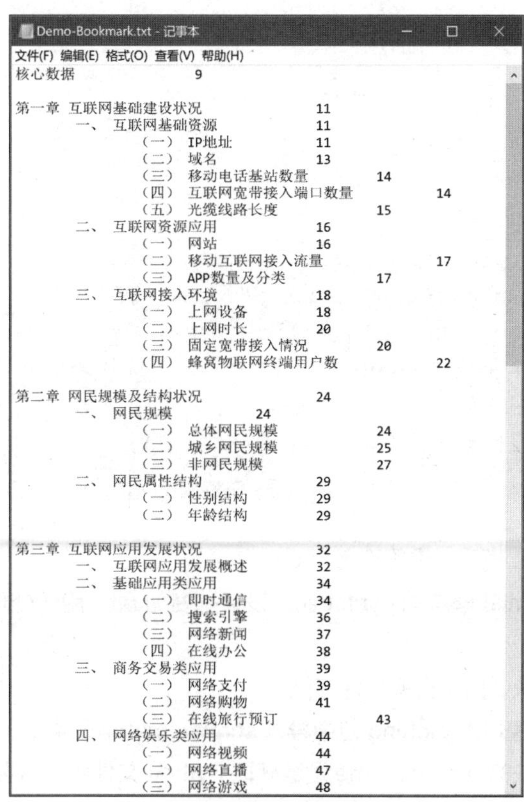

图 15-20　提取 PDF 文件中的书签

第 16 章　高级数据图表技巧

在处理数据的过程中，图表能迅速让受众对数据情况产生感知。因此，图表绘制又称为“数据可视化”，通过可视化，数据不再是一堆冷冰冰的数字或文字，而是看得见的形状，甚至是可以预见的趋势。

16.1　散布矩阵图

针对多维度数据，散布矩阵图通过两两相关的散点图迅速展示各维度之间的关系。

以下示例代码根据图 16-1 所示的数据表使用 pandas 模块绘制散布矩阵图，用于观察搜索量、收藏量和购买量之间的关系。

	A	B	C
1	搜索量	收藏量	购买量
2	0	0	3
3	0	0	19
4	0	0	16
5	0	0	20
6	4	0	16
7	2	0	17
8	2	0	27
9	4	0	28
10	2	12	16
11	0	77	30
12	13307	66	17
13	12923	55	17
14	15507	65	27
15	18974	83	23
16	16783	96	37

图 16-1　图表数据源

```
#001  import pandas as pd
#002  import matplotlib.pyplot as plt
#003  import os
#004  from pandas.plotting import scatter_matrix
#005  folder_name = os.path.dirname(__file__)
#006  file_name = os.path.join(folder_name, 'scatter_matrix.xlsx')
#007  plt.rcParams['font.sans-serif'] = ['simHei']
#008  df = pd.read_excel(file_name)
#009  scatter_matrix(df, diagonal = 'hist')
#010  plt.show()
```

➢ 代码解析

第 1 行代码导入 pandas 模块，设置别名为 pd。

第 2 行代码导入 matplotlib 模块的 pyplot 包，设置别名为 plt，用于处理图表中的中文字符及展示图表。

第 3 行代码导入 os 模块，用于获取文件路径。

第 4 行代码从 pandas 模块的 plotting 包中导入 scatter_matrix 子类。

第 5 行代码使用 os 模块的 path.dirname 函数获取 Python 文件所在目录。

第 6 行代码使用 os 模块的 path.join 函数连接目录名和文件名获取数据文件的全路径。

第 7 行代码通过 rcParams 参数设置图表字体为黑体。这是为了让 matplotlib 模块支持中文字体的显示。

第 8 行代码以 read_excel 方法将文件读取到内存中，赋值给 DataFrame 对象变量 df。

第 9 行代码传入 df 对象，对 scatter_matrix 子类实例化，生成散布矩阵图对象。

diagonal 参数用于设置对角线上各变量分布的图表类型。默认为直方图，也可以修改为“kde”，设为核密度分布曲线。

第 10 行代码在屏幕上显示散布矩阵图，如图 16-2 所示。

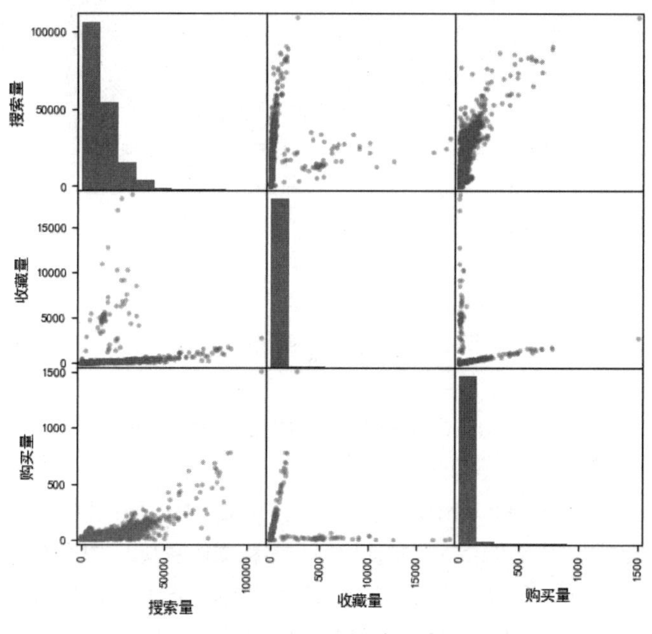

图 16-2　散布矩阵图

16.2　甘特图

甘特图常用于追踪项目进展，查看是否延期，或哪个环节出现阻塞，耗时过长。

以下示例代码根据图 16-3 所示的数据表使用 pandas 绘制甘特图，用于查看项目进度情况。

	A	B	C	D
1	工作内容	开始日期	结束日期	天数
2	项目调研	2021-01-01	2021-01-14	13
3	需求沟通	2021-01-15	2021-02-10	26
4	方案设计	2021-02-11	2021-03-06	23
5	开发实施	2021-03-07	2021-06-30	115
6	测试验收	2021-07-01	2021-07-11	10
7	竣工交付	2021-07-12	2021-07-18	6

图 16-3　图表数据源

```
import pandas as pd
import matplotlib.pyplot as plt
import matplotlib.dates as mdates
import os
```

```
#005  folder_name = os.path.dirname(__file__)
#006  file_name = os.path.join(folder_name, 'gantt.xlsx')
#007  plt.rcParams['font.sans-serif'] = ['simHei']
#008  df = pd.read_excel(file_name)
#009  df['开始标签'] = mdates.date2num(df['开始日期'])
#010  df = df.sort_index(ascending = False)
#011  ax = df.plot(x = '工作内容', y = '天数', kind = 'barh',
#012               left = df['开始标签'], legend = False, xlabel = '')
#013  rule = mdates.rrulewrapper(mdates.DAILY, interval = 14)
#014  locator = mdates.RRuleLocator(rule)
#015  ax.xaxis.set_major_locator(locator)
#016  formatter = mdates.DateFormatter('%m%d')
#017  ax.xaxis.set_major_formatter(formatter)
#018  plt.grid()
#019  plt.show()
```

➢ 代码解析

第 1 行代码导入 pandas 模块，设置别名为 pd。

第 2 行代码导入 matplotlib 模块的 pyplot 包，设置别名为 plt，用于处理图表中的中文字符及展示图表。

第 3 行代码导入 matplotlib 模块的 dates 包，设置别名为 mdates。

第 4 行代码导入 os 模块，用于获取文件路径。

第 5 行代码使用 os 模块的 path.dirname 函数获取 Python 文件所在目录。

第 6 行代码使用 os 模块的 path.join 函数连接目录名和文件名获取数据文件的全路径。

第 7 行代码通过 rcParams 参数设置图表字体为黑体，使 matplotlib 模块支持中文字体的显示。

第 8 行代码以 read_excel 方法将文件读取到内存中，赋值给 DataFrame 对象变量 df。

第 9 行代码定义字段存储“开始标签”。条形图 y 参数的“天数”是数值类型，因此需要将日期转为相同类型的数据才能正确显示数据标签（否则默认为数值）。

mdates.date2num(日期) 方法可将传入的日期转为数值，该数值等于 1970-01-01 0:0:0 截至指定日期的天数，时分秒则转为小数。

第 10 行代码使用 sort_index 方法，将数据进行索引列倒序排列，以便生成进度条由上至下的甘特图。ascending 参数默认为 True，即顺序排列。

第 11~12 行代码通过 plot 方法创建条形图，赋值给 ax。

df.plot 方法绘制的大多数图表（散点图除外）中， x 参数为类别数据，y 轴为数值数据。所以，尽管条形图最终显示 x 轴为数值，但传入的还是“工作内容”。

kind='barh' 用于指定图表类型为条形图。

left=df[' 开始标签 '] 用于指定工作内容的各阶段起始位置为“开始标签”相应的数值。此参数也可用于绘制瀑布图。

legend=False 用于隐藏图例。xlabel='' 用于隐藏标签。此时，横坐标刻度标签不再由 y 参数决定，而是根据 left 和 y 两个参数进行调整。

第 13 行代码通过 rrulewrapper 方法生成从 1 月 1 日起，间隔 14 天的日期系列装饰器。

第 1 个参数用于指定间隔单位（年月日等），第 2 个参数用于指定间隔数。

第 14 行代码传入变量 rule，通过 RRuleLocator 方法生成自定义日期刻度定位器。

深入了解

除了 RRuleLocator 外，还可以使用预设的日期定位器：

mdates.DayLocator(bymonthday=10) 用于指定每月 10 日，作为刻度定位器；

mdates.WeekdayLocator(byweekday=0) 用于指定每周一作为刻度定位器；

mdates.MonthLocator(bymonth=1) 用于指定每年 1 月作为刻度定位器；

mdates.YearLocator(5, month=7, day=4) 用于指定每隔 5 年的 7 月 4 日，作为刻度定位器。

第 15 行代码通过 set_major_locator 方法将日期刻度定位器与主刻度定位器进行匹配，1 月 1 日作为日期刻度标签的起点。

第 16 行代码通过 DateFormatter 方法格式化日期为 mmdd 格式，并赋值给变量 formatter。

第 17 行代码通过 set_major_formatter 设置主刻度格式为 formatter。

第 18 行代码用于显示网格线。在没有数据标签的情况下，便于估算数据，增加可读性。

第 19 行代码在屏幕上显示甘特图，如图 16-4 所示。

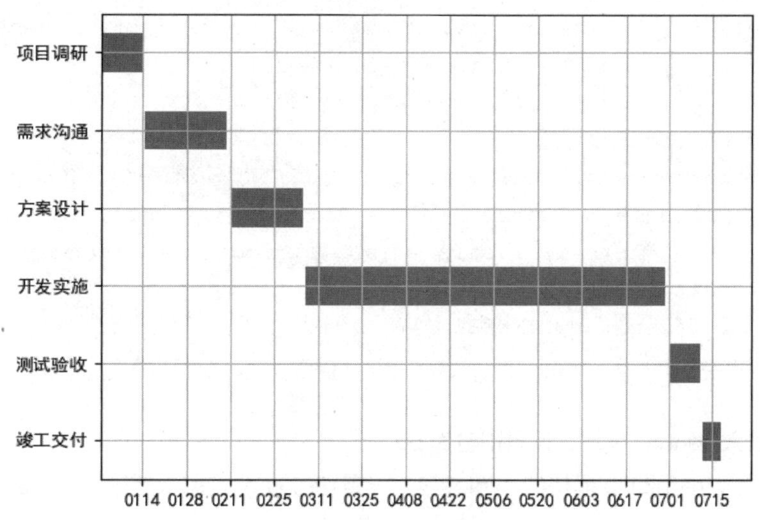

图 16-4　甘特图

16.3　华夫饼图

华夫饼图因形似华夫饼而得名，它用 10×10 的网格表示 100%，不同部分各自填充颜色以展示其占比。阅读者可以通过行列的格子数，迅速了解数据概况。

以下示例代码根据图 16-5 所示的数据表使用 pywaffle 模块绘制华夫饼图，用于展示 2022 年第二季度移动端浏览器占比情况。

	A	B
1	浏览器	市场占有率
2	Chrome	64.8%
3	Safari	24.8%
4	Samsung	4.8%
5	Opera	1.7%
6	UC	1.3%
7	Others	2.6%

图 16-5　图表数据源

注意

在运行代码前，可能需要先用 pip install pywaffle 安装该模块。

```
#001  import pandas as pd
#002  import matplotlib.pyplot as plt
#003  from pywaffle import Waffle
#004  import os
#005  folder_name = os.path.dirname(__file__)
#006  file_name = os.path.join(folder_name, 'waffle.xlsx')
#007  plt.rcParams['font.sans-serif'] = ['simHei']
#008  df = pd.read_excel(file_name)
#009  df['市场占有率'] = df['市场占有率'] * 100
#010  title = {'label': '2022年移动浏览器市场占有率', 'loc': 'center'}
#011  labels = [f"{k}({round(v, 2)}%)" for k, v in df.values]
#012  legend = {'bbox_to_anchor': (1, -0.01),
#013             'ncol': 3, 'framealpha': 0}
#014  fig = plt.figure(
#015       FigureClass = Waffle, values = df['市场占有率'], figsize = (6, 6),
#016       cmap_name = 'Set2', rows = 10, columns = 10, vertical = True,
#017       title = title, labels = labels, legend = legend,
#018       starting_location = 'NW')
#019  fig.set_facecolor('#EEEEEE')
#020  plt.show()
```

➢ 代码解析

第 1 行代码导入 pandas 模块，设置别名为 pd。

第 2 行代码导入 matplotlib 模块的 pyplot 包，设置别名为 plt，用于处理图表中的中文字符及展示图表。

第 3 行代码从 pywaffle 模块中导入 Waffle 类。

第 4 行代码导入 os 模块，用于获取文件路径。

第 5 行代码使用 os 模块的 path.dirname 函数获取 Python 文件所在目录。

第 6 行代码使用 os 模块的 path.join 函数连接目录名和文件名获取数据文件的全路径。

第 7 行代码通过 rcParams 参数设置图表字体为黑体。这是为了让 matplotlib 模块支持中文字体的显示。

第 8 行代码以 read_excel 方法将文件读取到内存中，赋值给 DataFrame 对象变量 df。

第 9 行代码将“市场占有率”列放大为原数据的 100 倍。

华夫饼图要求格子总数（行 × 列）与数据（四舍五入后）之和相等，所以需要根据实际情况缩放数据。

第 10 行代码创建字典变量 title（标题），键 label 和 loc 对应的值分别为标题文字和标题位置。标题默认居中，可根据实际设置为“left”“right”“center”中的任意一个值。

第 11 行代码通过列表推导式传入“浏览器市场占有率”数据，赋值给变量 labels。

此处使用 round 函数是因为 DataFrame 默认以 float 精度保存浮点数，以致数据标签不够美观，也可使用 format 函数，示例代码如下：

```
labels = ["{}({:.2f}%)".format(k, v) for k, v in df.values]
```

第 12~13 行代码定义字典变量 legend（图例）。字典键值说明如下。

bbox_to_anchor 的传入值为元组（x, y, width, height），用于设置图例坐标（x, y）（必选）和尺寸（width, height）（可选）。

ncol 的传入值为整型（int），用于设置图例的列数。

framealpha 的传入值为 0~1 的数值，用于设置图例背景色的透明度，0 为完全透明。

第 14~18 行代码传入 Waffle 类和参数，通过 figure 方法创建华夫饼图。

values：必选，传入列表、字典或单列 DataFrame，表示组分百分比。

figsize：可选，传入元组（高，宽）。用于设置画布大小（单位为英寸）。

cmap_name：可选，传入 matplotlib 的 cmap 名称字符串，用于设置数据系列的映射颜色。也可使用 color 参数传入自定义颜色列表进行映射。

rows/columns：至少必选 1 个，整数，用于设置行 / 列格子数。

vertical：可选，传入 True/False，用于设置格子填充方向，默认 False。True 表示按水平方向填充。

title：可选，传入字典，用于设置标题文字。

labels：可选，传入数组，用于设置图例标签文字格式。

legend：可选，传入字典，用于设置图例位置和样式。

starting_location：可选，传入字符串，用于设置起始格子方向。“NW”表示由西北（Northwest）方向（即左上角）开始。除此之外，还可以改为“SW”（左下角，默认值）、“NE”（右上角）和“SE”（右下角）。

结合 vertical 参数可知，本例格子由左到右、由上到下填充（左上角→右下角）。

其他常用参数如表 16-1 所示。

表 16-1　其他常用可选参数说明

参数名	参数值	说明
rounding_rule	字符串，nearest/ceil/floor 任意 1 个。默认为 floor。ceil 为向上取整	由于修约，最后一个数据实际由剩余格子数决定。当剩余格子数大于该数据时，将正确填充，否则填充不全（本例）
block_aspect_ratio	数值。格子宽高比例	数值越大越宽
block_arranging_style	字符串。new-line/snake/normal 任意 1 个。默认为 normal	如使用 new-line，需设置 rows 参数和 vertical=False，或设置 columns 参数和 vertical=True
interval_ratio_x/ interval_ratio_y	数值。格子水平垂直方向间距，默认为 1	–

第 19 行代码使用 set_facecolor 方法设置画布前景色为浅灰色。

第 20 行代码在屏幕上显示华夫饼图，如图 16-6 所示。

图 16-6　华夫饼图

16.4　维恩图

维恩图（Venn diagram）又译为韦恩图或文氏图，通常用于表示多个集合间的关系。考虑到算法的时间复杂度及可读性等问题，Python 中的维恩图一般用于绘制 2~6 个数据集之间的关系。

16.4.1　使用 venn 模块绘制维恩图

以下示例代码根据图 16-7 所示的数据表使用 venn 模块绘制维恩图，用于查看纯维修点、纯销售点及兼而有之的店铺数量。该两列的“1/0”分别表示“是 / 否”。

	A	B	C
1	店铺ID	维修点	销售点
2	1	1	1
3	2	0	1
4	3	0	1
5	4	1	1
6	5	1	0
7	6	0	1
8	7	0	1
9	8	0	1
10	9	1	1
11	10	1	0
12	11	1	1
13	12	0	1
14	13	0	1
15	14	0	1
16	15	1	1
17	16	0	1
18	17	1	1
19	18	1	1
20	19	0	1
21	20	1	1

图 16-7　图表数据源

注意

在运行代码前，可能需要先用 pip install venn 命令安装该模块。

```
import pandas as pd
import matplotlib.pyplot as plt
import venn
import os
```

```
#005 folder_name = os.path.dirname(__file__)
#006 file_name = os.path.join(folder_name, 'venn.xlsx')
#007 plt.rcParams['font.sans-serif'] = ['simHei']
#008 df = pd.read_excel(file_name)
#009 data = {'维修点': set(df[df['维修点'] > 0]['店铺ID'].values),
#010          '销售点': set(df[df['销售点'] > 0]['店铺ID'].values)}
#011 venn.venn(data, fontsize = 20, legend_loc = "upper left",
#012             cmap = ['#00A13A', '#D72836'], alpha = 0.1,
#013             fmt = "{size}\n({percentage:.1f}%)")
#014 plt.show()
```

➢ 代码解析

第 1 行代码导入 pandas 模块，设置别名为 pd。

第 2 行代码导入 matplotlib 模块的 pyplot 包，设置别名为 plt，用于处理图表中的中文字符及展示图表。

第 3 行代码导入 venn 模块。

第 4 行代码导入 os 模块，用于获取文件路径。

第 5 行代码使用 os 模块的 path.dirname 函数获取 Python 文件所在目录。

第 6 行代码使用 os 模块的 path.join 函数连接目录名和文件名获取数据文件的全路径。

第 7 行代码通过 rcParams 参数设置图表字体为黑体。这是为了让 matplotlib 模块支持中文字体的显示。

第 8 行代码以 read_excel 方法将文件读取到内存中，赋值给 DataFrame 对象变量 df。

第 9~10 行代码定义数据集。venn 模块仅接受值（value）为集合的字典对象。

df[df[' 维修点 '] > 0] [' 店铺 ID'] 表示筛选出“维修点”列大于 0 的“店铺 ID”，即纯维修点。

value 属性用于获取该列的值，set 方法将获取的值（默认为数组）转为集合。

第 11~13 行代码传入数据，通过 venn 方法绘制维恩图，以下参数均为可选参数。

fontsize 参数用于设置字体大小（包括数据标签和图例）。

legend_loc 参数用于设置图例位置，不显示图例则改为 legend_loc=None。

cmap 参数用于设置两个集合的填充色，也可以改为 matplotlib 的 cmap 名称字符串。

alpha 参数用于设置透明度。该值范围为 0~1，0 为完全透明，1 为完全不透明。

fmt 参数用于设置数据标签格式。size 为元素个数，percentage 为各组的百分比。

第 14 行代码在屏幕上显示维恩图，如图 16-8 所示。

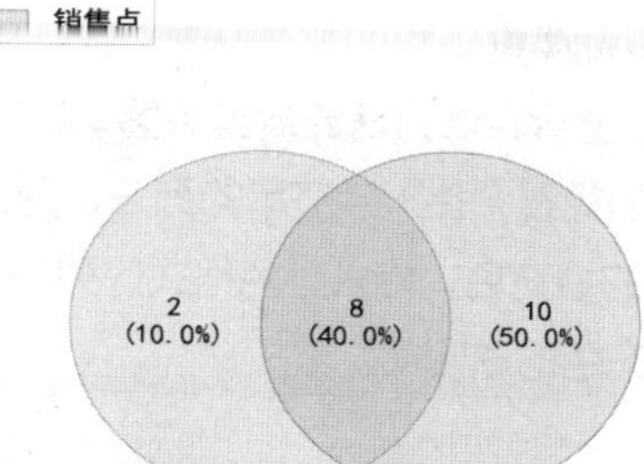

图 16-8 维恩图

16.4.2 使用 matplotlib_venn 模块绘制维恩图

以下示例代码根据图 16-7 所示的数据表，使用 matplotlib_venn 模块绘制维恩图。

注意

> 在运行代码之前，需要先用 pip install matplotlib_venn 安装该模块。

```
#001  import pandas as pd
#002  import matplotlib.pyplot as plt
#003  from matplotlib_venn import venn2
#004  import os
#005  folder_name = os.path.dirname(__file__)
#006  file_name = os.path.join(folder_name, 'venn.xlsx')
#007  plt.rcParams['font.sans-serif'] = ['simHei']
#008  df = pd.read_excel(file_name)
#009  data = [set(df[df['维修点'] > 0]['店铺ID'].values),
#010          set(df[df['销售点'] > 0]['店铺ID'].values)]
#011  venn2(data, set_labels = ('维修点', '销售点'),
#012         set_colors = ('#00A13A', '#D72836'), alpha = 0.3)
#013  plt.show()
```

➢ 代码解析

第 1 行代码导入 pandas 模块，设置别名为 pd。

第 2 行代码导入 matplotlib 模块的 pyplot 包，设置别名为 plt，用于处理图表中的中文字符及展示图表。

第 3 行代码从 matplotlib_venn 模块导入 venn2 包。

第 4 行代码导入 os 模块，用于获取文件路径。

第 5 行代码使用 os 模块的 path.dirname 函数获取 Python 文件所在目录。

第 6 行代码使用 os 模块的 path.join 函数连接目录名和文件名获取数据文件的全路径。

第 7 行代码通过 rcParams 参数设置图表字体为黑体。这是为了让 matplotlib 模块支持中文字体的显示。

第 8 行代码以 read_excel 方法将文件读取到内存中，赋值给 DataFrame 对象变量 df。

第 9~10 行代码定义数据集。matplotlib_venn 接受的数据格式有以下两类。

（1）以元组、列表或集合形式传入 2 个集合。本例传入的是销售点和维修点 2 个集合的列表。

（2）以元组、列表、集合或字典形式依次传入 A 集独有、B 集独有、AB 交集的元素个数。例如，A 集 ={1, 2, 3}，B 集 ={2, 4, 5}，则传入 (2, 2, 1) 或 {'10': 2, '01': 2, '11': 1}。字典的键必须是“10/01/11”，1 表示存在，即 10 为 A 集独有，以此类推。

第 11~12 行代码传入数据，通过 venn2 方法绘制维恩图。以下参数均为可选。

set_labels 用于设置两个集合的标签，传入字符串的列表、元组或集合。

set_colors 用于设置两个集合的填充色，传入颜色格式的列表、元组或集合。

alpha 用于设置两个集合的填充色的透明度。

深入了解

如需自定义数据标签格式，可使用以下代码分别设置：

```
#001 v = venn2(data, set_labels={'维修点', '销售点'},
#002             set_colors=['#00A13A', '#D72836'], alpha=0.3)
#003 v.get_label_by_id('10').set_fontsize(20)
#004 v.get_patch_by_id('11').set_alpha(0.3)
```

第 3 行代码设置数据标签格式大小为 20，第 4 行代码将交集部分设置 alpha 为 0.3，该方法也适用于数据标签。其他格式方法如表 16-2 及表 16-3 所示。

表 16-2 get_label_by_id 方法说明

示例	说明
set_color('red')	字体颜色，颜色格式
set_rotation(45)	旋转度数，整数
set_fontfamily('Microsoft YaHei')	字体名称，字符串

表 16-3 get_patch_by_id 方法说明

示例	说明
set_edgecolor('#66ff00')	边框线颜色，颜色格式
set_linewidth(2)	边框线宽度，整数
set_linestyle('--')	边框线风格 *

注 *：线条风格详见 matplotlib 模块官网 https://matplotlib.org/3.1.0/gallery/lines_bars_and_markers/linestyles.html。

第 13 行代码在屏幕上显示维恩图，如图 16-9 所示。

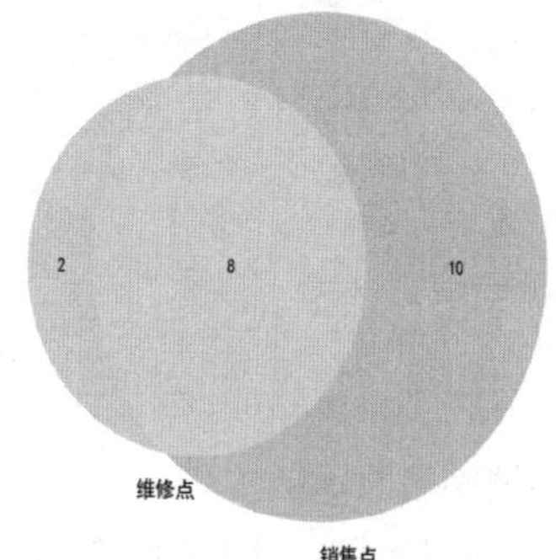

图 16-9 维恩图

matplotlib_venn 模块与 venn 模块在样式和设置上略有区别，如表 16-4 所示。

表 16-4 matplotlib_venn 和 venn 模块的区别

类别	matplotlib_venn	venn
维恩图面积	集合元素个数越多，面积越大	面积统一大小
格式设置	接口多，自由度较大	接口少，集成度较高
数据标签	显示为实际值	显示为百分比或实际值

16.5 带核密度分布图的散点图

jointplot 将散点图和分布图（直方图、核密度分布图等）加以组合，便于数据分析。

以下示例代码根据图 16-10 所示的数据表使用 seaborn 绘制带核密度分布图的散点图，用于按产品查看搜索量和购买数（销量）的关系，以及各产品的搜索量、购买量分布情况。

	A	B	C	D
1	产品类别	日期	搜索	购买
2	产品A	2016-05-06	19349	49
3	产品C	2016-05-06	13461	37
4	产品B	2016-05-06	501	1
5	产品A	2016-05-07	21008	64
6	产品C	2016-05-07	13664	42
7	产品B	2016-05-07	793	2
8	产品A	2016-05-10	23493	61
9	产品C	2016-05-10	16898	40
10	产品B	2016-05-10	220	1
11	产品C	2016-05-14	35442	23
12	产品A	2016-05-14	24153	40
13	产品B	2016-05-14	87	1
14	产品C	2016-05-17	37846	48
15	产品A	2016-05-17	24191	62
16	产品B	2016-05-17	640	1
17	产品C	2016-05-18	36870	47

图 16-10　图表数据源

注意

运行代码之前，需要先用 pip install seaborn 安装相关模块。

```
#001  import pandas as pd
#002  import matplotlib.pyplot as plt
#003  import seaborn as sns
#004  import os
#005  folder_name = os.path.dirname(__file__)
#006  file_name = os.path.join(folder_name, 'jointplot.xlsx')
#007  plt.rcParams['font.sans-serif'] = ['simHei']
#008  df = pd.read_excel(file_name)
#009  sns.jointplot(data = df, x = "搜索", y = "购买", hue = '产品类别')
#010  plt.show()
```

➢ 代码解析

第 1 行代码导入 pandas 模块，设置别名为 pd。

第 2 行代码导入 matplotlib 模块的 pyplot 包，设置别名为 plt，用于处理图表中的中文字符及展示图表。

第 3 行代码导入 seaborn 模块，设置别名为 sns。

第 4 行代码导入 os 模块，用于获取文件路径。

第 5 行代码使用 os 模块的 path.dirname 函数获取 Python 文件所在目录。

第 6 行代码使用 os 模块的 path.join 函数连接目录名和文件名获取数据文件的全路径。

第 7 行代码通过 rcParams 参数设置图表字体为黑体。这是为了让 matplotlib 模块支持中文字体的显示。

第 8 行代码通过 read_excel 方法读取数据到 DataFrame。

第 9 行代码通过 joinplot 方法绘制图表。

data：设置图表数据源。传入 DataFrame 或者数组、系列、键值对等数据类型。

x/y：设置 x/y 轴数据。传入列名字符串。

hue：设置映射数据系列颜色的数据列。传入列名字符串。

joinplot 中其他常用参数说明如表 16-5 所示。

表 16-5　joinplot 中其他常用参数说明

参数名	参数值类型	说明
kind	字符串，图表类型 scatter/kde/hist/hex/reg/resid 中任意一个。默认 scatter	多系列时可用 scatter/kde/hist 来绘制散点图 / 核密度分布图 / 直方图，单系列时可使用 reg 添加回归拟合线或使用 resid 绘制带线性回归残差（residuals）的散点图
color	字符串或元组 字符串：颜色名称或 16 进制编码 元组：三元组 RGB 或四元组 RGBA	指定数据系列颜色 示例：color='red'，color='#ff0000' color=(0.6,0.5,0.2)，color=(0.8,0.2,0.3,0.5)
height	数值。默认 6 英寸	指定画布高度
ratio	整数。默认 5	指定主图（散点图）数据轴高度与顶边图数据轴高度比例或主图数据轴宽度与右边图数据轴宽度比例
xlim/ylim	元组或列表，刻度范围上下限	示例：xlim=(1000,2000)
palette	字符串，列表，字典，matplotlib 的 colormap 对象，调色板名称	示例：palette='Set1'

16 章

第 10 行代码在屏幕上显示带核密度分布的散点图，如图 16-11 所示。

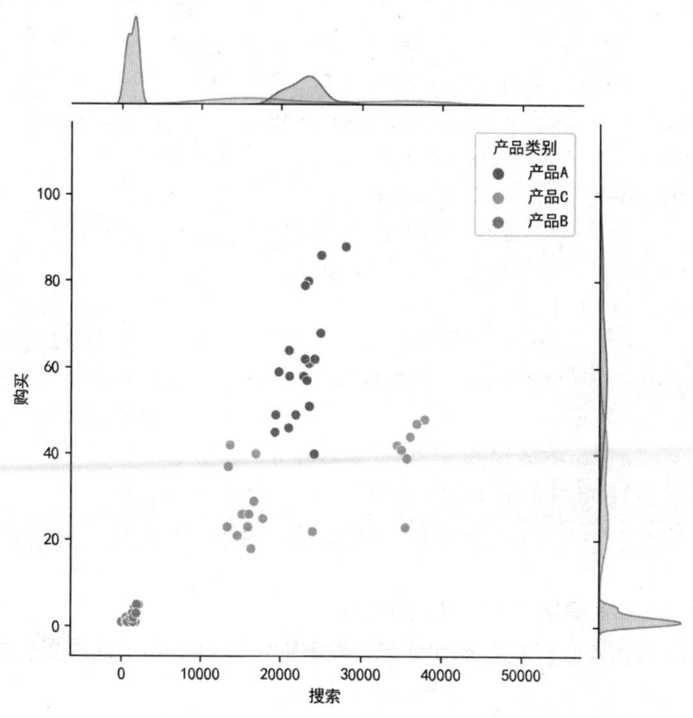

图 16-11　带核密度分布的散点图

16.6 绘制分面柱状图

对于维度较多的数据，使用 catplot 方法可以迅速降低维度，便于探索数据。分面图（facet plot）是一种将维度切分为行列的系列组图。例如，按性别和学历进行分面，那么图表数 = 性别数 × 学历类别数。

以下示例代码根据图 16-12 所示的数据表，使用 seaborn 的 catplot 方法绘制分面柱状图，用于查看近两年新客数和流失量的对比情况。

	A	B	C	D	E	F
1	日期	年份	月份	区域	类别	数量
2	2021年09月	2021年	09月	北区	流失量	19
3	2021年10月	2021年	10月	北区	流失量	106
4	2021年11月	2021年	11月	北区	流失量	4
5	2021年12月	2021年	12月	北区	流失量	11
6	2022年09月	2022年	09月	北区	流失量	17
7	2022年10月	2022年	10月	北区	流失量	95
8	2022年11月	2022年	11月	北区	流失量	10
9	2022年12月	2022年	12月	北区	流失量	9
10	2021年09月	2021年	09月	东区	流失量	91
11	2021年10月	2021年	10月	东区	流失量	221
12	2021年11月	2021年	11月	东区	流失量	32
13	2021年12月	2021年	12月	东区	流失量	13
14	2022年09月	2022年	09月	东区	流失量	100
15	2022年10月	2022年	10月	东区	流失量	351
16	2022年11月	2022年	11月	东区	流失量	35
17	2022年12月	2022年	12月	东区	流失量	15
18	2021年09月	2021年	09月	南区	流失量	90
19	2021年10月	2021年	10月	南区	流失量	288
20	2021年11月	2021年	11月	南区	流失量	109
21	2021年12月	2021年	12月	南区	流失量	69
22	2022年09月	2022年	09月	南区	流失量	99

图 16-12　图表数据源

```
#001  import pandas as pd
#002  import matplotlib.pyplot as plt
#003  import seaborn as sns
#004  import os
#005  folder_name = os.path.dirname(__file__)
#006  file_name = os.path.join(folder_name, 'catplot.xlsx')
#007  plt.rcParams['font.sans-serif'] = ['simHei']
#008  df = pd.read_excel(file_name)
#009  order_list = ['东区', '南区', '西区', '北区', '中区']
#010  row_order = ['新客数', '流失量']
#011  g = sns.catplot(
#012      data = df, x = '区域', y = '数量', kind = 'bar', col = '月份',
#013      hue = '年份', row = '类别', height = 3, sharey = 'row',
#014      order = order_list, row_order = row_order)
#015  g.set_axis_labels('', '')
#016  g.set_titles('{col_name}各区{row_name}对比')
#017  plt.show()
```

➢ 代码解析

第 1 行代码导入 pandas 模块，设置别名为 pd。

第 2 行代码导入 matplotlib 模块的 pyplot 包，设置别名为 plt，用于处理图表中的中文字符及展示图表。

第 3 行代码导入 seaborn 模块，设置别名为 sns。

第 4 行代码导入 os 模块，用于获取文件路径。

第 5 行代码使用 os 模块的 path.dirname 函数获取 Python 文件所在目录。

第 6 行代码使用 os 模块的 path.join 函数连接目录名和文件名获取数据文件的全路径。

第 7 行代码通过 rcParams 参数设置图表字体为黑体。这是为了让 matplotlib 模块支持中文字体的显示。

第 8 行代码通过 read_excel 方法读取数据到 DataFrame。

第 9 行代码定义 x 轴分类标签排序，用于后续自定义排序。分类标签默认按开头字母排序。

第 10 行代码定义分面排序顺序，将“新客数”图表放在顶部。

第 11~14 行代码提供 catplot 方法绘制图表。catplot 常用参数说明如表 16-6 所示。

表 16-6　catplot 常用参数说明

参数名	参数说明	参数值	备注
data	图表数据源	必选，DataFrame 或者数组、系列、键值对等	–
x/y	x/y 轴数据	必选，列名字符串	–
kind	图表类型	必选，字符串	参数值如表 16-7 所示
hue	数据系列颜色	可选，列名字符串	–
row/col	分面行 / 列	可选，列名字符串。按行列创建子图	–
height	分面高度	可选，数值	–
sharex/sharey	是否共享 x/y 轴刻度标签	可选，True/False 或“row”（对 sharey 有效）、“col”（对 sharex 有效） 默认值为 True	True 表示所有子图用统一刻度标签 False 表示所有子图自适应刻度标签 row/col 表示按行 / 列用统一刻度标签
order	分类标签排序	可选，字符串列表	–
row_order/col_order	分面行 / 列排序	可选，字符串列表	–

表 16-7　kind 参数值说明

图表类型	kind 参数	说明
分布散点图	strip	又称“点图”，用于统计频数，一个点代表一个数据
分簇散点图	swarm	与分布散点图类似，图表为树状
箱线图	box	–
小提琴图	violin	与箱线图类似，提琴轮廓为核密度分布估计
增强箱线图	boxen	显示更多箱体的箱线图
散点图	point	x、y 为数值类型时适用
柱状图或条形图	bar	柱状图（x 作为类别变量）或条形图（y 为类别变量）
计数图	count	按某个类别统计频数，以柱状图或条形图形式呈现

第 15 行代码使用 set_axis_labels 方法删除默认的 x/y 轴标题文字，避免元素过多影响美观。该方法的两个参数分别对应 x/y 轴标题文字，传入值将转为文本格式显示。

第 16 行代码使用 set_titles 方法为每个子图添加自定义标题。

{row_name}/{col_name} 分别为分面行 / 列名，对应 catplot 中 row/col 参数的各个值。

第 17 行代码在屏幕上显示绘制的分面柱状图，如图 16-13 所示。

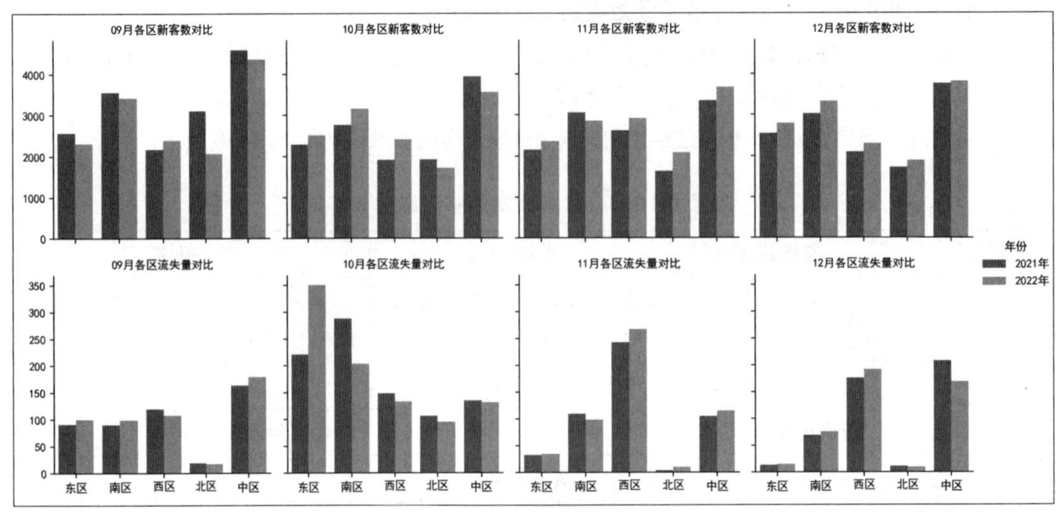

图 16-13　分面柱状图

16.7　漏斗图

在电商行业中，漏斗图通常用于分析转化率，根据流失比例针对性地优化页面或成交路径。

以下示例代码根据图 16-14 所示的数据表，使用 pyecharts 绘制漏斗图并添加数据标签。

	A	B
1	路径	实际
2	注册	86
3	登录	60
4	购物车	40
5	付款	30
6	成交	10

图 16-14　图表数据源

注意

运行代码之前，可能需要先用 pip install pyecharts 安装相关模块。

此外，pyecharts 默认调用远程 Echarts 库来创建图表。运行代码时应确保网络畅通，初次渲染图表可能存在网络延时。

```
import pandas as pd
import os
from pyecharts.charts import Funnel
from pyecharts import options as opts
folder_name = os.path.dirname(__file__)
```

```
#006  file_name = os.path.join(folder_name, 'funnel.xlsx')
#007  html_file = os.path.join(folder_name, 'funnel.html')
#008  df = pd.read_excel(file_name)
#009  data = df.values.tolist()
#010  label = {'formatter': '{b}人数:{c}'}
#011  title = opts.TitleOpts(title = "漏斗图", pos_left = 400, pos_top = 30)
#012  legend = opts.LegendOpts(is_show = False)
#013  funnel = Funnel().add(
#014          series_name = '', data_pair = data, label_opts = label)
#015  funnel.set_global_opts(title_opts = title, legend_opts = legend)
#016  funnel.render(html_file)
```

➢ 代码解析

第 1 行代码导入 pandas 模块，设置别名为 pd。

第 2 行代码导入 os 模块，用于获取文件路径。

第 3 行代码从 pyecharts 模块的 charts 包中导入 Funnel 类（漏斗图）。

第 4 行代码导入 pyecharts 模块的 options 包（选项配置），设置别名为 opts。

第 5 行代码使用 os 模块的 path.dirname 函数获取 Python 文件所在目录。

第 6 行代码使用 os 模块的 path.join 函数连接目录名和文件名获取数据文件的全路径。

第 7 行代码以同样的方式获取输出文件的全路径。

pyecharts 是基于百度开源项目 Echarts 开发的 Python 模块。而 Echats 最初是作为 web 数据可视化而立项的，故 pyecharts 也是通过渲染 HTML 页面生成图表。

第 8 行代码以 read_excel 方法将文件读取到内存中，赋值给 DataFrame 对象变量 df。

第 9 行代码将 df 变量转为列表，赋值给变量 data。

第 10 行代码定义标签格式化字符串，赋值给变量 label。

'{a}{b}{c}{d}' 为字符串模板，a 为系列名称，b 为数据项名称，c 为原始数值，d 为数值的百分比（仅限饼图、仪表盘、漏斗图）。此外，标签格式器（formatter）还接受回调函数。

第 11 行代码通过 TitleOpts 类定义图表标题，赋值给变量 title。

title 用于设置标题文字。

pos_left 为 400 表示设置标题水平方向距离图表左边距 400 像素。除数值外，pos_left 还接受百分比或位置名称。例如，'20%' 或 'center'。

pos_top 表示的是上边距，参数类型也一样。

第 12 行代码通过 LegendOpts 类定义图表图例，赋值给变量 legend。is_show 为 False 表示隐藏图例元素。

第 13~14 行代码使用 add 方法绘制漏斗图。

深入了解

也可以下载 Echarts 库（https://assets.pyecharts.org/assets/echarts.min.js）后，设置初始化选项的 js 文件为本地路径，以避免网络延时。Funnel( ) 改写为以下代码：

```
Funnel(init_opts=opts.InitOpts(
        page_title="网页标题", js_host=folder_name))
```

js_host 为 folder_name 表示 echarts.min.js 文件、Python 文件在同一文件夹内。

漏斗图的 add 方法常用参数说明如表 16-8 所示。

表 16-8　add 方法常用参数说明

示例	含义	参数类型	说明
series_name=''	系列名称	必选，字符串	用于鼠标悬停在图表上时提示工具（tootip）的显示，legend 的图例筛选
data_pair=data	系列数据项	必选，仅接受元组形式的键值对列表，即 [(key1, value1), (key2, value2)]	数据源
label_opts=label	标签配置项	可选，options.LabelOpts() 类或字典	label 变量可改为 opts.LabelOpts (formatter = '{b} 人数 :{c}')

第 15 行代码使用 set_global_opts 方法设置全局选项。title_opts 参数用于添加图表标题，legend_opts 参数用于隐藏图例。传入参数为 TitleOpts 类和 LegendOpts。

第 16 行代码使用 render 方法渲染漏斗图并保存到 funnel.html 文件中，使用浏览器打开该文件后，漏斗图显示效果如图 16-15 所示。

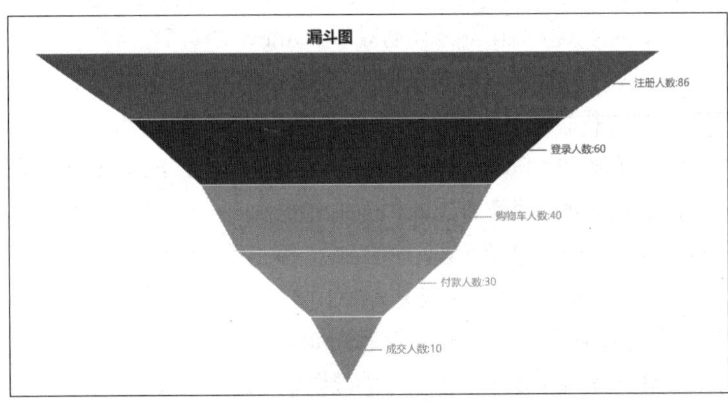

图 16-15　漏斗图

右击图表，在弹出的菜单中选择【图片另存为】即可保存图表为图片文件。

深入了解

除了手动保存外，也可以通过 snapshot_selenium 模块来保存图表。

原理是使用无头浏览器（无菜单界面的浏览器）渲染后，生成图片快照再保存为图片。因此，如加载远程 Echarts 库，同样可能存在网络延时的情况。具体操作如下。

首先，根据 Chrome 浏览器来下载对应版本的 chromedriver（https://registry.npmmirror.com/binary.html?path=chromedriver/），并保存在 Python 的安装目录下（如 D:\anaconda3）。

其次，使用 pip install snapshot_selenium 安装 snapshot_selenium 模块。

添加以下代码后运行，即可生成 png 图片文件（可改为 PDF 格式，但不支持 JPG 格式）：

```
#001  from pyecharts.render import make_snapshot
#002  from snapshot_selenium import snapshot
#003  pic_file = os.path.join(folder_name, 'funnel.png')
#004  make_snapshot(snapshot, funnel.render(), pic_file)
```

对于其他浏览器（如 Edge 浏览器），应下载对应的 driver 并进行配置。

16.8　仪表盘图

仪表盘图以直观简明、极具视觉冲击力的风格，迅速将整体数据传达给受众，常常用于 KPI（Key Performance Indicator，关键绩效指标）的数据可视化。

以下示例代码根据图 16-16 所示的数据表，使用 pyecharts 绘制仪表盘图，用于展示各店营收目标完成率情况。

	A	B
1	店名	完成率
2	店1	92.90%
3	店2	61.88%
4	店3	22.51%

图 16-16　图表数据源

```
#001  import pandas as pd
#002  import os
#003  from pyecharts.charts import Gauge
#004  from pyecharts import options as opts
#005  folder_name = os.path.dirname(__file__)
#006  file_name = os.path.join(folder_name, 'guage.xlsx')
#007  html_file = os.path.join(folder_name, 'guage.html')
#008  df_guage = pd.read_excel(file_name, sheet_name = 0)
#009  df_guage['完成率'] = df_guage['完成率'] * 100
#010  labels = ['{:.2f}%'.format(k) for k in df_guage['完成率']]
#011  df_grade = pd.read_excel(file_name, sheet_name = 1)
#012  color = df_grade.values.tolist()
#013  text_offset = [('-40%', '80%'), ('0%', '80%'), ('40%', '80%')]
#014  label_offset = [('-40%', '95%'), ('0%', '95%'), ('40%', '95%')]
#015  title = opts.TitleOpts(pos_left = 'center', title = '各店营收目标完成率')
#016  guage = Gauge()
#017  for k, v in df_guage.iterrows():
#018      line = opts.LineStyleOpts(color = color, width = 30)
#019      text = opts.GaugeTitleOpts(offset_center = text_offset[k])
#020      label = opts.GaugeDetailOpts(
#021          offset_center = label_offset[k], formatter = labels[k])
#022      guage = guage.add(
#023          series_name = '', data_pair = [v],
#024          axisline_opts = opts.AxisLineOpts(
#025              linestyle_opts = line),
#026          title_label_opts = text, detail_label_opts = label)
#027  guage = guage.set_global_opts(title_opts = title)
#028  guage.render(html_file)
```

➢ 代码解析

第 1 行代码导入 pandas 模块，设置别名为 pd。

第 2 行代码导入 os 模块，用于获取文件路径。

第 3 行代码从 pyecharts 模块的 charts 包中导入 Gauge 类（仪表盘图）。

第 4 行代码导入 pyecharts 模块的 options 包（选项配置），设置别名为 opts。

第 5 行代码使用 os 模块的 path.dirname 函数获取 Python 文件所在目录。

第 6 行代码使用 os 模块的 path.join 函数连接目录名和文件名获取数据文件的全路径。

第 7 行代码以同样的方式获取输出文件的全路径。

第 8 行代码以 read_excel 方法将文件读取到内存中，赋值给 DataFrame 对象变量 df_guage。

第 9 行代码将“完成率”列放大为原数据的 100 倍。

仪表盘默认最大值为 100，缩放数据后便于图表展示。

第 10 行代码使用列表推导式格式化数据标签。

第 11 行代码以 read_excel 方法将仪表盘刻度设置读取到内存中，赋值为 df_grade。

此处设置 60 为红色（#F22500），表示完成率 60% 为警戒线。读者可根据实际设置分段。

第 12 行代码将变量 df_grade 转为元组形式的键值对列表，赋值为变量 color。

第 13~14 行代码定义图例标签和数据标签的偏移位置，避免重叠。text_offset 为图例标签（如“店 1”）的位置；label_offset 为数据标签（如“92.90%”）的位置。

参照坐标为仪表盘中心（即指针顶部）。列表中的每个元素对应参照坐标的一个偏移位置。负值表示偏移位置位于左 / 上方，反之为右 / 下方。

例如，('–40%', '80%') 表示数据标题“店 1”偏移位置处于指针顶部左侧 40%、下方 80%。

第 15 行代码通过 TitleOpts 类定义图表标题，赋值给变量 title。

第 16 行代码定义一个 Gauge 类的实例（仪表盘图对象）。

第 17~26 行代码定义循环代码块，绘制仪表盘图。

df.iterrows( ) 表示将 DataFrame 按索引进行迭代，返回的列表格式为 [索引，行数据]。其中行数据为列表格式，可通过索引获取指定列位置的值。

第 18 行代码传入 color 和 width 参数，使用 LineStyleOpts 类定义刻度线样式。

第 19 行代码传入 offset_center 参数，使用 GaugeTitleOpts 类定义图例文字位置。

第 20~21 行代码传入 offset_center、formatter 参数，使用 GaugeDetailOpts 类定义数据标签位置。

第 22~26 行代码通过 add 方法绘制仪表盘图。add 方法常用参数说明如表 16-9 所示。

表 16-9　add 方法常用参数说明

示例	含义	参数类型	说明
series_name=''	系列名称	必选，字符串	用于鼠标悬停在图表上时，提示工具（tootip）的显示
data_pair=[v]	系列数据项	必选，仅接受元组形式的键值对列表，即 [(key1, value1), (key2, value2)]	数据源
axisline_opts=opts.AxisLineOpts(linestyle_opts=line)	坐标轴轴线配置项	可选，AxisLineOpts() 类	–
title_label_opts=text	轮盘内标题文本项标签配置项	可选，GaugeTitleOpts() 类	–
detail_label_opts=label	轮盘内数据项标签配置项	可选，GaugeDetailOpts() 类	–

如需展示真实值，可在原数据不缩放的前提下，通过“max_”参数设置最大刻度即可实现。例如，“max_=1000”。

提示

legend_opts 参数不适用于仪表盘图，无法通过该参数显示图例。

第 27 行代码通过 set_global_opts 方法设置图表标题水平居中。

深入了解

更多 add 参数请参阅官方文档（https://pyecharts.org/#/zh-cn/basic_charts），不同图表的 add 方法略有差异；对于直角坐标系图表（柱状图、折线图等），则改为 add_xaxis 和 add_yaxis 方法，分别用于添加 x、y 轴数据。

set_global_opts 方法请参阅 https://pyecharts.org/#/zh-cn/global_options 相关介绍。

第 28 行代码使用 render 方法渲染仪表盘图到 guage.html 文件中，打开该文件后，仪表盘图显示效果如图 16-17 所示。

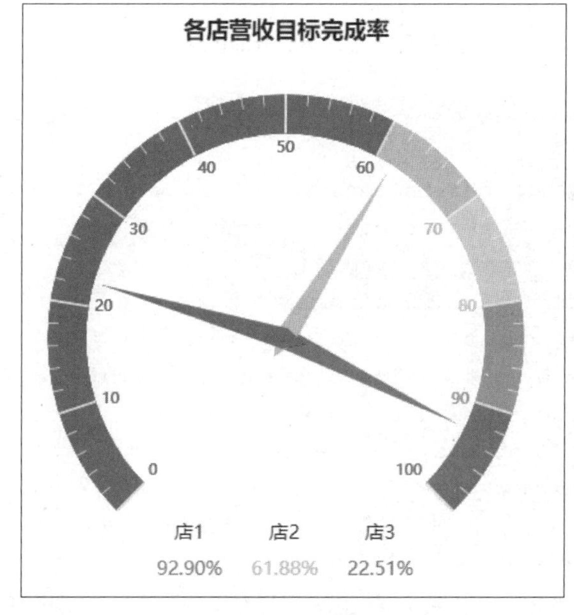

图 16-17　仪表盘图

16.9　词云图

词云图是一种通过关键字词频统计分析的图表，能让用户从繁杂的文本中掌握重要信息。

以下示例代码根据图 16-18 所示的数据表通过 jieba 模块提取关键词，并使用 pyecharts 绘制词云图，通过评价信息，挖掘用户所关注产品的优缺点。

	A	B
1	ID	comment
2	1	看到新出的这个手机果断地下单购买了，就是冲着骁龙888的平台去的，今天手机拿到手玩了一天了，手机运转流畅，屏幕清晰度高，拍摄的效果更不用说了，太清晰了，自带美颜效果，拍出来的图片很漂亮，玩游戏的话，相当流畅，总的来说，这款手机很不错，.值得购买
3	2	老用户了，第一代就在用这个系列。颜值一直是手机界的天花板，买的雅白色，很漂亮，握持的手感也很好。这次自研芯片，下午到手我迫不及待地试了下拍照功能，确实很nice，不管是白天还是晚上拍出来的照片都能很好地还原细节，夜间拍摄也没有噪点。骁龙888市面上所有的游戏都可以带动，无压力。充电80瓦，快充半个多小时就可以充满4800毫安的电池，再也不需要边充边玩了，一顿饭的工夫就充满了，重度使用一天应该没什么问题
4	3	预付定金后，经历漫长的等待，今天中午手机终于到手了。拿到新手机，开箱心情特好。第一次买这个品牌的手机，感觉质感不错。pro买不起，买了这个。感觉手机系统很流畅，系统用着有点像苹果手机的感觉。屏幕没有pro的好，但是也还很清晰。看中它的拍照。手感很好。充电半小时从38到100，挺快的
5	4	这款手机我第一眼就看上了，很高的辨识度加上不错的手感，参数什么的不重要，我就喜欢这个外形，这个系统没得说，屏幕素质不是一般的好，比我的苹果13还好，音质也不错，总之就是很让人省心。第一次买这个品牌,非常非常满意
6	5	也是这个品牌的老用户了，2017年开始，用了很多手机，感觉手感好，这个机型手感更是上乘，非常喜欢，流畅度也很好，还会继续光顾的
7	6	哇，手机到手啦，京东快递真的超给力，上午就送到啦，开箱也是好开心呢，好喜欢这个紫色，可以反射出不同的颜色，有时候觉得有点蓝色，反正就是好好看. 很唯美，有种糖果系的感觉。拿在手里特别有质感，画质也很清晰，充电也超快，非常适合我这种不用到0不会去充电的人，充电也不用再等很久，像素也可以，拍照清晰，色彩很好，录取指纹功能也很好，我大拇指蜕皮了抱着试一试的心态去录入，没想到也录进去了，开锁也比较快。希望在使用的过程中有更多的惊喜
8	7	外观很漂亮，内存也很大，方便快捷，老少皆宜，处理速度杠杠的，为国产机点赞，推出的功能越来越强大了，完美

图 16-18　图表数据源

注意

运行代码之前，可能需要先使用 pip install jieba 安装 jieba 模块。

```
#001  import pandas as pd
#002  import os
#003  from pyecharts.charts import WordCloud
#004  from pyecharts import options as opts
#005  from jieba import analyse
#006  folder_name = os.path.dirname(__file__)
#007  file_name = os.path.join(folder_name, 'word_cloud.xlsx')
#008  html_file = os.path.join(folder_name, 'word_cloud.html')
#009  df = pd.read_excel(file_name)
#010  comment = ''.join(df['comment'].values.tolist())
#011  tags = analyse.extract_tags(
#012      comment, topK = 20, withWeight = True, allowPOS = ('n', 'v'))
#013  word_cloud = WordCloud().add(
#014      "", tags, word_size_range = [20, 100], shape = 'star',
#015      emphasis_shadow_blur = 3, emphasis_shadow_color = 'green')
#016  word_cloud.render(html_file)
```

➢ 代码解析

第 1 行代码导入 pandas 模块，设置别名为 pd。

第 2 行代码导入 os 模块，用于获取文件路径。

第 3 行代码从 pyecharts 模块的 charts 包中导入 WordCloud 类（词云图）。

第 4 行代码导入 pyecharts 模块的 options 包（选项配置），设置别名为 opts。

第 5 行代码从 jieba 模块导入 analyse（分析）包。jieba（结巴）为中文分词模块。

第 6 行代码使用 os 模块的 path.dirname 函数获取 Python 文件所在目录。

第 7 行代码使用 os 模块的 path.join 函数连接目录名和文件名获取数据文件的全路径。

第 8 行代码以同样的方式获取输出文件的全路径。

第 9 行代码以 read_excel 方法将文件读取到内存中，赋值给 DataFrame 对象变量 df。

第 10 行代码使用 join 方法将 DataFrame 的 comment 列转为文本字符串。

第 11~12 行代码提取关键词及权重。

第 1 个参数为传入的文本。

topK 参数表示提取前几个关键词，默认为 20。

withWeight 参数表示是否显示权重，默认为 False（不显示）。

allowPOS 参数表示是否选择词性，传入字符串（或字符串列表 / 元组）。本例选取了名词（n）和动词（v），这是因为评价中的“拍照”“充电”等词常被视为动词。

常见词性参数说明如表 16-10 所示。

表 16-10 常见词性参数说明

参数值	词性	说明
a	形容词	取英语形容词 adjective 的第 1 个字母
ad	副形词	直接做状语的形容词。形容词代码 a 和副词代码 d 并在一起
an	名形词	具有名词功能的形容词。形容词代码 a 和名词代码 n 并在一起
d	副词	取 adverb 的第 2 个字母，因其第 1 个字母已用于形容词
n	名词	取英语名词 noun 的第 1 个字母
v	动词	取英语动词 verb 的第 1 个字母
vd	副动词	直接做状语的动词。动词和副词的代码并在一起
vn	名动词	指具有名词功能的动词。动词和名词的代码并在一起
w	标点符号	全部标点符号（含半角和全角）

深入了解

除了提取关键词外，还可以使用 cut 方法进行分词。示例代码如下：

```
#001  import jieba
#002  seg_list = jieba.cut("我来到清华大学")
#003  print('/'.join(seg_list))
```

seg_list 是一个生成器，使用 join 方法后转为字符串，在屏幕上的显示结果：“我 / 来到 / 清华大学”。

第 13~15 行代码通过 add 方法绘制词云图。add 方法常用参数说明如表 16-11 所示。

表 16-11 add 方法常用参数说明

示例	含义	参数类型	说明
series_name=''	系列名称	必选，字符串	用于鼠标悬停在图表上时提示工具（tootip）的显示
data_pair=tags	系列数据项	必选，仅接受元组形式的键值对列表，即 [(word1, count1), (word2, count2)]	数据源

续表

示例	含义	参数类型	说明
word_size_range=[20, 100]	词云图字号大小范围	可选，列表	–
shape='star'	词云图形状	可选，字符串 circle/cardioid/diamond/triangle forward/riangle/pentagon/star 中的任意一个	–
emphasis_shadow_blur=3	词云图文字阴影的范围	可选，数值	鼠标悬停在词云图上的文字时显示
emphasis_shadow_color='green'	词云图文字阴影的颜色	可选，字符串。颜色名称或 16 进制颜色编码	鼠标悬停在词云图上的文字时显示

第 16 行代码使用 render 方法渲染词云图到 word_cloud.html 文件中，打开该文件后，词云图显示效果如图 16-19 所示。

图 16-19　词云图

16.10　桑基图

桑基图常用于流量或品类拆解场景，以揭示流量去向或品类贡献率等情况。

以下示例代码根据图 16-20、图 16-21 所示的数据表，使用 pyecharts 绘制桑基图，用于分析新老用户对各品类的贡献情况。

	A	B	C
1	source	target	value
2	老用户	上衣	172352.55
3	老用户	鞋子	140419.75
4	老用户	内衣	135979.63
5	老用户	裙子	110672.03
6	老用户	裤子	104478.36
7	老用户	配饰	102828.3
8	新用户	上衣	29507.42
9	新用户	鞋子	28509.85
10	新用户	裙子	27475.09
11	新用户	内衣	19456.96
12	新用户	裤子	18989.96
13	新用户	配饰	17343.1

图 16-20　链接数据源

	A	B
1	name	value
2	新用户	15.56
3	老用户	84.44
4	上衣	22.23
5	内衣	17.12
6	裙子	15.21
7	裤子	13.6
8	配饰	13.23
9	鞋子	18.6

图 16-21　节点数据源

```
#001 import pandas as pd
#002 import os
#003 from pyecharts.charts import Sankey
#004 from pyecharts import options as opts
#005 from pyecharts.commons.utils import JsCode
#006 folder_name = os.path.dirname(__file__)
#007 file_name = os.path.join(folder_name, 'sankey.xlsx')
#008 html_file = os.path.join(folder_name, 'sankey.html')
#009 df_nodes = pd.read_excel(file_name, sheet_name = 1)
#010 df_links = pd.read_excel(file_name, sheet_name = 0)
#011 nodes = df_nodes.to_dict('records')
#012 links = df_links.to_dict('records')
#013 fomatter = JsCode(
#014         '''function(params){
#015                 return params.name + ': ' +
#016                 String(params.value) + '%';}''')
#017 line = opts.LineStyleOpts(
#018         opacity = 0.2, curve = 0.7, color = "source")
#019 label = opts.LabelOpts(position = 'right', formatter = fomatter)
#020 sankey = Sankey().add(
#021         series_name = '', nodes = nodes, links = links,
#022         linestyle_opt = line, label_opts = label)
#023 sankey.render(html_file)
```


➢ 代码解析

第 1 行代码导入 pandas 模块，设置别名为 pd。

第 2 行代码导入 os 模块，用于获取文件路径。

第 3 行代码从 pyecharts 模块的 charts 包中导入 Sankey 类（桑基图）。

第 4 行代码导入 pyecharts 模块的 options 包（选项配置），设置别名为 opts。

第 5 行代码从 pyecharts 模块的 commons.utils 包中导入 JsCode 类。

第 6 行代码使用 os 模块的 path.dirname 函数获取 Python 文件所在目录。

第 7 行代码使用 os 模块的 path.join 函数连接目录名和文件名获取数据文件的全路径。

第 8 行代码以同样的方式获取输出文件的全路径。

第 9~10 行代码以 read_excel 方法将文件读取到内存中，分别赋值给 df_nodes 和 df_links。

注意

> 两个工作表的列名均为桑基图所要求的固定名称，不可改动。

第 11~12 行代码将 df_nodes 和 df_links 转为字典对象，分别赋值给节点数据变量 nodes 和链接数据变量 links，作为桑基图的数据源。

> df 不可转为列表（例如：df_nodes.values.to_list()），否则无法显示图表。

第 13~16 行代码使用 JsCode 类定义 JavaScript 回调函数。

params 为 nodes 的形式参数，name、value 属性对应 nodes 的两列。String 为 Javascript 内置函

数，将数值转为文本，加号用于连接字符串，即返回格式为“类目：占比”。

第 17~18 行代码定义桑基图线条样式，用于图表美化。

opacity=0.2 表示线条透明度为 20%，默认为不透明。

curve=0.7 表示线条弯曲度为 0.3，默认为 0，即不弯曲。

color="source" 表示线条颜色跟随父节点 source，也可以改为“target”以跟随子节点。不支持自定义颜色数组。

第 19 行代码传入 position 参数值和回调函数 formatter，设置标签选项。

第 20~22 行代码通过 add 方法绘制桑基图。add 方法常用参数说明如表 16-12 所示。

表 16-12　add 方法常用参数说明

示例	含义	参数类型	说明
series_name=''	系列名称	必选，字符串	用于鼠标悬停在图表上时，提示工具（tootip）的显示
nodes=nodes	节点数据	必选，以字典形式构建的列表。格式有两种： 1. [{'name': name1}] 2. [{'name': name1, ' value' : value1}]	格式 1 的数据标签仅显示节点名称 格式 2 可通过回调函数显示节点名称和值
links=links	链接数据	必选，以字典形式构建的列表。格式为 [{'source': node_name1, target': child_node_name1, 'value': value1}]	–
linestyle_opt=line	线条样式配置项	可选，options. LineStyleOpts() 类	–
label_opts=label	标签配置项	options.LabelOpts() 类或字典	–

第 23 行代码使用 render 方法渲染桑基图到 sankey.html 文件中，打开该文件后，桑基图显示效果如图 16-22 所示。

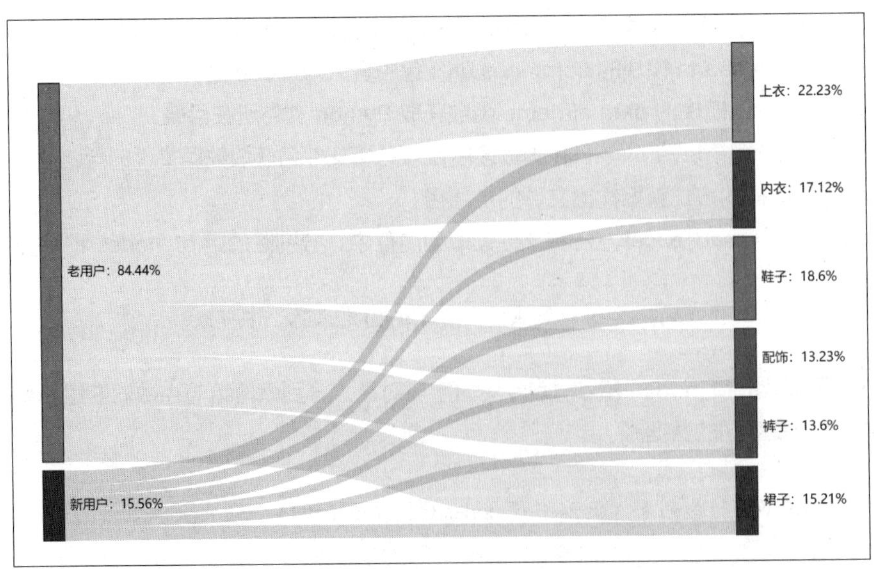

图 16-22　桑基图

16.11　日历热图

日历热图是一种将一维数据转为二维数据，更利于探索季节性因素的图表。

以下示例代码根据图 16-23 所示的数据表使用 pyecharts 绘制日历热图，用于展示某商品在一年内的销售情况，以探索是否存在月份、星期的周期性规律。

	A	B
1	日期	销量
2	2021-01-01	26486
3	2021-01-02	29102
4	2021-01-03	31666
5	2021-01-04	25233
6	2021-01-05	23163
7	2021-01-06	22346
8	2021-01-07	20990
9	2021-01-08	19420
10	2021-01-09	23798
11	2021-01-10	27469
12	2021-01-11	22016
13	2021-01-12	21105
14	2021-01-13	19963
15	2021-01-14	19125
16	2021-01-15	18716

图 16-23　图表数据源

```
import pandas as pd
import os
from pyecharts.charts import Calendar
from pyecharts import options as opts
folder_name = os.path.dirname(__file__)
file_name = os.path.join(folder_name, 'calendar.xlsx')
html_file = os.path.join(folder_name, 'calendar.html')
df_data = pd.read_excel(file_name, sheet_name = 0)
df_pieces = pd.read_excel(file_name, sheet_name = 1)
data = df_data.values.tolist()
pieces = df_pieces.to_dict('records')
size = opts.InitOpts(width = "1600px", height = "400px")
day_label = opts.CalendarDayLabelOpts(
    name_map = "cn", first_day = 1)
month_label = opts.CalendarMonthLabelOpts(name_map = "cn")
year_label = opts.CalendarYearLabelOpts(is_show = False)
title = opts.TitleOpts(pos_left = "center", title = "2021年销量情况")
calendar = Calendar(init_opts = size).add(
    series_name = '', yaxis_data = data,
    calendar_opts = opts.CalendarOpts(
        range_ = 2021, daylabel_opts = day_label,
        monthlabel_opts = month_label,
        yearlabel_opts = year_label))
calendar.set_global_opts(
    title_opts = title,
    visualmap_opts = opts.VisualMapOpts(
        orient = "horizontal", is_piecewise = True,
```

```
#028            pieces = pieces, pos_left = 'center', pos_top = '55%'))
#029    calendar.render(html_file)
```

➢ 代码解析

第 1 行代码导入 pandas 模块，设置别名为 pd。

第 2 行代码导入 os 模块，用于获取文件路径。

第 3 行代码从 pyecharts 模块的 charts 包中导入 Calendar 类（日历热图）。

第 4 行代码导入 pyecharts 模块的 options 包（选项配置），设置别名为 opts。

第 5 行代码使用 os 模块的 path.dirname 函数获取 Python 文件所在目录。

第 6 行代码使用 os 模块的 path.join 函数连接目录名和文件名获取数据文件的全路径。

第 7 行代码以同样的方式获取输出文件的全路径。

第 8~9 行代码以 read_excel 方法将文件读取到内存中，分别赋值给 df_data 和 df_pieces。

注意

> df_pieces 用于数据分箱，以映射图例。列名不可改动。

第 10 行代码将 df_data 转为列表变量 data，作为日历热图的数据源。

第 11 行代码将 df_pieces 转为字典。

第 12 行代码定义初始化选项变量 size，用于初始化日历热图的图表尺寸。

第 13~14 行代码定义星期标签选项变量 day_label，用于设置日历热图“星期”维度。

name_map 为“cn”表示显示中文星期。

first_day 为 1 表示以星期一作为每周的第 1 天。默认以星期日作为每周的第 1 天。

第 15~16 行代码以类似方式定义月标签选项变量 month_label 及年标签选项变量 year_label。其中 year_label 用于后续隐藏年标签（默认值为显示）。

第 17 行代码定义标题为“2021 年销量情况”，并设置居中，赋值给变量 title。

第 18~23 行代码通过 add 方法绘制日历热图。

init_opts 参数用于初始化日历热图尺寸。add 方法常见参数说明如表 16-13 所示。

表 16-13　add 方法常见参数说明

示例	含义	参数类型	说明
series_name=''	系列名称	必选，字符串	用于鼠标悬停在图表上时，提示工具（tootip）的显示
yaxis_data=data	系列数据	必选，格式为 [(key1, value1)，(key2, value2)]	数据源
calendar_opts= opts.CalendarOpts()	日历坐标系组件配置项	可选，options.CalendarOpts() 类或字典	—

options. CalendarOpts 参数说明如下。

range_：日历范围，必选。数值、字符串或字符串列表。

range_=2021，range_='2022-02'，range_=['2022-01-01'，'2022-02-28'] 分别指定为某年、某月或起止日期范围。

daylabel_opts：星期轴样式，可选，options. CalendarDayLabelOpts( ) 类或字典。

monthlabel_opts：月份轴样式，可选，options. CalendarMonthLabelOpts( ) 类或字典。

yearlabel_opts：年份轴样式，可选，options. CalendarYearLabelOpts( ) 类或字典。

第 24~28 行代码通过 set_global_opts 方法设置全局变量，修饰图表样式。

title_opts 参数用于设置图表标题。

visualmap_opts 用于设置视觉映射配置项，此处主要是图例分组。

orient 为“horizontal”表示水平放置图例分组。默认为垂直（vertical）放置。

is_piecewise 为 True 表示图例为分段型。默认 False，以连续变量映射为渐变色。

pieces 参数表示使用自定义分段数据为 pieces 变量。

深入了解

pieces 变量的键（key）为 min 和 max。min 为空值则表示由无穷小到 max 指定的范围；反之则表示由 min 指定的范围到无穷大。对于特定值，可使用以下形式：

```
{"value": 123, "label": '123（自定义特殊颜色）', "color": 'grey'}
```

表示值为 123 时显示为自定义颜色，其他值则显示为灰色。

pos_left/pos_top 表示图例位于图表水平居中，垂直方向的 55% 处，使布局更加紧凑。

第 29 行代码使用 render 方法渲染日历热图到 calendar.html 文件中，打开该文件后，日历热图显示效果如图 16-24 所示。

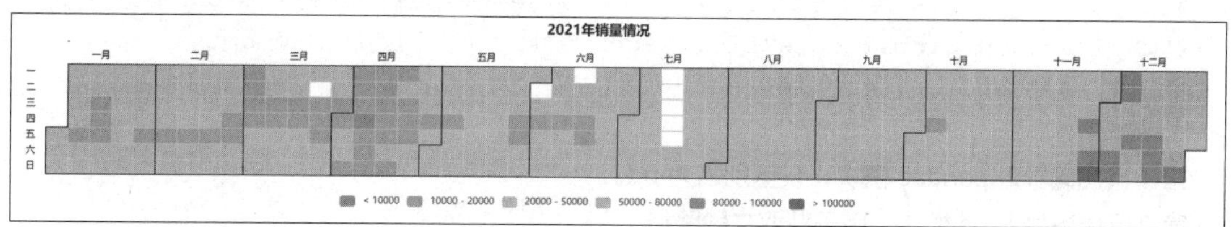

图 16-24　日历热图

16.12　地图热力图

地图热力图通常能使受众通过地理位置及热力图颜色，对数据加深印象。例如，通过地图热力图的深浅色来展示全国各地即将降温（或高温）的情况。

以下示例代码根据图 16-25 所示的数据表使用 pyecharts 绘制地图热力图，用于查看上海各辖区房价分布情况。

	A	B
1	区域	二手房均价
2	黄浦区	107853
3	徐汇区	84087
4	静安区	74038
5	长宁区	81242
6	杨浦区	74972
7	浦东新区	56462
8	普陀区	65171
9	虹口区	73425
10	闵行区	57017
11	宝山区	47559
12	嘉定区	43691
13	青浦区	38245
14	松江区	38476
15	奉贤区	25780
16	崇明区	22785
17	金山区	18553

图 16-25　图表数据源

```
#001  import pandas as pd
#002  import os
#003  from pyecharts.charts import Map
#004  from pyecharts import options as opts
#005  folder_name = os.path.dirname(__file__)
#006  file_name = os.path.join(folder_name, 'map.xlsx')
#007  html_file = os.path.join(folder_name, 'map.html')
#008  df_data = pd.read_excel(file_name)
#009  data = df_data.values.tolist()
#010  size = opts.InitOpts(width = "1200px", height = "800px")
#011  label = opts.LabelOpts(is_show = False)
#012  title = opts.TitleOpts(
#013        title = '上海市各区二手房均价', pos_top = '5%', pos_left = 'center')
#014  visual = opts.VisualMapOpts(
#015        split_number = 6, max_ = 120000, orient = "horizontal",
#016        is_piecewise = True, pos_left = 'center', pos_top = '95%')
#017  map = Map(init_opts = size)
#018  map.add(series_name = '', data_pair = data, maptype = '上海',
#019              is_map_symbol_show = False, label_opts = label)
#020  map.set_global_opts(title_opts = title, visualmap_opts = visual)
#021  map.render(html_file)
```

➢ 代码解析

第 1 行代码导入 pandas 模块，设置别名为 pd。

第 2 行代码导入 os 模块，用于获取文件路径。

第 3 行代码从 pyecharts 模块的 charts 包中导入 Map 类（地图）。

第 4 行代码导入 pyecharts 模块的 options 包（选项配置），设置别名为 opts。

第 5 行代码使用 os 模块的 path.dirname 函数获取 Python 文件所在目录。

第 6 行代码使用 os 模块的 path.join 函数连接目录名和文件名获取数据文件的全路径。

第 7 行代码以同样的方式获取输出文件的全路径。

第 8 行代码以 read_excel 方法将文件读取到内存中，赋值给 DataFrame 对象变量 df_data。

第 9 行代码将 df_data 转为列表变量 data，作为地图热图的数据源。

第 10 行代码通过 InitOpts 类定义图表尺寸，赋值给变量 size。

第 11 行代码通过 LabelOpts 类隐藏标签，赋值给变量 label。个别行政区面积较小，会导致标签（行政区名）挤成一团，影响可读性（悬停鼠标在行政区上可正确显示）。

第 12~13 行代码通过 TitleOpts 类设置图表标题，赋值给变量 title。

第 14~16 行代码定义视觉映射配置项，用于映射地图填充色和显示图例。

split_number 为 6 表示将数据平均分为 6 个区间。

max_ 为 120000 表示数据最大值为 120000。

orient 为“horizontal”表示图例按水平方向放置。

is_piecewise 为 True 表示图例为分段型。默认 False，以连续变量映射为渐变色。

pieces 参数表示使用自定义分段数据为 pieces 变量。

pos_left/pos_top 表示图例位于图表水平居中，垂直方向的 95% 处，紧贴地图。

第 17 行代码传入 size 变量，通过 Map 方法创建一个地图图表。

第 18~19 行代码使用 add 方法绘制地图热力图。add 方法常见参数说明如表 16-14 所示。

表 16-14　add 方法常见参数说明

示例	含义	参数类型	说明
series_name=''	系列名称	必选，字符串	用于鼠标悬停在图表上时，提示工具（tootip）的显示
data_pair=data	系列数据项	必选，仅接受元组形式的键值对列表，即 [(key1, value1), (key2, value2)]	数据源
maptype=' 上海 '	地图类型	可选，字符串。默认为“china”。改为省（如“广东”）则显示为省内各地市地图 具体请参考：python 安装路径 \Lib\site-packages\pyecharts\datasets\map_filename.json	–
label_opts=label	标签配置项	可选，LabelOpts ( ) 类	–

第 20 行代码通过 set_global_opts 方法设置全局变量，修饰图表样式。

第 21 行代码使用 render 方法渲染地图热力图到 map.html 文件中，打开该文件后，地图热力图显示效果如图 16-26 所示。

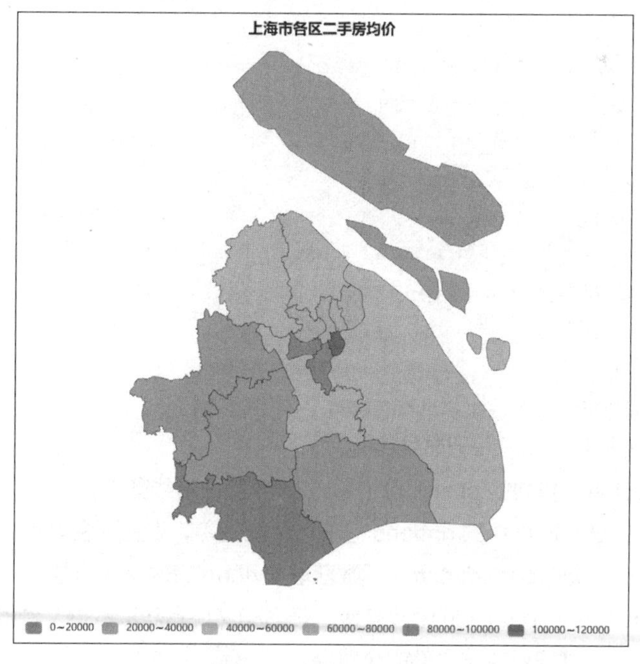

图 16-26　地图热力图

16.13　动态日期条形图

对于数据量较大的柱状图或折线图，在页面上添加区域缩放组件，有利于用户查看整体或局部数据。以下示例代码根据图 16-27 所示的数据表使用 pyecharts 绘制折线图并添加区域缩放组件。

	A	B
1	日期	销量
2	2015-11-02	3
3	2015-11-03	19
4	2015-11-04	16
5	2015-11-05	20
6	2015-11-06	16
7	2015-11-07	17
8	2015-11-08	27
9	2015-11-09	28
10	2015-11-10	16
11	2015-11-11	30
12	2015-11-12	17
13	2015-11-13	17
14	2015-11-14	27

图 16-27　图表数据源

```
#001  import pandas as pd
#002  import os
#003  from pyecharts.charts import Line
#004  from pyecharts import options as opts
#005  folder_name = os.path.dirname(__file__)
#006  file_name = os.path.join(folder_name, 'zoom.xlsx')
#007  html_file = os.path.join(folder_name, 'zoom.html')
#008  df = pd.read_excel(file_name)
#009  x_data = df['日期'].values.tolist()
#010  y_data = df['销量'].values.tolist()
#011  label = opts.LabelOpts(is_show = False)
#012  zoom = opts.DataZoomOpts()
#013  line = Line().add_xaxis(xaxis_data = x_data)
#014  line.add_yaxis(
#015      series_name = '', y_axis = y_data, is_smooth = True,
#016      symbol = 'emptyCircle', symbol_size = 6, label_opts = label)
#017  line.set_global_opts(datazoom_opts = zoom)
#018  line.render(html_file)
```

➢ 代码解析

第 1 行代码导入 pandas 模块，设置别名为 pd。

第 2 行代码导入 os 模块，用于获取文件路径。

第 3 行代码从 pyecharts 模块的 charts 包中导入 Line 类（折线图）。

第 4 行代码导入 pyecharts 模块的 options 包（选项配置），设置别名为 opts。

第 5 行代码使用 os 模块的 path.dirname 函数获取 Python 文件所在目录。

第 6 行代码使用 os 模块的 path.join 函数连接目录名和文件名获取数据文件的全路径。

第 7 行代码以同样的方式获取输出文件的全路径。

第 8 行代码以 read_excel 方法将文件读取到内存中，分别赋值给 df。

第 9 行代码将“日期”转为列表，赋值给变量 x_data，作为 x 轴数据源。

第 10 行代码以同样的方式将“销量”列转为列表，赋值给 y_data，作为 y 轴数据源。

第 11 行代码通过 LabelOpts 类隐藏标签，赋值给变量 label。

第 12 行代码通过 DataZoomOpts 类创建区域缩放组件，赋值给变量 zoom。

第 13 行代码通过 add_xaxis 方法添加 x 轴数据。数据格式为列表或元组。

第 14~16 行代码通过 add_yaxis 方法添加 y 轴数据。

add_yaxis 方法常见参数说明如表 16-15 所示。

表 16-15　add_yaxis 方法常见参数说明

示例	含义	参数类型	说明
series_name=''	系列名称	必选，字符串	用于鼠标悬停在图表上时，提示工具(tootip) 的显示
y_axis=y_data	系列数据项	必选，列表、LineItem() 类或字典。字典格式：[{'value',value1},{'value',value2}]	y 轴数据源
is_smooth=True	是否平滑曲线	可选，布尔值。默认为 False	–
symbol='emptyCircle'	标记的图形	可选，字符串。以下值的任意一个：circle/rect/roundrect/triangle/diamond/pin/arrow 或“image://url”。url 为本地或网络图片地址	–
symbol_size=6	标记的大小	可选，数值或列表（格式为 [宽，高]）	–
label_opts=label	标签配置项	可选，LabelOpts () 类	–

注意

add_yaxis 方法绑定系列名称（series_name），如有多个数据系列，应分别使用该方法添加系列名称及 y 轴数据源。对应的第 10 行代码可改为循环代码块来处理。

第 17 行代码通过 set_global_opts 方法设置全局变量，添加区域缩放组件。

第 18 行代码使用 render 方法渲染折线图到 zoom.html 文件中，打开该文件后，添加区域缩放组件的折线图如图 16-28 所示。

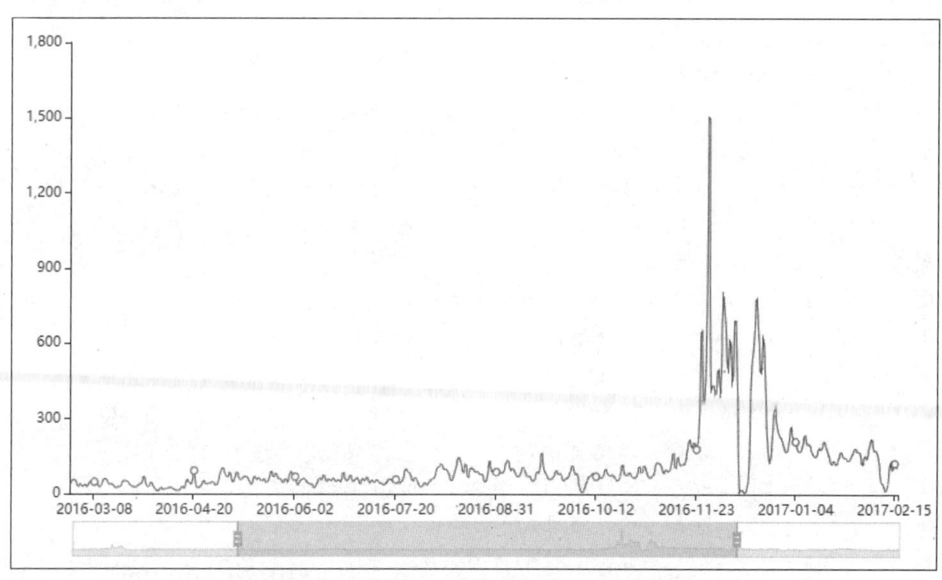

图 16-28　添加区域缩放组件的折线图

可拖动下方滚动条或调整滚动条两侧的控制方块来显示不同时间段数据对应的折线图。

16.14 动态排名条形图

对于数据量较大的条形图，添加时间线（timeline）轮播多图，既可以节约版面，使图表简洁美观，又可以通过动态效果让受众对数据变化情况加深印象。

以下示例代码根据图 16-29 所示的数据表使用 pyecharts 绘制条形图，并添加时间线轮播多图。

	A	B	C	D
1	日期	手机品牌	标签颜色	市场占有率
2	201007	手机A	#003897	0.03%
3	201007	手机B	#000	0.04%
4	201007	手机C	#003580	0.07%
5	201007	手机D	#ed2939	0.07%
6	201007	手机E	#002a8f	1.78%
7	201007	手机F	#ffde00	3.30%
8	201007	手机G	#8b8b00	26.14%
9	201007	手机H	#8b008b	68.57%
10	201008	手机A	#003897	0.02%
11	201008	手机B	#000	0.04%
12	201008	手机C	#003580	0.07%
13	201008	手机D	#ed2939	0.07%

图 16-29　图表数据源

```
import pandas as pd
import os
from pyecharts.charts import Bar, Timeline
from pyecharts import options as opts
folder_name = os.path.dirname(__file__)
file_name = os.path.join(folder_name, 'timeline.xlsx')
html_file = os.path.join(folder_name, 'timeline.html')
df = pd.read_excel(file_name, converters = {'日期': str})
df['市场占有率'] = round(df['市场占有率'] * 100, 2)
time_line = Timeline()
dates = df['日期'].unique()
def bar_item(x, y, z):
    return opts.BarItem(
        name = x, itemstyle_opts = opts.ItemStyleOpts(color = y),
        value = z)
label = opts.LabelOpts(position = 'right', formatter = '{c}%')
legend = opts.LegendOpts(is_show = False)
for date in dates:
    data = df[df['日期'] == date].iloc[:, 1:]
    x_data = data['手机品牌'].values.tolist()
    y_data = data.values.tolist()
    data_pair = [bar_item(x, y, z) for x, y, z in y_data]
    title = opts.TitleOpts(
        title = '{}手机占有率'.format(date),
        pos_left = 'center', pos_top = '5%')
    bar = Bar().add_xaxis(x_data)
    bar = bar.add_yaxis(
        series_name = date, y_axis = data_pair, label_opts = label)
    bar = bar.reversal_axis()
```

```
#030        bar.set_global_opts(legend_opts = legend, title_opts = title)
#031        time_line.add(bar, date)
#032    time_line.add_schema(is_auto_play = True, symbol_size = 2,
#033                         is_loop_play = False, play_interval = 50)
#034    time_line.render(html_file)
```

➢ 代码解析

第 1 行代码导入 pandas 模块，设置别名为 pd。

第 2 行代码导入 os 模块，用于获取文件路径。

第 3 行代码从 pyecharts 模块的 charts 包中导入 Bar、Timeline 类（条形图和时间线）。

第 4 行代码导入 pyecharts 模块的 options 包（选项配置），设置别名为 opts。

第 5 行代码使用 os 模块的 path.dirname 函数获取 Python 文件所在目录。

第 6 行代码使用 os 模块的 path.join 函数连接目录名和文件名获取数据文件的全路径。

第 7 行代码以同样的方式获取输出文件的全路径。

第 8 行代码以 read_excel 方法将文件读取到内存中，分别赋值给变量 df。

converters 参数表示将“日期”列转为字符串。

第 9 行代码将 “市场占有率”列放大为原数据的 100 倍，并设置精度为 2 位小数。

第 10 行代码定义 Timeline 类，赋值给变量 time_line。

第 11 行代码将提取“日期”列的不重复值（列表），赋值给变量 dates。

后续可通过循环读取此列表的值，依次添加时间线。

第 12~15 行代码定义函数 bar_item，用于设置各柱子的填充色。

同一数据系列所映射的填充色是相同的。因此，以时间为数据系列添加图表时，需要设置柱子颜色才能将不同的手机品牌名称区分开来。BarItem 类常见参数说明如表 16-16 所示。

表 16-16　BarItem 类常见参数说明

示例	含义	参数类型	说明
name='IE'	数据项名称	必选，字符串	柱子对应的类别
itemstyle_opts=opts.ItemStyleOpts(color='#8b008b')	图元样式配置项	可选，ItemStyleOpts() 类 图表的主体元素即为图元，如柱状图的柱子	–
value= 68.57	单个数据项的数值	必选，数值	–

第 16 行代码定义标签配置项，赋值给变量 label。

position 参数表示数据标签居于柱状图（最终显示为条形图）右侧。

formatter 参数表示格式化数据标签。 “c”表示原始数值。

第 17 行代码定义图例配置项，赋值给变量 legend。is_show 为 False 表示隐藏图例。

第 18~31 行代码定义一个循环代码块，用于添加多个 y 轴数据和时间线，并格式化图表。

第 19 行代码定义数据源 data，选取日期为 date 变量，包括第 2 列（含）起的所有数据。

第 20 行代码将“手机品牌”列转为列表，赋值给变量 x_data，作为 x 轴数据源。

第 21 行代码定义全部数据转为列表，赋值给变量 y_data，作为 y 轴数据源及样式处理。

第 22 行代码使用列表推导式调用自定义函数 bar_item，赋值给变量 data_pair，作为 y 轴数据源。

第 23~25 行代码通过 TitleOpts（标题配置项）定义变量 title，用于更新图表标题。

第 26 行代码通过 add_xaxis 方法添加 x 轴数据，赋值给变量 bar。格式为元组或列表。

第 27~28 行代码使用 add_yaxis 方法添加 y 轴数据。

add_yaxis 方法的常见参数如表 16-17 所示。

表 16-17　add_yaxis 方法的常见参数

示例	含义	参数类型	说明
series_name=date	系列名称	必选，字符串	系列名称不能重复，故使用变量
y_axis=data_pair	系列数据项	必选，列表、BarItem() 类或字典。字典格式为 [{'value',value1},{'value',value2}]	y 轴数据源
label_opts=label	标签配置项	可选，LabelOpts () 类	–

第 29 行代码通过 reversal_axis 方法旋转坐标轴，柱状图转为条形图。

第 30 行代码通过 set_global_opts 方法设置全局变量，添加标题，隐藏图例。

第 31 行代码通过 add 方法将图表和对应的时间点添加到 Timeline 变量上。

第 32~33 行代码通过 add_schema 方法设置时间线样式。

is_auto_play 为 True 表示自动播放。默认为 False。

symbol_size 为 2 表示时间线标记大小。如改为列表，则表示为 [宽 , 高]。

is_loop_play 为 False 表示不循环播放。将红色标记点从终点拉回任意位置，单击播放按钮即可再次播放。

play_interval 为 50，表示播放的速度（跳动的间隔），即 50 毫秒 / 帧。

第 34 行代码使用 render 方法渲染动态排名条形图到 timeline.html 文件中，打开该文件后，将由如图 16-30 所示的条形图开始自动播放 1 次。

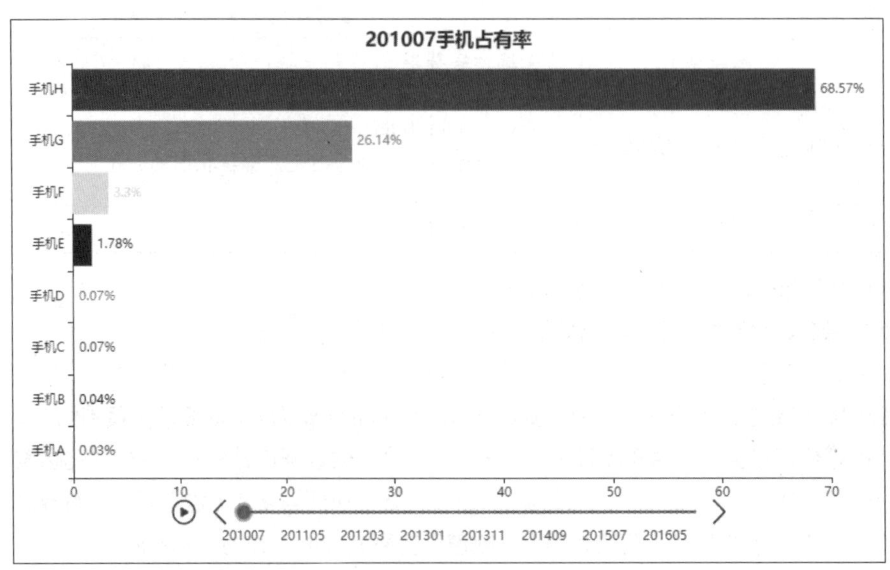

图 16-30　动态排名条形图

深入了解

读者可通过 “屏幕录制”功能将动图录制为视频格式，以适用于更多场景。操作步骤如下。

步骤① 待图表自动播放完毕后，将进度条拖回起点，确保浏览器不被其他程序遮挡。

步骤② 打开 Microsoft PowerPoint 程序，新建“空白演示文稿”，单击【插入】→【屏幕录制】，如图 16-31 所示。

图 16-31　使用 PPT 的录制屏幕菜单

步骤③ 在弹出的界面中，拖动鼠标选择区域，单击【录制】按钮开始录制，如图 16-32 所示。

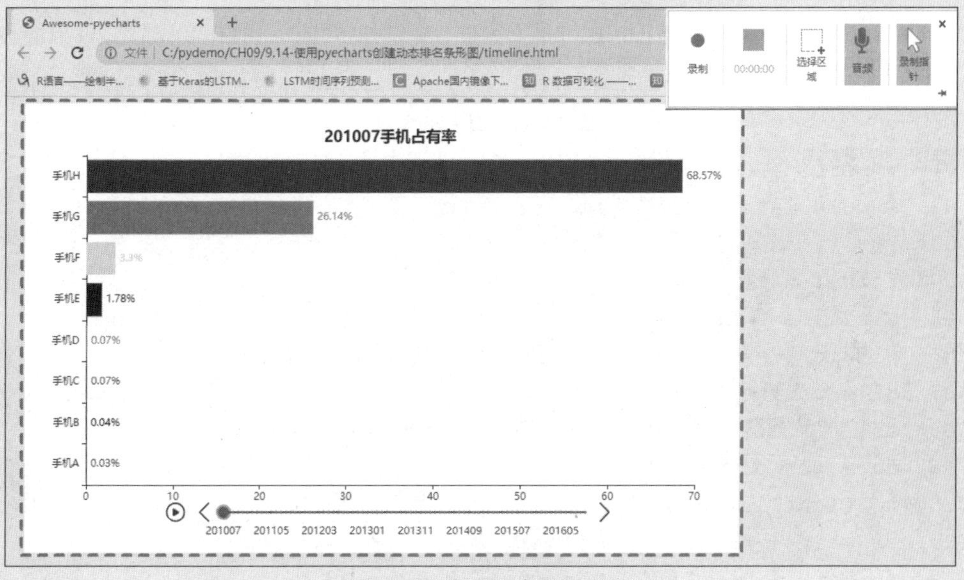

图 16-32　选取区域录制动图

步骤④ 倒计时 3 秒结束时，按 <F5> 键刷新网页自动播放。

步骤⑤ 待播放结束后，按 <Win+Shift+Q> 组合键停止录制，再右击当前幻灯片上的视频，选择【将媒体另存为】菜单进行保存，如图 16-33 所示。

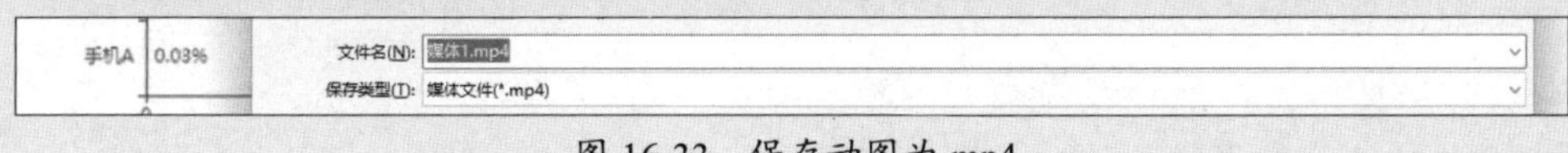

图 16-33　保存动图为 mp4

16.15　常用绘图技巧

16.15.1　使用子图放大局部图像

一般来说，一张画布（figure）只绘制一个图表。当进一步探索数据时，通常需要对画布进行切割或者叠加，再分别绘制图表，在这个过程中所生成的图表即为子图。

当数据系列较多，或者 x 轴较长（尤其是时间刻度）时，放大局部图像便于数据探索。

以下示例代码根据图 16-34 所示的数据表使用 pandas 绘制散点图，并放大局部图像。

	A	B	C	D
1	产品类别	日期	搜索	购买
2	产品A	2015-11-02	0	3
3	产品A	2015-11-03	0	19
4	产品A	2015-11-04	0	16
5	产品A	2015-11-05	0	20
6	产品A	2015-11-06	4	16
7	产品A	2015-11-07	2	17
8	产品A	2015-11-08	2	27
9	产品A	2015-11-09	4	28
10	产品A	2015-11-10	2	16
11	产品A	2015-11-11	0	30
12	产品A	2015-11-12	13307	17
13	产品A	2015-11-13	12923	17
14	产品A	2015-11-14	15507	27
15	产品A	2015-11-15	18974	23
16	产品A	2015-11-16	16783	37
17	产品A	2015-11-17	15062	31
18	产品A	2015-11-18	16419	69
19	产品A	2015-11-19	15710	29
20	产品A	2015-11-20	17560	26
21	产品A	2015-11-21	21437	56

图 16-34　图表数据源

```
#001  import pandas as pd
#002  import matplotlib.pyplot as plt
#003  import os
#004  folder_name = os.path.dirname(__file__)
#005  file_name = os.path.join(folder_name, 'scatter_detail.xlsx')
#006  plt.rcParams['font.sans-serif'] = ['simHei']
#007  df = pd.read_excel(file_name)
#008  df['产品类别'] = df['产品类别'].astype('category')
#009  fig = plt.gcf()
#010  fig.tight_layout()
#011  ax_main = fig.add_axes([0.1, 0.1, 0.8, 0.8])
#012  ax_detail = fig.add_axes([0.2, 0.55, 0.3, 0.3])
#013  df.plot(x = '搜索', y = '购买', kind = 'scatter',
#014          ax = ax_main, cmap = "tab10", c = '产品类别')
#015  df1 = df[(df['购买'] < = 200) & (df['购买'] > = 100)]
#016  df1.plot(x = '搜索', y = '购买', kind = 'scatter',
#017          ax = ax_detail, cmap = "tab10", colorbar = None,
#018          c = '产品类别', xlabel = '', ylabel = '')
#019  plt.show()
```

➢ 代码解析

第 1 行代码导入 pandas 模块，设置别名为 pd。

第 2 行代码导入 matplotlib 模块的 pyplot 包，设置别名为 plt，用于处理图表中的中文字符及展示图表。

第 3 行代码导入 os 模块，用于获取文件路径。

第 4 行代码使用 os 模块的 path.dirname 函数获取 Python 文件所在目录。

第 5 行代码使用 os 模块的 path.join 函数连接目录名和文件名获取数据文件的全路径。

第 6 行代码通过 rcParams 参数设置图表字体为黑体。这是为了让 matplotlib 模块支持中文字体的

显示。

第 7 行代码以 read_excel 方法将文件读取到内存中，赋值给 DataFrame 对象变量 df。

第 8 行代码将“产品类别”列转为类别数据类型，以便映射数据系列的圆点颜色。

第 9 行代码使用 gcf 方法获取图表的当前画布（get current figure）。

第 10 行代码设置当前画布的图表布局为紧凑布局。

第 11 行代码在画布（figure）上使用 add_axes 方法新建一个图表区域 ax_main。

fig.add_axes([左 , 下 , 宽 , 高]) 用的是比值，即图表区域相对于画布的位置。

画布左下角坐标为原点（0,0），宽、高均为 1 单位。fig.add_axes([0.1, 0.1, 0.8, 0.8]) 表示的是，在画布的（0.1，0.1）处新建一个宽、高均为 0.8 的图表区域。0.1+0.8+0.1=1，因此这是一个居中的图表区域。

第 12 行代码以同样的方式在区域 ax_main 的内部左上角建立图表区域 ax_detail。

深入了解

高、宽均为 0.3，顶边位置为 0.25（底边距 0.55- 高 0.3），故左上角坐标为（0.2, 0.25），位于 ax_main 左上角 (0.1, 0.1) 的右下方，用同样的方法计算其他 3 个顶点，便可知两者的位置关系。

第 13~14 行代码通过 plot 方法传入 x 轴、y 轴数据，绘制主图，并放置在区域 ax_main 中。

kind='scatter' 表示图表类型为散点图。

ax=ax_main 表示将主图坐标轴与 ax_main 构建的坐标轴进行贴合。

cmap="tab10" 表示设置调色板为 matplotlib 模块内置的“tab10”。

c=' 产品类别 ' 表示将产品类别列映射到调色板上，产生数据系列（圆点颜色）。

第 15 行代码选取销量为 100~200 的数据，作为子图的数据源。

第 16~18 行代码使用同样的方法绘制子图，并放置在区域 ax_detail 中。

xlabel=''/ylabel='' 通过设置空字符串隐藏 x 轴、y 轴标签（即 “购买” “搜索” ）。

colorbar=None 通过设置 None 值隐藏色条。由于主图已有色条，设置该参数可删除冗余元素，减少子图对主图的遮盖影响，让受众的注意力集中在图表上。

第 19 行代码显示包含局部图的散点图，如图 16-35 所示。

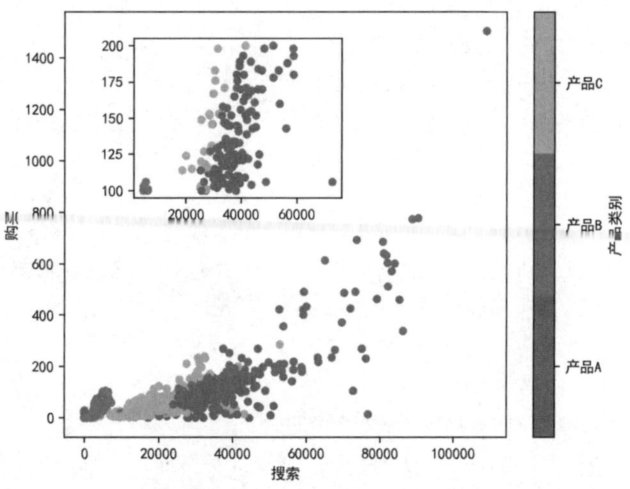

图 16-35　包含局部图的散点图

16.15.2 使用子图下钻数据

当数据维度或数据项较多时，可将图表分解成多个子图，以增强可读性。

以下示例代码根据图 16-36 所示的数据表绘制子母饼图，查看各店销售占比及 TOP1 店的销量品类贡献构成。

	A	B	C
1	月份	店名	销量
2	202109	A店	4806
3	202109	B店	4297
4	202109	C店	2482
5	202109	D店	2486
6	202110	A店	3704
7	202110	B店	4930
8	202110	C店	2082
9	202110	D店	4815
10	202111	A店	4748
11	202111	B店	2352
12	202111	C店	2493
13	202111	D店	4828
14	202112	A店	3617
15	202112	B店	4251
16	202112	C店	3160
17	202112	D店	2758

图 16-36　图表数据源

```
import pandas as pd
import matplotlib.pyplot as plt
from matplotlib.patches import ConnectionPatch
import os
import numpy as np
folder_name = os.path.dirname(__file__)
file_name = os.path.join(folder_name, 'subplots.xlsx')
plt.rcParams['font.sans-serif'] = ['simHei']
df = pd.read_excel(file_name)
df1 = df.groupby('店名').sum('销量').reset_index()
df1 = df1.set_index('店名')
df2 = df.iloc[:4, 1:].set_index('品类')
fig = plt.figure(figsize = (9, 6))
ax1 = fig.add_subplot(121)
ax2 = fig.add_subplot(122)
fig.subplots_adjust(wspace = 0)
pie1 = df1.plot(y = '销量', kind = 'pie', autopct = '%1.1f%%',
                fontsize = 16, legend = False, ylabel = '',
                startangle = 60, counterclock = False,
                explode = [0.1, 0, 0, 0], ax = ax1)
pie2 = df2.plot(y = '销量', kind = 'pie', autopct = '%1.1f%%',
                legend = False, ylabel = '', startangle = 90,
                radius = 0.5, ax = ax2, colormap = 'Set3')
def add_con(pie1, pie2, top = True):
        patch1 = pie1.patches[0]
        patch2 = pie2.patches[0]
        theta = patch1.theta2 if top else patch1.theta1
```

```
#028            center1, r1 = patch1.center, patch1.r
#029            center2, r2 = patch2.center, patch2.r
#030            x1 = r1 * np.cos(theta / 180 * np.pi) + center1[0]
#031            y1 = np.sin(theta / 180 * np.pi) + center1[1]
#032            x2 = center2[0]
#033            y2 = center2[1] + r2 if top else center2[1] - r2
#034            con = ConnectionPatch(xyA = (x2, y2), xyB = (x1, y1),
#035                                  coordsA = 'data', coordsB = 'data',
#036                                  axesA = pie2, axesB = pie1)
#037            pie2.add_artist(con)
#038    add_con(pie1, pie2)
#039    add_con(pie1, pie2, False)
#040    plt.show()
```

➢ 代码解析

第 1 行代码导入 pandas 模块，设置别名为 pd。

第 2 行代码导入 matplotlib 模块的 pyplot 包，设置别名为 plt，用于处理图表中的中文字符及展示图表。

第 3 行代码导入 matplotlib.patches 模块的 ConnectionPatch 包，用于绘制连接线。

第 4 行代码导入 os 模块，用于获取文件路径。

第 5 行代码导入 numpy 包，设置别名为 np，用于引入正弦、余弦函数进行数学计算。

第 6 行代码使用 os 模块的 path.dirname 函数获取 Python 文件所在目录。

第 7 行代码使用 os 模块的 path.join 函数连接目录名和文件名获取数据文件的全路径。

第 8 行代码通过 rcParams 参数设置图表字体为黑体。这是为了让 matplotlib 模块支持中文字体的显示。

第 9 行代码以 read_excel 方法将文件读取到内存中，赋值给 DataFrame 对象变量 df。

第 10 行代码使用 groupby 和 sum 方法，对 df 按“店名”列对“销量”汇总后重置索引，赋值给 df1，作为母饼图的数据源。

第 11 行代码使用 set_index 方法设置索引为“店名”列，便于生成母饼图的类别标签。

第 12 行代码使用 iloc 方法选取前 4 行的第 2、3 列数据，以同样的方法设置索引，作为子饼图的数据源。

深入了解

通过简单测算，发现“A 店”是销量最大的店，且排在前 4 行，所以使用 iloc 方法来获取数据源。也可使用以下代码获取销量最大的品类数据。

```
#001  df1_max = df1[df1['销量'] == df1['销量'].max()]
#002  df2 = df[df['店名'] == df1_max.index[0]][['品类','销量']]
#003  df2 = df2.set_index('品类')
```

第 1 行代码用于获取销售总额最大的行数据。

第 2 行代码将“店名”匹配行数据的索引（第 11 行代码已设为“店名”）后选取目标列。

第 3 行代码设置索引，作为子饼图的数据源。

16 章

第 13 行代码使用 figure 方法新建宽高为 9×6 英寸的画布对象，赋值给变量 fig。

第 14~15 行代码通过 add_subplot 方法创建空白子图对象，分别赋值给变量 ax1 和 ax2。

参数“121”的前 2 位表示画布的子图为 1 行 ×2 列，第 3 位为子图序号，子图从左到右排列，序号从 1 开始。例如，第 1 行第 1 列的序号为 1，第 1 行第 2 列的序号为 2，以此类推。

第 16 行代码使用 subplots_adjust 方法调整子图的轴宽度间距为 0。

subplots_adjust(left, bottom, right, top, wspace, hspace) 参数说明如下。

left: 此参数是该图子图的左侧。

right: 此参数是该图子图的右侧。

bottom: 此参数是该图子图的底部。

top: 此参数是该图子图的顶部。

wspace: 此参数是为子图之间的空间保留的宽度量，表示为平均轴宽度的一部分。

hspace: 此参数是为子图之间的空间保留的高度量，表示为平均轴高度的一部分。

第 17~23 行代码传入 y 轴数据，通过 plot 方法将绘制的母饼图、子饼图分别存放在子图对象 ax1 和 ax2 上。

kind='pie' 表示绘制饼图。

autopct='%1.1f%%' 表示数据标签显示为 1 位小数精度的百分比。

fontsize=16 表示设置数据标签字体字号为 16 磅（pt）。

legend=False 表示隐藏图例。

ylabel='' 表示设置 y 轴标签为空字符串，即隐藏 y 轴标签。

startangle=60 表示从水平夹角为 60° 的方向开始排列图元（“饼块”）。

counterclock=False 表示图元按顺时针排列。

explode=[0.1, 0, 0, 0] 表示将第 1 个图元从饼图中分裂出来，该图元的圆心角与饼图圆心的距离为饼图半径的 0.1。explode 参数接受元组或列表。

ax=ax1 表示将图表与 ax1 子图进行贴合。

radius=0.5 表示设置子饼图半径为默认半径的 0.5 倍。

colormap='Set3' 表示调用 matplotlib 的内置调色板“Set3”作为子饼图数据系列的填充色。

第 24~37 行代码定义函数 add_con 用于绘制连接线。

第 25~26 行代码分别定义母饼图和子饼图的第 1 个图元为 patch1 和 patch2。

第 27 行代码定义母饼图第 1 个图元与 x 轴正半轴的夹角 theta。

theta1 和 thet2 分别表示图元按逆时针旋转时，两边与 x 轴正半轴的夹角。

if 子句表示的是，如果 top 参数为 True，取右上方半径与 x 轴正半轴的夹角，即 60°（因为设置了 startangle=60）；反之则取下方半径与 x 轴左半轴的夹角（约 -45°）。

第 28~29 行代码分别定义母饼图和子饼图的圆心位置和半径。

母饼图的图元已从原饼图中分裂出来，所以圆心位置为该图元的圆心角位置。center 属性包含 x 和 y 两个坐标，可通过索引 0 和 1 分别读取。

第 30~31 行代码通过余弦函数和正弦函数计算出母饼图第 1 个图元弧度端点的坐标。

theta 为角度值，需除以 180 后乘以圆周率（np.pi）转为弧度值后，再参与三角函数计算。

x 轴正半轴为夹角 theta 邻边，使用 cos（余弦）函数可计算出弧度端点与圆心角的水平距离。再加上 center 坐标的 x 值，即为端点坐标的水平方向位置（x 值）。

同理，使用 sin（正弦）函数确定 y 值。

第 32~33 行代码定义子饼图的对应坐标。

子饼图为完整的圆形，因此圆心坐标的 x 值即为顶端 / 底端的水平位置。

if 子句表示的是，如果 top 参数为 True，则返回圆心与半径之和，即顶端的垂直坐标；反之则返回圆心与半径之差，即底端的垂直坐标。

第 34~36 行代码使用 ConnectionPatch 包建立两点之间的连接线。

xyA/xyB：起点 / 终点坐标，本例传入值为元组（x,y）。对于饼图，使用的是图元坐标；对于柱状图，则使用数据刻度作为坐标。例如，（1, 2000）表示第 2 根柱子，y 轴刻度为 2000 处。

coordsA/coordsB：指定起点 / 终点连线的方式，“data”表示直接解析为直角坐标。其他方式，如传入“polar”，对应的 xyA/xyB 传入极坐标，再转为直角坐标系进行连接。

axesA/ axesB，：起点 / 终点所在的子图坐标系对象。

第 37 行代码使用 add_artist 方法添加连接线对象 con。

第 38~39 行代码调用 add_con 分别为顶端和底端添加连接线。

第 40 行代码在屏幕上显示母子饼图，如图 16-37 所示。

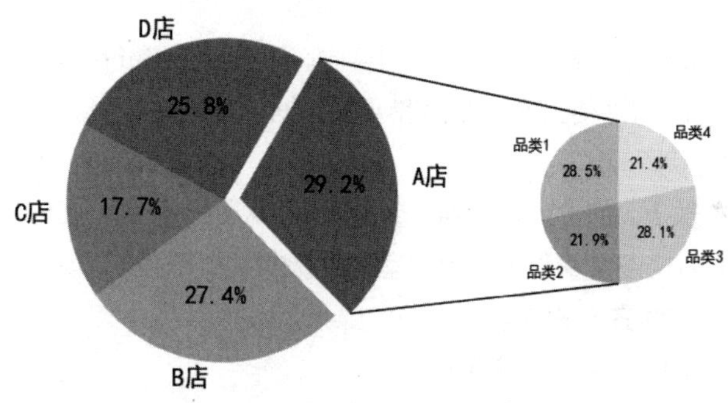

图 16-37　母子饼图

16.15.3　使用 table 参数添加数据表

当数据较多时，为了兼顾图表可读性，通常会使用数据表代替数据标签来帮助理解数据。

以下示例代码根据图 16-38 所示的数据表绘制柱状图，并使用 table 参数添加数据表。

	A	B
1	月份	发展量
2	1月	7168
3	2月	4302
4	3月	5522
5	4月	3264
6	5月	1467
7	6月	1071
8	7月	1130
9	8月	391
10	9月	297

图 16-38　图表数据源

```
import pandas as pd
import matplotlib.pyplot as plt
import os
folder_name = os.path.dirname(__file__)
```

```
#005  file_name = os.path.join(folder_name, 'table.xlsx')
#006  plt.rcParams['font.sans-serif'] = ['simHei']
#007  df = pd.read_excel(file_name)
#008  df.plot(x = '月份', y = '发展量', kind = 'bar',
#009          table = df.set_index('月份').T, xlabel = '', legend = False
#010          ).set_xticks([])
#011  plt.show()
```

➢ 代码解析

第 1 行代码导入 pandas 模块，设置别名为 pd。

第 2 行代码导入 matplotlib 模块的 pyplot 包，设置别名为 plt，用于处理图表中的中文字符及展示图表。

第 3 行代码导入 os 模块，用于获取文件路径。

第 4 行代码使用 os 模块的 path.dirname 函数获取 Python 文件所在目录。

第 5 行代码使用 os 模块的 path.join 函数连接目录名和文件名获取数据文件的全路径。

第 6 行代码通过 rcParams 参数设置图表字体为黑体。这是为了让 matplotlib 模块支持中文字体的显示。

第 7 行代码以 read_excel 方法将文件读取到内存中，赋值给 DataFrame 对象变量 df。

第 8~10 行代码通过 plot 方法传入 x 轴数据和 y 轴数据，绘制柱状图。

kind='bar' 表示绘制柱状图。

默认情况下，table 参数传入的 DataFrame 将“原汁原味”地呈现，为此需要进行以下处理。

（1）使用 set_index 方法设置索引（否则将呈现默认的索引序号）。

（2）使用 T 方法转置以对齐 x 轴刻度。

因此，传入的值为 df.set_index(' 月份 ').T。

xlabel='' 表示隐藏 x 轴标签，legend=False 表示隐藏图例。

set_xticks 方法传入空列表时用于隐藏刻度，避免与 table 表头重叠，影响美观。

第 11 行代码在屏幕上显示带数据表的柱状图，如图 16-39 所示。

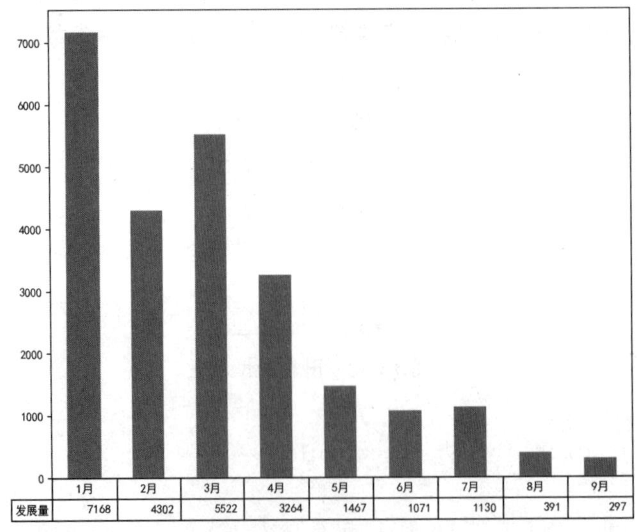

图 16-39　带数据表的柱状图

16.15.4　使用 matplotlib 的 table 方法添加数据表

plot 方法通过 table 参数显示的数据表只能位于 x 轴下方，而当遇到数据系列较多，或者需要显示位置时，就要使用 matplotlib 的 table 方法了。

以下示例代码根据图 16-40 所示的数据表绘制柱状图，并使用 matplotlib 的 table 方法添加个性化的数据表。

	A	B	C
1	日期	产品1	产品2
2	2017-01-01	2787	1361
3	2017-01-02	3359	1380
4	2017-01-03	2735	1154
5	2017-01-04	2358	1111
6	2017-01-05	2336	1045
7	2017-01-06	2050	1036
8	2017-01-07	2642	1368

图 16-40　图表数据源

```
#001  import pandas as pd
#002  import matplotlib.pyplot as plt
#003  import os
#004  folder_name = os.path.dirname(__file__)
#005  file_name = os.path.join(folder_name, 'table.xlsx')
#006  plt.rcParams['font.sans-serif'] = ['simHei']
#007  df = pd.read_excel(file_name, parse_dates = True)
#008  df['日期'] = df['日期'].dt.strftime('%m%d')
#009  df_table = df.set_index('日期').T
#010  cellText = df_table.values.tolist()
#011  rowlabels = df_table.index
#012  colLabels = df_table.columns
#013  colWidths = [0.04] * len(colLabels)
#014  colors = ['#7fc97f', '#beaed4']
#015  plt.table(cellText = cellText, rowLabels = rowlabels,
#016            colLabels = colLabels, colWidths = colWidths,
#017            rowColours = colors, cellLoc = 'center', loc = 'best')
#018  ax = plt.gca()
#019  df.plot(x = '日期', y = ['产品1', '产品2'], kind = 'bar',
#020          ax = ax, color = colors, legend = False, xlabel = '')
#021  plt.show()
```

➢ 代码解析

第 1 行代码导入 pandas 模块，设置别名为 pd。

第 2 行代码导入 matplotlib 模块的 pyplot 包，设置别名为 plt，用于处理图表中的中文字符及展示图表。

第 3 行代码导入 os 模块，用于获取文件路径。

第 4 行代码使用 os 模块的 path.dirname 函数获取 Python 文件所在目录。

第 5 行代码使用 os 模块的 path.join 函数连接目录名和文件名获取数据文件的全路径。

第 6 行代码通过 rcParams 参数设置图表字体为黑体。这是为了让 matplotlib 模块支持中文字体的显示。

第 7 行代码以 read_excel 方法将文件读取到内存中，赋值给 DataFrame 对象变量 df。

parse_dates=True 表示将类似于日期的列解析成日期格式，便于后续格式化日期。

第 8 行代码将“日期”列转为“mmdd”格式，便于展示在刻度上。

第 9 行代码设置 df 对象的索引为 index 列，转置后作为数据表的数据源。

第 10~14 代码依次定义变量 cellText、rowlabels、colLabels、colWidths 和 colors，作为参数传入 Table 方法，以格式化数据表。

cellText：二维（嵌套）列表，数据表的单元格文本。

rowlabels：行标签文字，与图表的数据系列对应。

colLabels：列标签文字，与图表的 x 轴刻度对应。

colWidths：列表，数据表各列宽度。 [0.08] * len(colLabels) 表示将元素按列数（len 方法用于获取列表元素个数）进行扩展，返回 7 个 0.08 组成的列表，即数据表宽度占图表的 56%。

colors：颜色格式列表。

第 15~17 行代码将变量传入，通过 table 方法创建数据表。

rowColours：行标签文字背景色。传入参数为颜色列表变量 colors。

cellLoc：单元格数据对齐方式。传入值为“left/center/right”（左 / 中 / 右）的任意一个。

loc：数据表位置。可传入“值”或“编码”，位置编码表如表 16-18 所示。

表 16-18　位置编码表

值	编码
best	0
upper right	1
upper left	2
lower left	3
lower right	4
center left	5
center right	6
lower center	7
upper center	8
center	9
top right	10
top left	11
bottom left	12
bottom right	13
right	14
left	15
top	16
bottom	17

第 18 行代码将通过 gca 函数（get current axes）获取当前图表区域，赋值给变量 ax。

第 19~20 行代码传入 x 轴和 y 轴数据，通过 plot 方法绘制柱状图。

kind='bar' 表示图表类型为柱状图。

ax=ax 表示将柱状图与数据表进行贴合。

color=colors 表示将数据系列颜色设为颜色列表。

legend=False 表示隐藏图例，xlabel='' 表示隐藏 x 轴标签。

第 21 行代码在屏幕上显示带数据表的柱状图，如图 16-41 所示。

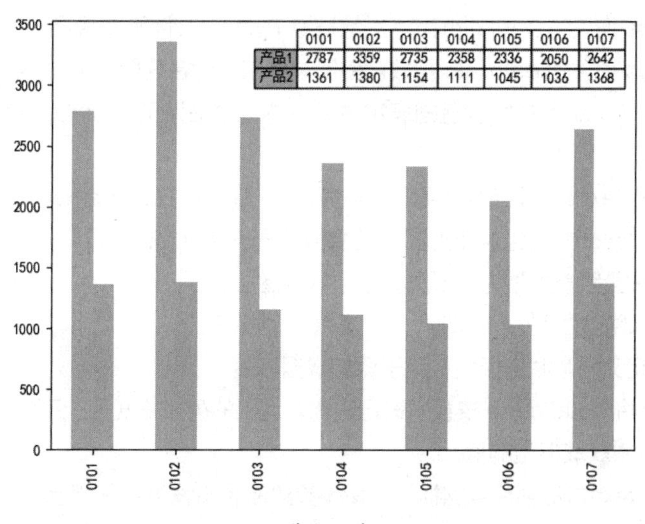

	0101	0102	0103	0104	0105	0106	0107
产品1	2787	3359	2735	2358	2336	2050	2642
产品2	1361	1380	1154	1111	1045	1036	1368

图 16-41　带数据表的柱状图

16.15.5　添加数据标签

添加数据标注说明，可增加可读性，有利于受众对图表的理解。

以下示例代码根据图 16-42 所示的数据表绘制条形图，添加数据标签及平均线，对数据进行标注。

	A	B
1	区域	客户价值
2	A区	94949.82
3	B区	132892.8
4	C区	142549.3
5	D区	165154.3
6	E区	79918.14

图 16-42　图表数据源

```
import pandas as pd
import matplotlib.pyplot as plt
import os
folder_name = os.path.dirname(__file__)
file_name = os.path.join(folder_name, 'text.xlsx')
plt.rcParams['font.sans-serif'] = ['simHei']
df = pd.read_excel(file_name)
ax = df.plot(x = '区域', y = '客户价值', kind = 'barh',
             legend = False, xlabel = '')
for x, y in df.iterrows():
    ax.text(x = 60000, y = x, s = y[1], ha = 'center', size = 12, c = 'w')
```

```
#012  avg = df['客户价值'].mean()
#013  ax.axvline(x = avg, c = 'red', ls = ':')
#014  plt.show()
```

➢ 代码解析

第 1 行代码导入 pandas 模块，设置别名为 pd。

第 2 行代码导入 matplotlib 模块的 pyplot 包，设置别名为 plt，用于处理图表中的中文字符及展示图表。

第 3 行代码导入 os 模块，用于获取文件路径。

第 4 行代码使用 os 模块的 path.dirname 函数获取 Python 文件所在目录。

第 5 行代码使用 os 模块的 path.join 函数连接目录名和文件名获取数据文件的全路径。

第 6 行代码通过 rcParams 参数设置图表字体为黑体。这是为了让 matplotlib 模块支持中文字体的显示。

第 7 行代码以 read_excel 方法将文件读取到内存中，赋值给 DataFrame 对象变量 df。

第 8~9 行代码通过 plot 方法绘制条形图，并赋值给图表对象 ax。

kind='barh' 表示设置图表类型为条形图（水平柱状图）。

legend=False 表示隐藏图例，xlabel='' 表示隐藏 x 轴标签。

第 10~11 行代码定义一个循环模块，用于添加数据标签。

df.iterrows() 表示将 DataFrame 按索引进行迭代，返回的列表格式为 [索引 , 行数据]。其中行数据为列表格式，可通过索引获取指定的值。

第 11 行代码通过 text 方法创建数据标签。text 参数说明如表 16-19 所示。

表 16-19　text 参数说明

示例	说明
x=60000	数值，默认为 0。标注文本位于 x/y 轴的位置 示例表示标注文字位于 x 刻度为 6000，y 刻度为 0 处（如 y 轴为类别数据，0 为第 1 个类别）
y=0	
s= 94949.82	字符串或数值，标注文本
ha='center'	字符串，默认“left”，可选 left/center/right 中的任意一个值。标注文本水平对齐方式。ha 是 horizontalalignment 的简写
size=12	数值，标注文字字体大小，单位为磅（pt）。size 为 fontsize 的简称
c='w'	颜色格式，标注文字字体颜色。c 为 color 的简写，w 为白色的简写
va='center'	字符串，默认“baseline” 可选 top/bottom/center/baseline/center_baseline 中的任意一个值。标注文本垂直对齐方式。va 是 verticalalignment 的简写
rotation=90	数值，可选 'vertical/horizontal' 中的任意一个值，标注文字逆时针旋转度数

x/y/s 为必选参数，其他参数可选。

第 12 行代码定义 “客户价值” 的平均值变量 avg。

第 13 行代码绘制垂直方向的平均线。axvline 方法用于绘制垂直线，绘制水平线则采用 axhline 方法。

提示

可以使用以下方式帮助理解记忆。

v/h 是垂直 / 水平的英文缩写（vertical/horizontal），ax 表示坐标系，故 axvline 表示坐标系上的垂直线，可由（plot 方法生成的）AxesSubplot 对象调用。

与表 16-19 类似，x 表示垂线的 x 轴位置，c 表示垂线颜色，ls 表示线条风格（line style），“:”表示虚线。

深入了解

更多关于线条风格的设置，请参考以下链接：

https://matplotlib.org/3.1.0/gallery/lines_bars_and_markers/linestyles.html

还可以通过 ymin/ymax 属性设置垂线范围（axhline 方法则对应 xmin/xmax 属性），数值介于 0~1，其中 0 为底端。

第 14 行代码在屏幕上显示带均值参考线的条形图，如图 16-43 所示。

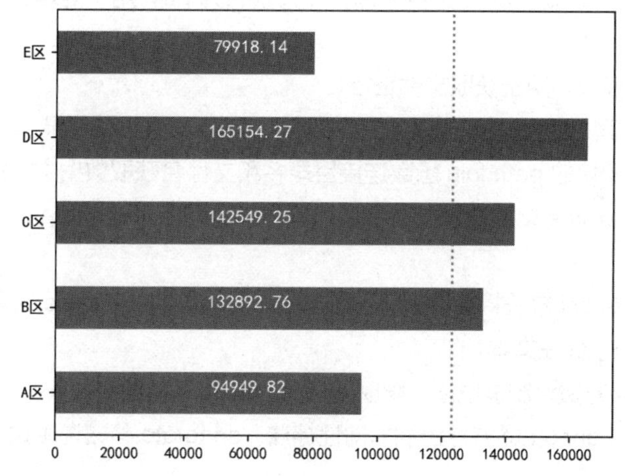

图 16-43　带均值参考线的条形图

16.15.6　添加指向性标注

对于异常数据，可通过指向性标注来说明。例如，标注出峰值和谷值，并说明原因。

以下示例代码根据图 16-44 所示的数据表绘制折线图，并添加文字标注。

	A	B
1	月份	营收
2	Jan	51046.73
3	Feb	50425.64
4	Mar	50577.16
5	Apr	49590.45
6	May	51779.03
7	Jun	39715.51
8	Jul	52849.12
9	Aug	55854.38
10	Sep	56350.33
11	Oct	57228.96
12	Nov	58364.18
13	Dec	60127.33

图 16-44　图表数据源

```
#001  import pandas as pd
#002  import matplotlib.pyplot as plt
#003  import os
#004  folder_name = os.path.dirname(__file__)
#005  file_name = os.path.join(folder_name, 'annotate.xlsx')
#006  plt.rcParams['font.sans-serif'] = ['simHei']
#007  df = pd.read_excel(file_name)
#008  ax = df.plot(x = '月份', y = '营收', legend = False)
#009  text = '2021年5月底荔湾区发生疫情\n线下门店营收普遍受影响'
#010  ax.annotate(text = text, xy = (5, 40000), xytext = (7, 45000),
#011              arrowprops = dict(color = 'b', arrowstyle = '->'),
#012              c = '#FC4E2A', size = 11)
#013  plt.show()
```

➢ 代码解析

第 1 行代码导入 pandas 模块，设置别名为 pd。

第 2 行代码导入 matplotlib 模块的 pyplot 包，设置别名为 plt，用于处理图表中的中文字符及展示图表。

第 3 行代码导入 os 模块，用于获取文件路径。

第 4 行代码使用 os 模块的 path.dirname 函数获取 Python 文件所在目录。

第 5 行代码使用 os 模块的 path.join 函数连接目录名和文件名获取数据文件的全路径。

第 6 行代码通过 rcParams 参数设置图表字体为黑体。这是为了让 matplotlib 模块支持中文字体的显示。

第 7 行代码以 read_excel 方法将文件读取到内存中，赋值给 DataFrame 对象变量 df。

第 8 行代码定义指向性标注文本。

第 9 行代码通过 plot 方法绘制折线图，隐藏图例 legend，赋值给变量 ax。

第 10~12 行代码通过 annotate 方法添加指向性标注。annotate 参数说明如表 16-20 所示。

表 16-20　annotate 参数说明

示例	说明
text=' 标注文字 '	字符串，标注文字的内容。必选
xy=(5, 40000)	元组，标注箭头坐标。必选 5 表示第 6 个刻度（类别刻度从 0 开始）
xytext=(7, 45000)	元组，标注文字坐标。必选
arrowprops=dict(color='b', arrowstyle='->')	字典，标注箭头属性。可选。示例表示箭头颜色为蓝色，箭头长 / 宽分别为 0.4/0.2 像素点
c='#FC4E2A'	颜色格式，表示标注文字的字体颜色。可选
size=11	数值，标注文字的字体大小。可选

深入了解

还可以传入 bbox 参数给标注文字加上边框样式，示例代码如下所示。

```
bbox={'boxstyle': 'round, pad=0.2', 'ec': 'k',
```

```
#002         'fc': '#FED976', 'lw': 1, 'alpha': 0.1}
```

'round, pad=0.2' 表示内边距为 0.2 的圆角矩形。该值越大则边框区域越大。也可以选 cycle（圆形）或者 square（方形）。

ec/ fc/lw/alpha 分别表示边框线条边缘颜色（edge color）/ 边框内部前景色（front color）/ 边框线条粗细（line weight）和边框内部前景色透明度。

更多信息请参考以下链接：

https://matplotlib.org/3.2.2/api/text_api.html#matplotlib.text.Annotation

第 13 行代码在屏幕上显示带文字标注的折线图，如图 16-45 所示。

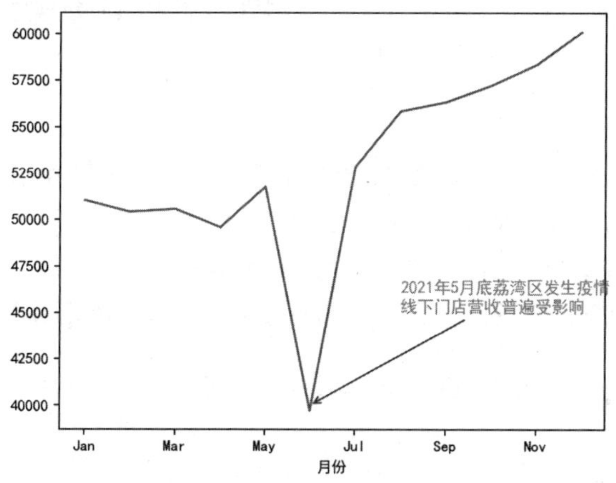

图 16-45　带文字标注的折线图

16.15.7　使用 style 统一图表风格

当报告中有多张图表时，统一图表风格能彰显数据分析报告的美观和专业性。matplotlib 内置了 20 多种主题风格，初学者可选择任一主题风格迅速美化图表。以下示例代码根据图 16-46 所示的数据表绘制了 seaborn 主题风格的折线图。

	A	B
1	月份	营收
2	Jan	51046.73
3	Feb	50425.64
4	Mar	50577.16
5	Apr	49590.45
6	May	51779.03
7	Jun	39715.51
8	Jul	52849.12
9	Aug	55854.38
10	Sep	56350.33
11	Oct	57228.96
12	Nov	58364.18
13	Dec	60127.33

图 16-46　图表数据源

```
#001  import pandas as pd
#002  import matplotlib.pyplot as plt
#003  import os
#004  folder_name = os.path.dirname(__file__)
#005  file_name = os.path.join(folder_name, 'style.xlsx')
#006  plt.style.use('seaborn-v0_8')
```

```
#007  plt.rcParams['font.sans-serif'] = ['simHei']
#008  df = pd.read_excel(file_name)
#009  df.plot(x = '月份', y = '营收', legend = False)
#010  plt.show()
```

➢ 代码解析

第 1 行代码导入 pandas 模块，设置别名为 pd。

第 2 行代码导入 matplotlib 模块的 pyplot 包，设置别名为 plt，用于处理图表中的中文字符及展示图表。

第 3 行代码导入 os 模块，用于获取文件路径。

第 4 行代码使用 os 模块的 path.dirname 函数获取 Python 文件所在目录。

第 5 行代码使用 os 模块的 path.join 函数连接目录名和文件名获取数据文件的全路径。

第 6 行代码使用“seaborn”0.8 版本风格。

深入了解

可用文本编辑器打开 style 文件以了解各项参数设置，路径一般在调用库的目录下，例如：

C:\Python\Lib\site-packages\matplotlib\mpl-data\stylelib

可使用 print(plt.style.available) 在屏幕上显示可用主题风格名称。

在熟悉各项接口参数的前提下，可以复制一份该文件，适当修改后保存为模板使用。

第 7 行代码通过 rcParams 参数设置图表字体为黑体。这是为了让 matplotlib 模块支持中文字体的显示。

注意

第 7 行代码不可与第 6 行代码对调位置。否则中文字体设置被覆盖，将无法正常显示。

第 8 行代码通过 read_excel 方法读取数据到 DataFrame。

第 9 行代码通过 plot 方法绘制折线图。

第 10 行代码在屏幕上显示使用 seaborn 主题风格的折线图，如图 16-47 所示。

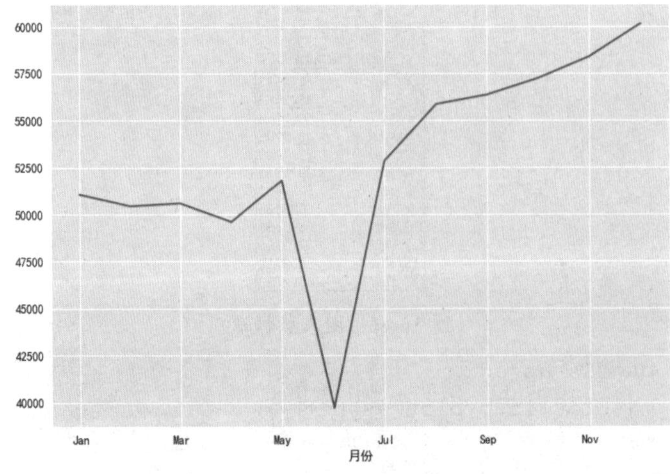

图 16-47　使用 seaborn 主题风格的折线图

16.15.8　使用 rcParams 美化图表

除了使用 style 文件，还可以传入参数更新 rcParams 默认属性，来美化图表。

以下示例代码根据图 16-48 所示的数据表绘制折线图，并通过更新 rcParams 属性来美化图表。

	A	B
1	月份	营收
2	Jan	51046.73
3	Feb	50425.64
4	Mar	50577.16
5	Apr	49590.45
6	May	51779.03
7	Jun	39715.51
8	Jul	52849.12
9	Aug	55854.38
10	Sep	56350.33
11	Oct	57228.96
12	Nov	58364.18
13	Dec	60127.33

图 16-48　图表数据源

```
#001  import pandas as pd
#002  import matplotlib.pyplot as plt
#003  from matplotlib import cycler
#004  import os
#005  folder_name = os.path.dirname(__file__)
#006  file_name = os.path.join(folder_name, 'rcParams.xlsx')
#007  paras = {'grid.color': '#d3d3d3', 'axes.grid': True,
#008           'font.sans-serif': 'simHei',
#009           'axes.prop_cycle': cycler('color', ['#ff7f00'])}
#010  plt.rcParams.update(paras)
#011  df = pd.read_excel(file_name)
#012  df.plot(x = '月份', y = '营收', legend = False)
#013  plt.show()
```

➢ 代码解析

第 1 行代码导入 pandas 模块，设置别名为 pd。

第 2 行代码导入 matplotlib 模块的 pyplot 包，设置别名为 plt，用于处理图表中的中文字符及展示图表。

第 3 行代码导入 matplotlib 模块的 cycler 方法，用于设置数据系列颜色参数。

第 4 行代码导入 os 模块，用于获取文件路径。

第 5 行代码使用 os 模块的 path.dirname 函数获取 Python 文件所在目录。

第 6 行代码使用 os 模块的 path.join 函数连接目录名和文件名获取数据文件的全路径。

第 7~9 行代码定义参数字典 paras。

'grid.color': '#d3d3d3' 表示网格线为浅灰色。

'axes.grid': True 表示显示网格线。

'font.sans-serif': 'simHei' 表示使用黑体字来处理中文字符。

'axes.prop_cycle': cycler('color', ['#ff7f00']) 表示数据系列的颜色循环。颜色列表元素个数不要低于数据系列数，否则颜色列表循环后会出现混乱（多个系列对应同一个颜色）。

第 10 行代码使用 rcParams 包的 update 方法更新图表属性参数。

第 11 行代码以 read_excel 方法将文件读取到内存中，赋值给 DataFrame 对象变量 df。

第 12 行代码传入 x 和 y 参数，通过 plot 方法绘制折线图。

第 13 行代码在屏幕上显示自定义图表参数的折线图，如图 16-49 所示。

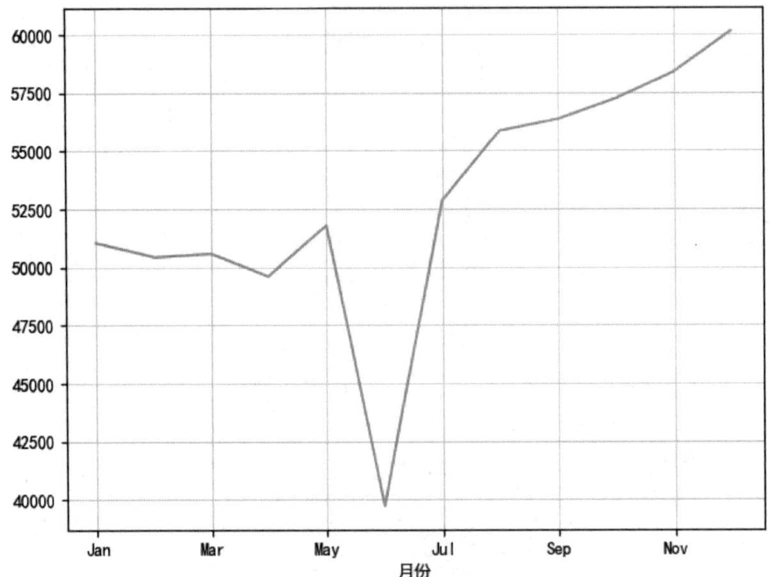

图 16-49　自定义图表参数的折线图

第 17 章　批量处理图片

在日常办公中，经常需要处理图片等素材。尽管已经有很多应用软件可以完成各种各样的处理任务，但如果要批量处理大量的素材，例如，批量裁剪照片制作画册、批量缩放照片制作表彰证书，借助 Python 可以更轻松地完成这些工作。

17.1　批量将 JPG 图片转为 PNG 格式

图片文件的格式非常多，常见的有 JPG、PNG、GIF、BMP 和 WEBP 等。在某些应用场景中，需要实现大量图片的格式转换。

以下示例代码将如图 17-1 所示的文件夹中的 JPG 格式图片批量转为 PNG 格式。

图 17-1　待转换格式的图片

注意　在运行代码前，可能需要先用 pip install pillow 安装该模块。

```
from PIL import Image
from pathlib import Path
root_path = Path(__file__).parent
jpg_folder = root_path.joinpath('jpg_folder')
png_folder = root_path.joinpath('png_folder')
if not png_folder.exists():
    png_folder.mkdir()
for jpg_file in jpg_folder.iterdir():
    img = Image.open(jpg_file)
    png_file = jpg_file.stem + '.png'
    png_path = png_folder.joinpath(png_file)
    img.save(str(png_path))
```

```
#013        img.close()
```

➤ 代码解析

第 1 行代码导入 PIL 模块的 Image 包，该包用于读写图片文件。

第 2 行代码从 pathlib 模块导入 Path 包，用于处理路径。

第 3 行代码使用 parent 属性获取 Python 文件所在目录。

第 4~5 行代码使用 joinpath 函数获取图片源文件夹和目标文件夹。

第 6~7 行代码使用条件分支语句，当目标文件夹不存在时则创建。

第 8 行代码创建循环代码块，遍历指定路径下的图片文件。

第 9 行代码使用 Image 包的 open 方法打开指定路径的图片。

第 10 行代码通过 jpg_file 变量拼接出 png 文件名。

stem 属性用于获取文件名（不含扩展名），扩展名则可以通过 jpg_file.suffix 来获取。此外，也可以使用 replace 方法来获取： png_file = str(jpg_file).replace('.jpg','.png')。

第 11 行代码使用 joinpath 函数获取目标文件全路径。

第 12 行代码使用 save 方法将 img 变量保存为 PNG 格式图片。除 PNG 外，还可以根据实际转为 BMP、GIF 等多种常见文件格式。

由 joinpath 方法生成的 png_path 变量是 Path 类，应使用 str 方法转为字符串。

第 13 行代码使用 close 方法关闭图片。

格式转换结果如图 17-2 所示。

图 17-2　格式转换结果

17.2　批量裁剪图片

有时候需要将图片裁剪成合适的尺寸，以便适应模板。使用 Python 操作可有效避免效率低、精确度难以掌握等手工裁剪的缺点。

以下示例代码将图片批量裁剪成统一尺寸的图片。

```
#001  from PIL import Image
#002  from pathlib import Path
#003  root_path = Path(__file__).parent
#004  seasons_folder = root_path.joinpath('seasons')
#005  output_folder = root_path.joinpath('output_seasons')
#006  if not output_folder.exists():
#007      output_folder.mkdir()
#008  width, height = 1280, 720
#009  for file in seasons_folder.iterdir():
#010      img = Image.open(file)
#011      output_path = output_folder.joinpath(file.name)
#012      center_x, center_y = img.width / 2, img.height / 2
#013      left, upper = center_x - width / 2, center_y - height / 2
#014      right, lower = center_x + width / 2, center_y + height / 2
#015      img = img.crop(box = (left, upper, right, lower))
#016      img.save(str(output_path))
#017      img.close()
```

➢ 代码解析

第 1 行代码导入 PIL 模块的 Image 包，该包用于读写图片文件。

第 2 行代码从 pathlib 模块导入 Path 包，用于处理路径。

第 3 行代码使用 parent 属性获取 Python 文件所在目录。

第 4~5 行代码使用 joinpath 函数获取图片源文件夹和目标文件夹。

第 6~7 行代码使用条件分支语句，当目标文件夹不存在时则创建。

第 8 行代码定义宽度和高度，分别为 1280 和 720 像素，作为裁剪后的图片尺寸。

第 9 行代码创建循环代码块，遍历指定路径下的图片文件。

第 10 行代码使用 Image 包的 open 方法打开指定路径的图片。

第 11 行代码使用 joinpath 函数获取目标文件全路径。name 属性用于获取文件名（不含路径），例如："春 .jpeg"。

第 12 行代码通过 width 和 height 属性定义中心的 x 和 y 坐标，赋值给 center_x 和 center_y。将宽和高视为数轴，中点即为图片中心位置。

深入了解

也可以使用 size 属性通过推导式来获取中心位置，示例代码如下：

```
center_x, center_y = (x/2 for x in img.size)
```

第 13 行代码定义裁剪位置的左上角坐标 left 和 upper。由于图片是以左上角作为坐标原点（0, 0）的，因此，将图片中心坐标减去高度和宽度的一半，即可得到裁剪位置的左上角坐标。

第 14 行代码以同样的方式定义右下角坐标，赋值给 right 和 lower。

第 15 行代码使用 crop 方法对图片进行裁剪，并赋值给变量 img。

该方法唯一参数 box 的传入值为左上角和右下角坐标，而不是大多数矩形所采用的"（left, top, width, height）"形式。

第 16 行代码使用 save 方法将变量 img 保存为图片。

第 17 行代码使用 close 方法关闭图片。

结果对比如图 17-3 所示，图片保留中心部分完成了四周裁剪。

图 17-3　裁剪前后对比（左图为裁剪前的图片，右图为裁剪后的图片）

17.3　切割图片为九宫格

切割大图为九宫格图片，结合适当的文案，容易吸引注意力，以达到更佳的传播效果。以下示例代码将如图 17-4 所示的图片切割为 9 张图片，可以形成九宫格效果。

图 17-4　原始图片

```
from PIL import Image
from pathlib import Path
root_path = Path(__file__).parent
split_file = root_path.joinpath('split.jpg')
output_folder = root_path.joinpath('output_split')
if not output_folder.exists():
```

```
#007        output_folder.mkdir()
#008    for i in range(9):
#009        img = Image.open(split_file)
#010        output_path = output_folder.joinpath(str(i + 1) + '.JPG')
#011        x, y = img.width // 3, img.height // 3
#012        img_result = Image.new(mode = 'RGB', size = (x, y))
#013        row_no, col_no = i % 3, i // 3
#014        left, upper = x * row_no, y * col_no
#015        right, lower = x * (row_no + 1), y * (col_no + 1)
#016        img = img.crop(box = (left, upper, right, lower))
#017        img_result.paste(im = img)
#018        img_result.save(str(output_path))
#019        img_result.close()
#020        img.close()
```

➢ 代码解析

第 1 行代码导入 PIL 模块的 Image 包，该包用于读写图片文件。

第 2 行代码从 pathlib 模块导入 Path 包，用于处理路径。

第 3 行代码使用 parent 属性获取 Python 文件所在目录。

第 4 行代码使用 joinpath 函数获取图片源文件。

第 5 行代码使用同样的方法获取图片目标文件夹。

第 6~7 行代码使用条件分支语句，当目标文件夹不存在时则创建。

第 8 行代码创建循环代码块，创建新图片 9 次。

第 9 行代码使用 Image 包的 open 方法打开指定路径的图片。

第 10 行代码使用 joinpath 函数定义输出文件全路径。

第 11 行代码定义切割图片的尺寸。双斜杠运算符表示相除之后向下取整（并非四舍五入）。例如，3//2=1（1.5 取整为 1）。取整的目的是避免出现切割图片像素为小数的情况。

第 12 行代码使用 new 方法新建一个大小为指定尺寸的 Image 对象，赋值给变量 img_result。

new 方法参数说明如下。

mode：必选。图片色彩模式，可传入“RGB”“RGBA”“LAB”等多种色彩模式。

size：必选。尺寸，传入值为“（宽，高）”元组。

color：可选。背景色。默认为黑色。

第 13 行代码定义行列编号。百分号为取模运算符，即返回变量 i 除以 3 的余数。

第 14 行代码根据指定尺寸和行列编号定义左上角坐标。根据变量 i 依次返回以下坐标：

```
(0,0), (x,0), (2x,0)
(0,y), (x,y), (2x,y)
(0,2y), (x,2y), (2x,2y)
```

x 为原图 1/3 宽度，y 为原图 1/3 高度，由此得到按九宫格分割的左上角坐标。

第 15 行代码以同样的方式获取右下角坐标。

第 16 行代码使用 crop 方法对图片进行裁剪，并赋值给 img。

第 17 行代码使用 paste 方法将 img 粘贴到 img_result 的左上角位置。

paste 方法参数说明如表 17-1 所示。

表 17-1　paste 方法参数说明

示例	含义	参数类型	说明
im=img	贴入的图像	必选。源图像或像素值（整数或元组）	–
box=(50, 50)	要粘贴的位置	可选。格式为 (left, top) 或 (left, top, width, height)	left，top 为左上角坐标
mask=None	遮罩图像	可选。图像或像素值（整数或元组）	–

第 18 行代码使用 save 方法将 img_result 变量保存为图片。

第 19~20 行代码使用 close 方法依次关闭 img_result 和 img。

分割结果如图 17-5 所示。

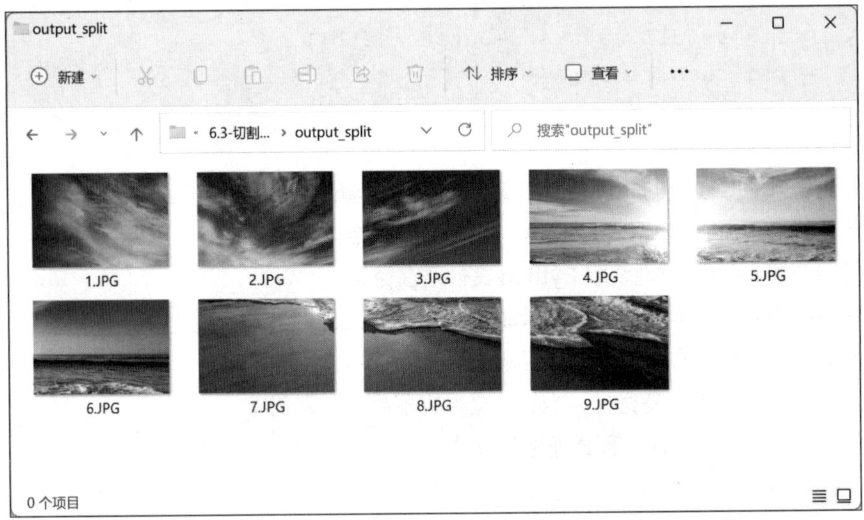

图 17-5　分割后的 9 张图片

如果将分割得到的 9 张图片按名称顺序上传到社交平台，九宫格图片显示效果如图 17-6 所示。

图 17-6　九宫格图片显示效果

17.4　批量收缩图片尺寸

按照一定比例收缩图片也是一种常见的需求，以下代码按比例批量收缩图片尺寸，生成缩略图。

```
#001  from PIL import Image
#002  from pathlib import Path
#003  root_path = Path(__file__).parent
#004  plants_folder = root_path.joinpath('pics')
#005  out_folder = root_path.joinpath('out_pics')
#006  if not out_folder.exists():
#007      out_folder.mkdir()
#008  width, height = 960, 540
#009  for file in plants_folder.iterdir():
#010      img = Image.open(file)
#011      output_path = out_folder.joinpath(file.name)
#012      x_rate, y_rate = img.width / width, img.height / height
#013      rate = max(x_rate, y_rate)
#014      thumb_width, thumb_height = (x / rate for x in img.size)
#015      img.thumbnail(size = (thumb_width, thumb_height))
#016      img.save(str(output_path))
#017      img.close()
```

➢ 代码解析

第 1 行代码导入 PIL 模块的 Image 包，该包用于读写图片文件。

第 2 行代码从 pathlib 模块导入 Path 包，用于处理路径。

第 3 行代码使用 parent 属性获取 Python 文件所在目录。

第 4~5 行代码使用 joinpath 函数连接目录名和文件夹名称，用于获取图片源文件夹和目标文件夹。

第 6~7 行代码使用条件分支语句，当目标文件夹不存在时则创建。

第 8 行代码定义宽度和高度，分别为 960 和 540 像素，作为缩放后的预设尺寸。此处的数值并不一定等于缩放后的真正尺寸，而是作为计算缩放比例的主要基准。

第 9 行代码创建循环代码块，遍历指定路径下的图片文件。

第 10 行代码使用 Image 包的 open 方法打开指定路径的图片。

第 11 行代码使用 joinpath 函数连接目录名和文件夹名称，用于获取目标文件全路径。

第 12 行代码通过 width 和 height 属性定义宽度和高度收缩比例，赋值给 x_rate 和 y_rate。

第 13 行代码选择最大值作为统一收缩比，以保证最终生成的图片不超过预设尺寸。

例如，宽度 × 高度为 1920 像素 × 1280 像素，x_rate=1920÷960=2，y_rate=1280÷540=2.3。若选择最小值 2 作为收缩比，宽度将收缩为 1280÷2=640，超过预设值。因此要选择最大值 2.3 作为收缩比。

第 14 行代码定义收缩后的图片尺寸。size 属性返回图片尺寸元组：（宽度，高度）。

第 15 行代码使用 thumbnail 方法创建缩略图。参数 size 传入值为元组：（宽度，高度）。

第 16 行代码使用 save 方法将 img 变量保存为图片。

第 17 行代码使用 close 方法关闭图片。收缩结果对比如图 17-7 所示。

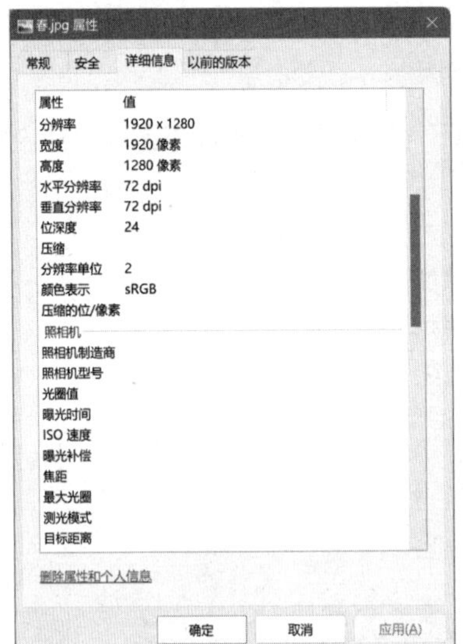

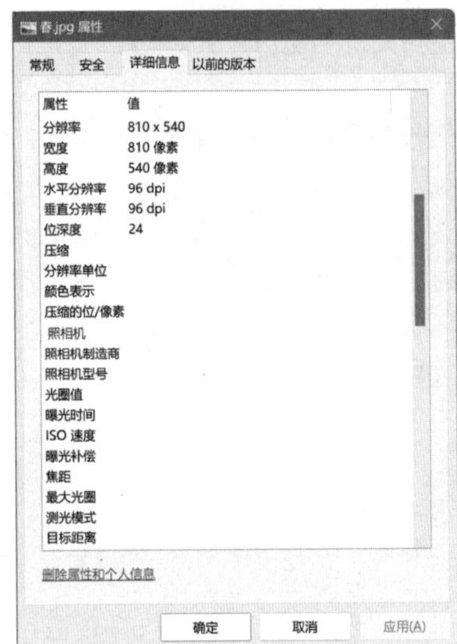

图 17-7 收缩结果对比（左图为收缩前的图片，右图为收缩后的图片）

17.5 批量压缩 JPG 图片体积

在某些应用场景中，对上传的图片文件体积有特殊要求，例如，不得超过 1MB。而原始图片如果超过要求，就需要减小体积。通常收缩图片可以减小图片体积，但如果不希望改变图片分辨率，也可以通过压缩的方法来完成这类需求。

以下示例代码通过降低品质的方式批量压缩 JPG 文件体积。

```
#001 from PIL import Image
#002 from pathlib import Path
#003 root_path = Path(__file__).parent
#004 birds_folder = root_path.joinpath('birds')
#005 out_birds_folder = root_path.joinpath('out_birds')
#006 if not out_birds_folder.exists():
#007     out_birds_folder.mkdir()
#008 for file in Path(birds_folder).iterdir():
#009     img = Image.open(file)
#010     output_path = out_birds_folder.joinpath(file.name)
#011     img.save(str(output_path), quality = 70)
#012     img.close()
```

➢ 代码解析

第 1 行代码导入 PIL 模块的 Image 包，该包用于读写图片文件。

第 2 行代码从 pathlib 模块导入 Path 包，用于处理路径。

第 3 行代码使用 parent 属性获取 Python 文件所在目录。

第 4~5 行代码使用 joinpath 函数获取图片源文件夹和目标文件夹。

第 6~7 行代码使用条件分支语句，当目标文件夹不存在时则创建。

第 8 行代码创建循环代码块，遍历指定路径下的图片文件。

第 9 行代码使用 Image 包的 open 方法打开指定路径的图片。

第 10 行代码使用 joinpath 函数获取目标文件全路径。

第 11 行代码使用 save 方法将 img 变量保存为图片。

quality 参数为图片质量，范围为 0~100。60~75 是一个较为均衡的压缩比范围，既能有效减少图片体积，又不至于损失太多色彩信息，以至于图片失真。

第 12 行代码使用 close 方法关闭图片。压缩结果对比如图 17-8 所示。

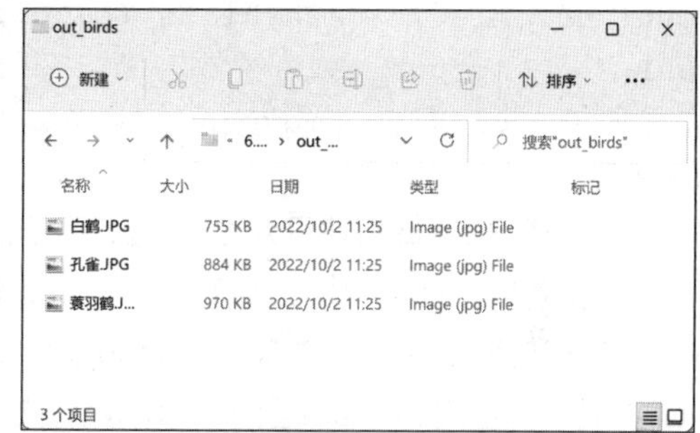

图 17-8　压缩结果对比（左图为压缩前的文件，右图为压缩后的文件）

17.6　批量删除 EXIF 信息

图片的 EXIF 信息主要包括拍摄设备、拍摄时间、拍摄参数等，这些信息通常在拍摄时就写入了图片文件中。有些图片可能保存了地理位置等敏感信息，如图 17-9 所示。

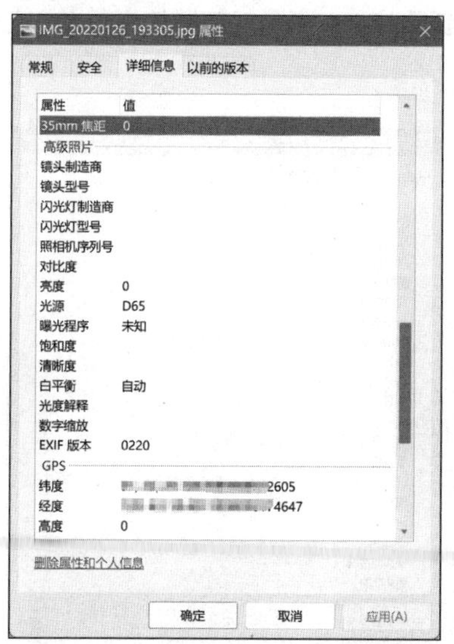

图 17-9　包含 EXIF 信息的图片

为了避免信息泄露，有时需要删除此类信息。

以下示例代码批量删除图片中的 EXIF 信息。

注意

在运行代码前，可能需要先用 pip install piexif 安装该模块。

```
#001  from pathlib import Path
#002  import piexif
#003  root_path = Path(__file__).parent
#004  birds_folder = root_path.joinpath('EXIF')
#005  out_birds_folder = root_path.joinpath('out_EXIF')
#006  if not out_birds_folder.exists():
#007      out_birds_folder.mkdir()
#008  for file in Path(birds_folder).iterdir():
#009      output_path = out_birds_folder.joinpath(file.name)
#010      piexif.remove(src = str(file), new_file = str(output_path))
```

➢ 代码解析

第 1 行代码从 pathlib 模块导入 Path 包，用于处理路径。

第 2 行代码导入 piexif 模块，用于删除 EXIF 信息。

第 3 行代码使用 parent 属性获取 Python 文件所在目录。

第 4~5 行代码使用 joinpath 函数获取图片源文件夹和目标文件夹。

第 6~7 行代码使用条件分支语句，当目标文件夹不存在时则创建。

第 8 行代码创建循环代码块，遍历指定路径下的图片文件。

第 9 行代码使用 joinpath 函数获取目标文件全路径。

第 10 行代码使用 remove 方法移除 EXIF 信息，并保存在目标文件夹中。

remove 方法的参数说明如下。

src：必选，字符串。用于指定源文件路径。

new_file：可选，字符串。用于指定新文件路径，如忽略则覆盖源文件。

运行代码后，新文件的属性如图 17-10 所示，包括拍摄设备、拍摄日期、拍摄地点在内的 EXIF 信息都已经被删除。

图 17-10　删除 EXIF 信息后的文件图片属性

17.7　添加文字水印

为了标识图片版权，添加文字水印是一种常见的手段。

添加水印一般有两种方式：一种是在指定位置添加一处水印；另一种则是对全图添加多处水印。

17.7.1　批量添加单个水印

以下示例代码批量添加文字水印。

```
#001  from PIL import Image, ImageDraw, ImageFont
#002  from pathlib import Path
#003  root_path = Path(__file__).parent
#004  watermark_folder = root_path.joinpath('watermark')
#005  out_watermark = root_path.joinpath('out_watermark')
#006  if not out_watermark.exists():
#007      out_watermark.mkdir()
#008  font_name = r'C:\Windows\Fonts\simhei.ttf'
#009  for file in watermark_folder.iterdir():
#010      img = Image.open(file).convert('RGBA')
#011      output_path = out_watermark.joinpath(file.name)
#012      x, y = img.size
#013      txt = Image.new('RGBA', (x, y))
#014      draw = ImageDraw.Draw(txt)
#015      font = ImageFont.truetype(font = font_name, size = 120)
#016      draw.text(xy = (x - 240, y - 120), text = '水印',
#017                font = font, fill = (255, 0, 0, 30))
#018      img = Image.alpha_composite(img, txt).convert('RGB')
#019      img.save(str(output_path))
#020      img.close()
```


➢ 代码解析

第 1 行代码导入 PIL 模块的 Image、ImageDraw 和 ImageFont 包，用于处理图片。

第 2 行代码从 pathlib 模块导入 Path 包，用于处理路径。

第 3 行代码使用 parent 属性获取 Python 文件所在目录。

第 4~5 行代码使用 joinpath 函数获取图片源文件夹和目标文件夹。

第 6~7 行代码使用条件分支语句，当目标文件夹不存在时则创建。

第 8 行代码定义字体名称路径。“C:\Windows\Fonts\simhei.ttf”为“黑体”字体。

第 9 行代码创建循环代码块，遍历指定路径下的图片文件。

第 10 行代码使用 Image 包的 open 方法打开指定路径的图片，并转为“RGBA”图片色彩模式，以便添加半透明文字水印。

由于 RGBA 模式含有透明度信息，仅对以下几种后缀名的图片格式有效：PNG、GIF、BMP、TIF 和 WebP。其他图片格式（如 JPG）需转换后再处理。

第 11 行代码使用 joinpath 函数获取目标文件全路径。

第 12 行代码将图片宽高尺寸分别赋值给 x 和 y，用于后续定位水印图像的大小和位置。

第 13 行代码通过 new 方法创建一个与源图片大小一致的 Image 对象，赋值给变量 txt。

第 14 行代码传入 txt 变量，通过 Draw 方法创建一个 Image 对象的绘图接口。

Draw 方法的参数说明如下。

im：必选，Image 对象。

mode：可选，图片色彩模式。默认为 Image 对象的图片色彩模式。

第 15 行代码通过 truetype 方法创建 ImageFont 对象，赋值给变量 font。

truetype 方法的常用参数说明如下。

font：必选，字体路径，默认为 None。

size：必选，字体字号大小，默认为 10。

第 16~17 行代码使用 text 方法添加水印文字。text 方法的参数说明如表 17-2 所示。

表 17-2　text 方法参数说明

示例	含义	参数类型	说明
xy=(x−240, y−120)	水印文字坐标	必选。2 元组 (left,top)	图片尺寸减去文字尺寸后，得到 left，top 为左上角坐标
text=' 水印 '	水印文字内容	必选。水印文字，字符串	–
font=font	水印文字字体	可选。ImageFont 对象	–
fill= (255, 0, 0, 64)	水印文字填充色	可选。4 元组 RGBA 值 4 个值均介于 0~255	A 越小越透明，A 为 0 时全透明，64 为 25% 透明度

深入了解

仅添加文字而不设置透明度，可简化为以下代码（可应用于 JPG 格式图片）。

```
for file in watermark_folder.iterdir():
    img = Image.open(file)
    output_path = out_watermark.joinpath(file.name)
    draw = ImageDraw.Draw(img)
    font = ImageFont.truetype(font=font_name, size=120)
    draw.text(xy=(900, 500), text='文字', font=font,
              fill=(128, 64, 128))
    img.save(str(output_path))
    img.close()
```

第 18 行代码使用 alpha_composite 方法，将水印对象 txt 叠加到 img 对象上。

alpha_composite 方法传入值为 2 个 RGBA 模式且尺寸大小一致的 Image 对象，返回覆盖后的 Image 对象。

由于保存为 JPG 格式文件，所以仍需使用 convert 方法转为“RGB”颜色模式。

第 19 行代码使用 save 方法将 img 变量保存为图片。

第 20 行代码使用 close 方法关闭图片。添加单个水印文字的图片如图 17-11 所示。

图 17-11　添加单个水印文字的图片

17.7.2　批量添加全图水印

以下示例代码批量添加全图水印。

> **注意**
>
> 在运行代码前，可能需要先用 pip install python-office 安装该模块。由于该模块的依赖包中含有 Windows 系统特有模块，本例不适用于 MacOS 系统。

```
#001  from office import image
#002  from pathlib import Path
#003  root_path = Path(__file__).parent
#004  watermark = root_path.joinpath('watermark2')
#005  out_mark = root_path.joinpath('out_mark')
#006  for file in watermark.iterdir():
#007      image.add_watermark(
#008          file = file, mark = '水印', out = out_mark, color = 'green',
#009          size = 30, opacity = 0.5, space = 120, angle = 60)
```


➢ 代码解析

第 1 行代码导入 office 模块的 image 包，用于添加水印。

> **深入了解**
>
> python-office 是一个办公模块，包含 Excel、PDF、Image 等多个包。更多教程请参阅以下链接：https://www.python-office.com/video/video.html。

第 2 行代码从 pathlib 模块导入 Path 包，用于处理路径。

第 3 行代码使用 parent 属性获取 Python 文件所在目录。

第 4~5 行代码使用 joinpath 函数获取图片源文件夹和目标文件夹。

第 6 行代码创建循环代码块，遍历指定路径下的图片文件。

第 7~9 行代码使用 image 包的 add_watermark 方法添加水印。

add_watermark 参数说明如表 17-3 所示。

表 17-3　add_watermark 参数说明

示例	含义	参数类型	说明
file file=file	图片文件名	必选，字符串	–
mark=' 水印 '	水印文字内容	必选，字符串	–
out=out_mark	结果文件的保存路径	可选，字符串	建议使用变量 *
color='green'	水印文字颜色	可选，字符串	支持 16 进制编码和颜色名称等多种形式
size=30	水印文字字号	可选，整数	–
opacity=0.5	水印文字透明度	可选，浮点型数值	越小越透明
space=120	水印间隙	可选，整数	越大水印数量越少
angle=60	水印文字角度	可选，整数	–

注：* 文件夹所在位置与运行方式，即与“交互窗口”或“Terminal”（终端）有关。为确保文件被保存在指定位置，建议传入变量。

添加全图水印的图片如图 17-12 所示。

图 17-12　添加全图水印的图片

17.8　批量添加二维码

为了推广，给宣传图片或海报图片批量添加二维码，也是常见的应用场景。

以下示例代码可以给多张图片批量添加二维码。

注意　在运行代码前，可能需要先用 pip install qrcode 安装该模块。

```
from PIL import Image
from qrcode import QRCode
from pathlib import Path
root_path = Path(__file__).parent
qrcode_folder = root_path.joinpath('qrcode')
out_qrcode = root_path.joinpath('out_qrcode')
if not out_qrcode.exists():
        out_qrcode.mkdir()
```

```
#009 qr_url = 'https://www.excelhome.net'
#010 qr_code = QRCode(error_correction = 3)
#011 qr_code.add_data(data = qr_url)
#012 qr_img = qr_code.make_image(fill_color = 'green')
#013 qr_width, qr_height = qr_img.size
#014 for file in qrcode_folder.iterdir():
#015         img = Image.open(file)
#016         output_path = out_qrcode.joinpath(file.name)
#017         left, top = img.width - qr_width, img.height - qr_height
#018         img.paste(im = qr_img, box = (left, top))
#019         img.save(str(output_path))
#020         img.close()
#021 qr_img.close()
```

➢ 代码解析

第 1 行代码导入 PIL 模块的 Image，用于处理图片。

第 2 行代码从 qrcode 模块导入 QRCode 包，用于创建二维码。

第 3 行代码从 pathlib 模块导入 Path 包，用于处理路径。

第 4 行代码使用 parent 属性获取 Python 文件所在目录。

第 5~6 行代码使用 joinpath 函数获取图片源文件夹和目标文件夹。

第 7~8 行代码使用条件分支语句，当目标文件夹不存在时则创建。

第 9 行代码定义二维码文字信息（支持中文）。读者可根据实际改为合适的链接或文字。

第 10 行代码创建一个 QRCode 对象，设置容错率为 25%，即图案缺失或污染面积占比为 25% 以下的二维码都能被正确识别。QRCode 参数说明如表 17-4 所示。

表 17-4　QRCode 参数说明

示例	含义	参数类型	说明
version=1	版本，用于控制生成二维码的尺寸大小	可选，整型，1~40。默认值为 None，根据内容自适应	边长 =version*4+17 即最小值 1 时为 21×21 的矩阵
error_correction=0	容错率	必选，整型常量 0~3。默认值为 0	使用以下代码引入常量： from qrcode.constants import ERROR_CORRECT_L 其中常量对应关系如下： ERROR_CORRECT_L=1 （容错率 7%） ERROR_CORRECT_M=0 （容错率 15%） ERROR_CORRECT_Q=3 （容错率 25%） ERROR_CORRECT_H=2 （容错率 30%）
boxsize=10	色块所占像素数	可选，整型，默认值为 10	–
border=4	外边框宽度值	可选，整型，默认值为 4（最小值）	–

深入了解

二维码图片尺寸由 version、boxsize、border，以及信息内容共同决定。

以 version 为 1、boxsize 为 10 和 border 为 4 为例：由于每个色块尺寸为宽度 × 高度为 10（像素）×10（像素），二维码尺寸 21×10=210 像素，加上两侧外边框宽度为 2×（4×10），因此整图尺寸初始值为 290×290。而最终尺寸由文字信息所决定（本例实际尺寸为 370×370）。可使用以下代码生成二维码图片：

```
from qrcode import QRCode
qr_code = QRCode(version=1)
qr_code.add_data(data='123')
qr_img = qr_code.make_image(fill_color='green')
qr_img.save(r'c:\test.png')
qr_img.close()
```

第 11 行代码使用 add_data 方法添加文字信息。add_data 方法的参数说明如下。

data：字符串，必选，用于生成二维码的文本。

optimize：数值，可选。压缩信息的分块数（chunk），默认为 20。设为 0 则表示不压缩。

第 12 行代码使用 make_image 方法创建二维码图片。make_image 方法的参数说明如下。

fill_color：填充色，即二维码颜色，默认为黑色。除颜色名称外，也可以使用 RGB 值，例如：fill_color=（255, 128, 128）。

back_color：背景色，默认为白色。

第 13 行代码将二维码图片宽高尺寸赋值给 qr_width 和 qr_height。

深入了解

由于 make_image 方法生成的是 Image 对象，因此可使用 crop 方法裁剪掉边框，仅保留二维码图案。示例代码如下：

```
qr_width, qr_height = qr_img.size
qr_img = qr_img.crop(box=(40, 40, qr_width-40, qr_height-40))
```

第 14 行代码创建循环代码块，遍历指定路径下的图片文件。

第 15 行代码使用 Image 包的 open 方法打开指定路径的图片。

第 16 行代码使用 joinpath 函数获取目标文件全路径。

第 17 行代码通过原图尺寸和二维码尺寸，计算出二维码粘贴位置的左上角坐标，赋值给 left 和 top。

第 18 行代码使用 paste 方法将二维码贴到图片上。

第 19 行代码使用 save 方法将 img 变量保存为图片。

第 20 行代码使用 close 方法关闭图片。

第 21 行代码使用 close 方法关闭二维码图片对象 qr_img。

运行代码后，添加了二维码的图片如图 17-13 所示。

图 17-13 添加二维码后的图片

17.9 模糊处理图片

有些图片中包含敏感信息，为了隐藏这些信息，需要对图片的特定区域（例如，二维码、人脸、用户名、用户信息等）进行处理。

由于这些位置并非固定的，因此需要使用计算机视觉来检测识别。而 OpenCV（Open Source Computer Vision Library）作为开源计算机视觉库和机器学习的软件库，它提供了多个接口并支持多种系统。使用 Python 调用它即可解决这类问题。

以下代码识别人脸并进行高斯模糊。

> **注意**
>
> 17.7.2 小节安装的 python-office 已包含依赖包 opencv-python，不可再装，否则可能因为存在多个包导致出错；如未安装，使用 pip install opencv-python 进行安装。


```
import cv2
from PIL import Image, ImageFilter
from cv2.data import haarcascades
import numpy as np
from pathlib import Path
root_path = Path(__file__).parent
in_face = root_path.joinpath('face.jpg')
out_face = root_path.joinpath('out_face.jpg')
img_pil = Image.open(str(in_face))
face_xml = haarcascades + 'haarcascade_frontalface_default.xml'
face_cascade = cv2.CascadeClassifier(face_xml)
bin_arry = np.fromfile(file = in_face, dtype = np.uint8)
img_cv2 = cv2.imdecode(buf = bin_arry, flags = cv2.IMREAD_COLOR)
face = face_cascade.detectMultiScale(img_cv2)
for left, top, width, height in face:
    img_rect = img_pil.crop(
        (left, top, left + width, top + height))
```

```
#018        gauss = ImageFilter.GaussianBlur(radius = 8)
#019        img_blur = img_rect.filter(gauss)
#020        img_pil.paste(im = img_blur, box = (left, top))
#021   img_pil.save(str(out_face))
#022   img_pil.close()
```

➢ 代码解析

第 1 行代码导入 cv2 模块（即已安装的 opencv-python 包），用于检测人脸。

第 2 行代码导入 PIL 模块的 Image、ImageFilter 包，分别用于读写图片和添加高斯模糊滤镜。后者包含模糊、查找边缘、锐化等多个图片处理滤镜。

第 3 行代码从 cv2.data 模块中导入 haarcascades 包。

第 4 行代码导入 numpy 模块，设置别名为 np。

第 5 行代码从 pathlib 模块导入 Path 包，用于处理路径。

第 6 行代码使用 parent 属性获取 Python 文件所在目录。

第 7~8 行代码使用 joinpath 函数获取图片源文件和目标文件。

第 9 行代码使用 Image 的 open 方法打开图片源文件，赋值为 img_pil。

第 10 行代码指定人脸识别的预训练模型文件为 haarcascade_frontalface_default.xml。

深入了解

"haarcascade_frontalface_default.xml"文件位于 data 文件夹下。例如，D:\anaconda3\Lib\site-packages\cv2\data。

第 11 行代码使用 CascadeClassifier 方法，将模型文件加载到级联分类器中。

第 12 行代码使用 numpy 的 fromfile 方法，将文件以二进制形式读入内存。fromfile 方法的参数说明如表 17-5 所示。

表 17-5　fromfile 方法的参数说明

示例	含义	参数类型
file= in_face	文件路径为 in_face	必选，字符串
dtype=np.uint8	cv2 仅接受整型数组，因此需要以该数据类型读入内存	可选，默认为 float
count= -1	读入元素的个数	可选，默认为 -1，即读入整个文件
sep=''	不分隔数据	可选，默认空字符串，以二进制形式读入

第 13 行代码使用 imdecode 方法将数组解码为图像，并赋值为 img_cv2。参数说明如下。

buf：图像数组（通常为 numpy.arry 对象）。

flags：图像类型。默认为灰度图像，flags 为 cv2.IMREAD_COLOR，表示解析为彩色图像。

深入了解

如路径不含中文，可使用 cv.imread 方法读取文件，示例代码如下所示：

```
cv2.imread(filename=r'C:\test.png', flags=cv2.IMREAD_COLOR)
```

第 14 行代码调用分类器 face_cascade 的 detectMultiScale 方法对图像进行人脸检测，将检测结果区域赋值为 face。

第 15 行代码创建循环语句，依次读取每个检测区域的左上角坐标、宽度和高度。

第 16~17 行代码使用 crop 方法裁剪出检测区域，赋值为 img_rect。

第 18 行代码使用 ImageFilter 的 GaussianBlur 方法，创建一个半径为 8 的高斯模糊滤镜。该方法只有一个参数 radius，表示模糊半径。半径越大越模糊。

第 19 行代码使用 filter 方法，将高斯模糊滤镜应用到区域 img_rect 中，赋值为 img_blur。

第 20 行代码使用 paste 方法将模糊区域贴回原处。

第 21 行代码使用 save 方法将 img_pil 变量保存为图片。

第 22 行代码使用 close 方法关闭图片。

运行代码后，对图片人脸部分进行高斯模糊的结果如图 17-14 所示。

图 17-14 高斯模糊结果对比（左图为原始图片，右图为模糊后的图片）

17.10 马赛克处理图片

除了模糊外，打马赛克也是一种常见的处理图片敏感信息的方式。马赛克通常是使用图片指定区域的某种统计值（如均值）或某个位置（如左上角）的值代替该区域的全部值，通过损失像素来达到隐藏关键信息的目的。

以下示例代码检测人眼后，按第二种方法对人眼进行马赛克处理。

```
import cv2
from cv2.data import haarcascades
import numpy as np
from pathlib import Path
root_path = Path(__file__).parent
in_eye = root_path.joinpath('eye.jpg')
out_eye = root_path.joinpath('out_eye.jpg')
bin_arry = np.fromfile(file = in_eye, dtype = np.uint8)
img_cv2 = cv2.imdecode(buf = bin_arry, flags = cv2.IMREAD_COLOR)
face_xml = haarcascades + 'haarcascade_frontalface_default.xml'
face_cascade = cv2.CascadeClassifier(face_xml)
eye_xml = haarcascades + 'haarcascade_eye.xml'
eye_cascade = cv2.CascadeClassifier(eye_xml)
```

```
#014  face = face_cascade.detectMultiScale(img_cv2)
#015  box_size = 3
#016  for left_f, top_f, width_f, height_f in face:
#017      right_f = left_f + width_f
#018      bottom_f = top_f + height_f
#019      face_rect = img_cv2[top_f: bottom_f, left_f: right_f]
#020      eye = eye_cascade.detectMultiScale(face_rect)
#021      for left_e, top_e, width_e, height_e in eye:
#022          x_nums = width_e // box_size
#023          y_nums = height_e // box_size
#024          right_e = left_e + width_e
#025          bottom_e = top_e + height_e
#026          for x_num in range(x_nums):
#027              for y_num in range(y_nums):
#028                  m_left = left_e + y_num * box_size
#029                  m_top = top_e + x_num * box_size
#030                  m_right = m_left + y_num * box_size
#031                  m_bottom = m_top + y_num * box_size
#032                  if m_right < right_e and m_bottom < bottom_e \
#033                      and height_e > 70:
#034                      color = face_rect[m_left, m_top].tolist()
#035                      cv2.rectangle(img = face_rect,
#036                                    pt1 = (m_left, m_top),
#037                                    pt2 = (m_right, m_bottom),
#038                                    color = color, thickness = -1)
#039  cv2.imencode('.jpg', img_cv2)[1].tofile(str(out_eye))
```

➢ 代码解析

第 1 行代码导入 cv2 模块（即已安装的 opencv-python 包），用于检测人眼。

第 2 行代码从 cv2.data 模块中导入 haarcascades 包。

第 3 行代码导入 numpy 模块，设置别名为 np。

第 4 行代码从 pathlib 模块导入 Path 包，用于处理路径。

第 5 行代码使用 parent 属性获取 Python 文件所在目录。

第 6~7 行代码使用 joinpath 函数获取图片源文件和目标文件。

第 8 行代码使用 numpy 的 fromfile 方法，将文件以二进制形式读入内存。

第 9 行代码使用 imdecode 方法将数组解码为图像，并赋值为 img_cv2。

第 10 行代码指定人脸识别的预训练模型文件为 haarcascade_frontalface_default.xml。

第 11 行代码使用 CascadeClassifier 方法，将人脸识别的预训练模型文件加载到级联分类器中。

第 12~13 行代码以同样的方式将人眼识别的预训练模型文件加载到级联分类器中。

第 14 行代码调用分类器 face_cascade 的 detectMultiScale 方法对图像进行人脸检测，将检测结果区域赋值为 face。

第 15 行代码定义马赛克的大小为 3，即后续以 3×3 的尺寸填充纯色。

第 16 行代码创建循环语句，依次读取每个人脸检测区域的左上角坐标、宽度和高度。

第 17~18 行代码根据人脸区域，确定人脸区域的右下角位置。

第 19 行代码根据左上角和右下角坐标，将检测到的人脸区域赋值给 face_rect。

第 20 行代码使用 detectMultiScale 方法，对人脸区域进行人眼检测，将检测结果区域赋值为 eye。缩小检测范围，既可以提高运行效率，又可以有效降低误检概率。

第 21 行代码创建循环语句，依次读取每个检测区域的左上角坐标、宽度和高度。

第 22~23 行代码根据人眼区域，确定马赛克的横纵向的个数。

第 24~25 行代码根据人眼区域，确定右下角位置，作为马赛克的边界。

第 26~27 行代码嵌套 for 循环，以便从行 / 列位置依次读取各个被分割成马赛克的色块。

第 28~29 行代码定义马赛克的左上角位置为检测区域的左上角位置与马赛克尺寸之和。这样，马赛克就可以根据行列数循环读取了。

第 30~31 行代码使用同样的方法确定马赛克的右下角位置。

第 32~33 行代码创建条件语句，确保马赛克位置不超出边界。其中“height_e > 70”表示通过一个较大的高度来剔除被误检的嘴角区域。

深入了解

height 值由测试（先估算 100 再微调）而得。也可以用 append 方法将 height_e 添加到列表中，排序后，再根据人脸数量选择最大的几个值。

第 34 行代码定义马赛克左上角的颜色为 color。

第 35~38 行代码使用 cv2 的 rectangle 方法绘制一个矩形方框。rectangle 方法的参数说明如表 17-6 所示。

表 17-6　rectangle 方法的参数说明

示例	含义	参数类型
img= face_rect	矩形所在的图像为 face_rect	必选，字符串
pt1=(x1, y1)	左上角坐标为 (x1,y1)	必选，元组（整型）
pt2=(x2, y2)	右上角坐标为 (x1,y1)	必选，元组（整型）
color=color	矩阵线条颜色为 color	可选，BGR 元组或亮度值（仅限灰度图）
thickness=-1	矩阵线条粗细。-1 表示无限大	可选，数值

第 39 行代码使用 imencode 方法将内存中的数据编码为图片，并保存为文件。

运行代码后，对图片的人眼部分进行马赛克处理的结果如图 17-15 所示。

图 17-15　马赛克处理对比（左图为原始图片，右图为马赛克处理后的图片）

第 18 章　批量处理视频

随着新媒体的兴起，传播效果绝佳的短视频逐渐成为广告宣传的重要载体。因此，处理视频也逐渐成为公司运营推广部门的日常工作，借助 Python 批量处理视频能有效提高工作效率。

18.1　批量删除环境声并生成延时摄影

延时摄影的应用很广。例如，用车流飞驰来表达城市的繁忙，用云彩变化来表示时间流逝，用动植物的形态变化来演示它们的生长过程等。延时摄影作品既可以用拍摄设备直接完成，又可以使用正常的视频素材经过定格或高速播放来转换完成。在转换过程中，通常需要删除视频的原始音频。

在本示例中，长度为 1 分钟的原始视频如图 18-1 所示。

图 18-1　长度为 1 分钟的示例视频

以下示例代码使用 moviepy 模块批量对多个视频进行高速播放、删除音频并生成新文件。

注意　在运行代码前，可能需要先用 pip install moviepy 安装该模块。

```
#001 from moviepy.editor import VideoFileClip
#002 from pathlib import Path
#003 root_path = Path(__file__).parent
#004 origin_folder = root_path / 'origin'
#005 result_folder = root_path / 'result'
#006 result_folder.mkdir(exist_ok = True)
#007 for origin_file in origin_folder.iterdir():
#008     origin = VideoFileClip(str(origin_file), audio = False)
#009     result = result_folder.joinpath(origin_file.name)
#010     origin.speedx(15).write_videofile(str(result))
#011     origin.close()
```

➢ 代码解析

第 1 行代码导入 moviepy.editor 模块的 VideoFileClip 包，该包用于读写视频文件。

第 2 行代码从 pathlib 模块导入 Path 包，用于处理路径。

第 3 行代码使用 parent 属性获取 Python 文件所在目录。

第 4~5 行代码使用斜杠运算符 “/” 连接目录名和文件夹名称，用于获取视频源文件夹和目标文件夹。

第 6 行代码使用 mkdir 方法创建文件夹，exist_ok=True 表示文件夹不存在时才创建。

第 7 行代码通过 for 循环遍历指定路径下的视频文件。

第 8 行代码通过 VideoFileClip 包读取视频。VideoFileClip 常用参数说明如表 18-1 所示。

表 18-1　VideoFileClip 常用参数说明

参数	含义	参数类型	说明
filename	视频文件路径	必选，字符串	–
has_mask	是否添加遮罩视频	可选，布尔值。默认为 False，即不添加遮罩	–
audio	是否含有音频	可选，布尔值。默认为 True，即含有音频	–
target_resolution	是否调整画面尺寸	可选，元组（height, width）。默认为 None	竖屏拍摄时应进行设置，否则将按横屏模式拉伸以致画面变形

深入了解

如不设置 audio 参数，也可以使用 without_audio 方法来删除音频。示例代码如下：

```
origin = origin.without_audio()
```

第 9 行代码使用 joinpath 方法连接目录名和文件夹名称，用于获取目标文件全路径。

第 10 行代码使用链式方法，先用 speedx 方法将播放速率调为 15 倍，再使用 write_videofile 方法保存视频到目标文件夹。

speedx 传入参数为正数，表示正常播放速率的倍数。当传入参数小于 1 时，表示慢动作播放。

write_videofile 参数说明如下。

filename：必选，保存文件的路径字符串。

fps：可选，用于设置帧率的数值，即每秒播放多少帧画面。

codes：可选，视频编码器字符串。moviepy 模块无法根据视频文件扩展名选择格式编码时，需要设置该参数。例如，AVI 格式需要设置编码器为 “rawvideo”。

第 11 行代码使用 close 方法关闭视频。

运行代码，转换后的视频如图 18-2 所示，已经缩短为 4 秒钟。

图 18-2　添加延时摄影效果的视频

18.2 批量添加视频背景音乐

有时候需要批量为多个视频添加合适的背景音乐。但由于背景音乐时长不统一，需要手工剪辑至合适长度，操作较为烦琐。使用 Python 操作可有效解决该问题。

示例音频文件夹和视频文件夹如图 18-3 所示。

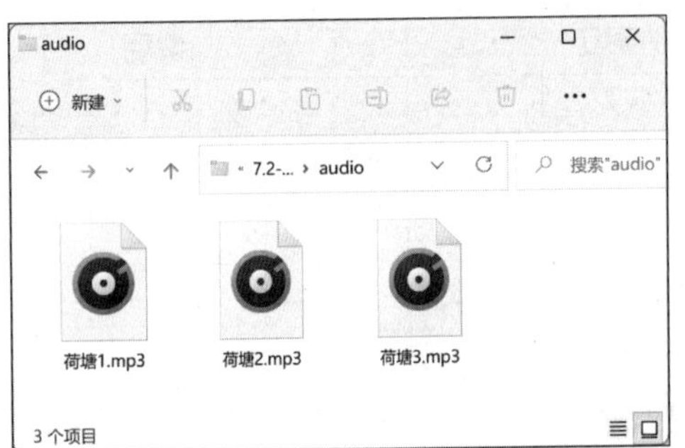

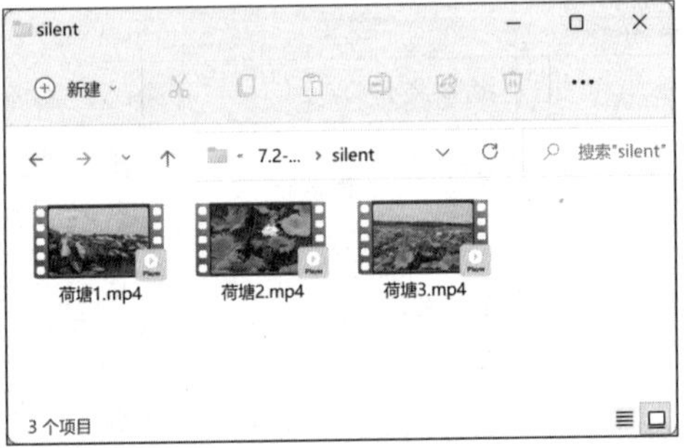

图 18-3 示例音频、视频文件夹

以下示例代码为多个视频批量添加对应的背景音乐，并生成新的视频文件。

```
#001 from moviepy.editor import VideoFileClip, AudioFileClip
#002 from pathlib import Path
#003 root_path = Path(__file__).parent
#004 silent_folder = root_path / 'silent'
#005 audio_folder = root_path / 'audio'
#006 mp4_folder = root_path / 'mp4'
#007 mp4_folder.mkdir(exist_ok = True)
#008 source = zip(silent_folder.iterdir(), audio_folder.iterdir())
#009 for silent_file, audio_file in source:
#010     frame_clip = VideoFileClip(str(silent_file))
#011     audio_clip = AudioFileClip(str(audio_file))
#012     duration = frame_clip.duration
#013     frame_clip.audio = audio_clip.set_duration(t = duration)
#014     mp4_file = mp4_folder / (audio_file.stem + '.mp4')
#015     frame_clip.write_videofile(str(mp4_file))
#016     frame_clip.close()
#017     audio_clip.close()
```

➢ 代码解析

第 1 行代码导入 moviepy.editor 模块的 VideoFileClip 和 AudioFileClip 包，用于处理视频和音频文件。

第 2 行代码从 pathlib 模块导入 Path 包，用于处理路径。

第 3 行代码使用 parent 属性获取 Python 文件所在目录。

第 4 行代码使用斜杠运算符连接目录名和文件夹名称，用于获取视频源文件。

第 4~6 行代码使用斜杠运算符连接目录名和文件夹名称，用于获取文件夹路径。silent 为未添加音乐的视频源文件夹，audio 为音乐文件夹，mp4 为添加音乐后的视频文件夹。

第 7 行代码使用 mkdir 方法创建目标文件夹，以避免目标文件夹不存在时出错。

第 8 行代码使用 zip 方法，将 silent 和 audio 文件夹中的文件组合为可迭代对象，以便为每个视频

添加对应的音乐。

第 9 行代码通过 for 循环遍历 source 下的视频和音频文件。

第 10 行代码通过 VideoFileClip 包读取视频文件。

第 11 行代码通过 AudioFileClip 包读取音频文件。AudioFileClip 常用参数说明如下。

filename：必选，字符串。音频文件路径。

fps：可选，整型。音频文件中每秒的帧数，默认为 44100，即 44.1 赫兹（Hz）。

第 12 行代码读取视频文件的播放长度，默认单位为秒数。例如，11.70 秒。

第 13 行代码使用 set_duration 方法设置音频长度（该方法也适用于 VideoFileClip），以适配视频。参数 t 可接收秒数或时间字符串。例如，10.70 或“00:00:10.70”。

第 14 行代码使用斜杠运算符连接目录名和文件夹名称，用于获取目标文件全路径。

第 15 行代码使用 write_videofile 方法保存添加音频后的视频到目标文件夹。

第 16 行代码使用 close 方法关闭视频。

第 17 行代码使用 close 方法关闭音频。

运行代码，在新建的 mp4 文件夹中，添加背景音乐后的视频如图 18-4 所示。

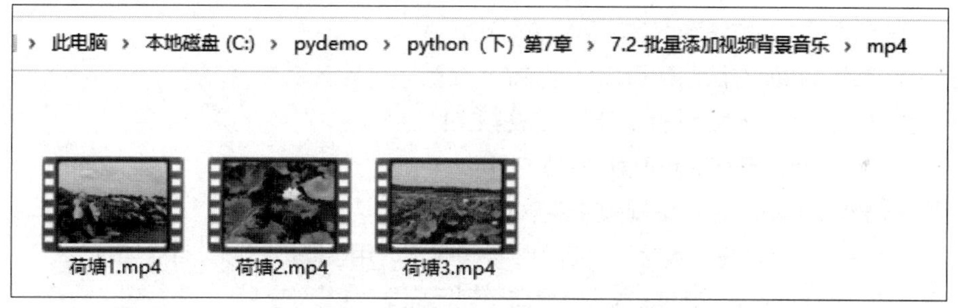

图 18-4　添加背景音乐的视频

18.3　导出视频背景音乐

有时候需要提取视频里的背景音乐进行其他处理，使用 Python 能批量完成该工作。

含背景音乐的示例视频如图 18-5 所示。

图 18-5　含背景音乐的示例视频

18.3.1　使用 moviepy 模块批量导出背景音乐为 wav 格式文件

以下示例代码使用 moviepy 模块批量导出示例视频的背景音乐。

```
#001   from moviepy.editor import VideoFileClip
#002   from pathlib import Path
```

```
#003  root_path = Path(__file__).parent
#004  video_folder = root_path / 'video'
#005  wav_folder = root_path / 'wav'
#006  wav_folder.mkdir(exist_ok = True)
#007  for video_file in video_folder.iterdir():
#008      video_clip = VideoFileClip(str(video_file))
#009      wav_clip = video_clip.audio
#010      wav_file = wav_folder / (video_file.stem + '.wav')
#011      wav_clip.write_audiofile(str(wav_file))
#012      video_clip.close()
#013      wav_clip.close()
```

➢ 代码解析

第 1 行代码导入 moviepy.editor 模块的 VideoFileClip 包，用于处理视频文件。

第 2 行代码从 pathlib 模块导入 Path 包，用于处理路径。

第 3 行代码使用 parent 属性获取 Python 文件所在目录。

第 4 行代码使用斜杠运算符连接目录名和文件夹名称，用于获取视频源文件夹。

第 5 行代码使用同样的方法获取音频目标文件夹。

第 6 行代码使用 mkdir 方法创建目标文件夹。

第 7 行代码通过 for 循环遍历指定路径下的视频文件。

第 8 行代码通过 VideoFileClip 包读取视频文件。

第 9 行代码通过 audio 属性读取视频文件中的音轨数据。

第 10 行代码使用斜杠运算符连接目录名和文件夹名称，用于获取音频文件全路径。

第 11 行代码使用 write_audiofile 方法保存音频到目标文件夹。

第 12 行代码使用 close 方法关闭视频。

第 13 行代码使用 close 方法关闭音频。

运行代码，在新建的 wav 文件夹中，导出的背景音乐如图 18-6 所示。

图 18-6　导出的背景音乐

18.3.2　使用 office 模块批量导出背景音乐为 mp3 格式文件

以下代码使用 office 模块批量导出示例视频的背景音乐。

```
from office import video
from pathlib import Path
root_path = Path(__file__).parent
mp4_folder = root_path / 'mp4'
mp3_folder = root_path / 'mp3'
mp3_folder.mkdir(exist_ok = True)
```

```
#007 for mp4_file in mp4_folder.iterdir():
#008     mp3_file = mp3_folder / mp4_file.stem
#009     video.video2mp3(path = str(mp4_file), mp3_name = str(mp3_file))
```

➢ 代码解析

第 1 行代码导入 office 模块的 video 包。

第 2 行代码从 pathlib 模块导入 Path 包，用于处理路径。

第 3 行代码使用 parent 属性获取 Python 文件所在目录。

第 4 行代码使用斜杠运算符连接目录名和文件夹名称，用于获取视频源文件夹。

第 5 行代码使用同样的方法获取 mp3 文件夹。

第 6 行代码使用 mkdir 方法创建目标文件夹。

第 7 行代码通过 for 循环遍历指定路径下的视频文件。

第 8 行代码使用斜杠运算符连接目录名和文件夹名称，用于获取 mp3 文件全路径。

此处使用 mp4_file.stem 提取文件名（不含扩展名），是因为 video2mp3 方法会给目标音频添加 mp3 扩展名。

第 9 行代码使用 video2mp3 方法将 mp3 文件保存在目标文件夹。

video2mp3 方法的参数如下。

path：必选，字符串。视频文件路径。

mp3_name：可选，字符串，mp3 文件名（不含扩展名）。缺省值为工作路径。

运行代码后，在新建的 mp3 文件夹中，导出的 mp3 格式文件如图 18-7 所示。

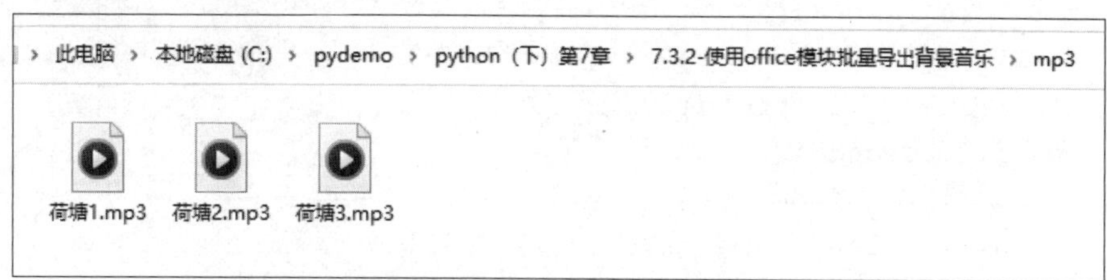

图 18-7　导出的 mp3 格式背景音乐

以上两种方式均可导出背景音乐。使用 moviepy 模块的代码量相对较多，但允许以多种格式（例如，无损格式 wav）导出；而 office 模块代码量较少，仅限于导出 mp3 格式。

18.4　批量截屏生成字幕长图

如果将带有字幕的视频进行截图并拼接成长图，可以快速形成“图文并茂”的特色内容，让观众了解视频内容。使用视频剪辑软件时，通常需要手动截取后再拼接图片，操作较为烦琐，且不易对齐。使用 Python 程序可有效解决这些问题，甚至可以批量处理多个视频。

本示例中带字幕的示例视频如图 18-8 所示。

图 18-8　带字幕的示例视频

以下示例代码批量截屏示例视频，并生成字幕长图。

```
#001  from moviepy.editor import VideoFileClip
#002  from PIL import Image
#003  from pathlib import Path
#004  root_path = Path(__file__).parent
#005  mp4_file = root_path / '运动.mp4'
#006  pic_file = root_path / '运动.jpg'
#007  mp4_clip = VideoFileClip(str(mp4_file))
#008  width, height = mp4_clip.size
#009  during = mp4_clip.duration
#010  frame_list = []
#011  for i in range(1, int(during), 6):
#012      frame = mp4_clip.get_frame(t = i)
#013      frame_list.append(frame)
#014  mp4_clip.close()
#015  frame_list = frame_list[::-1]
#016  height += (len(frame_list) - 1) * 100
#017  img_result = Image.new('RGB', (width, height))
#018  for i, frame in enumerate(frame_list):
#019      img = Image.fromarray(frame)
#020      top = (len(frame_list) - i - 1) * 100
#021      img_result.paste(im = img, box = (0, top))
#022      img.close()
#023  img_result.save(pic_file)
#024  img_result.close()
```

➢ 代码解析

第 1 行代码导入 moviepy.editor 模块的 VideoFileClip 包，用于处理视频文件。

第 2 行代码导入 PIL 模块的 Image 包，用于处理图片文件。

第 3 行代码从 pathlib 模块导入 Path 包，用于处理路径。

第 4 行代码使用 parent 属性获取 Python 文件所在目录。

第 5~6 行代码使用斜杠运算符连接目录名和文件夹名称，用于获取源文件和目标文件。

第 7 行代码通过 VideoFileClip 包读取视频文件。

第 8 行代码通过 size 属性获取视频宽度和高度尺寸。

第 9 行代码通过 duration 属性获取视频长度。

第 10 行代码定义空列表，用于存放截图数据。

第 11 行代码通过 for 循环从第 1 秒开始（第 0 秒位置没有字幕），每 6 秒截图一次。

第 12 行代码使用 get_frame 方法获取指定时间的帧图像数据。该方法传入参数 t，获取播放时间点为 t 时的画面，以数组形式返回该帧的图像数据。

深入了解

如需保存图片，可改为 save_frame 方法，示例代码如下：

```
mp4_clip.save_frame(root_path / ('%d.jpg' % i), t=i)
```

第 13 行代码通过 append 方法将图像数据添加到 frame_list 列表中。

第 14 行代码使用 close 方法关闭视频。

第 15 行代码通过切片（slice）方式将 frame_list 进行倒序排列。一般字幕长图最顶端的图为第一张截屏，底端为最后一张截屏，倒序排列便于粘贴操作。

第 16 行代码根据列表元素个数，确定长截图尺寸。由于字幕高度大约为 100 像素，因此只需要把高度设置为原图的高度加上 N–1 个字幕高度之和即可（N 为元素个数）。

第 17 行代码使用 new 方法创建空白图像对象 img_result。

第 18 行代码通过 for 循环将截图依次由底部向上贴入空白图像。enumerate 方法用于枚举，传入列表、元组等可迭代对象，返回元素及从 0 开始的对应序号。

第 19 行代码使用 fromarray 方法将图像数组数据转为 Image 对象。

第 20 行代码定义各张图片的左上角位置的纵坐标，作为粘贴位置。最后一张图贴在左上角（0,0*100），倒数第 2 张图贴在（0,1*100）位置，以此类推，第 1 张图的纵坐标为（N–i–1）*100，N 为元素个数，即 len(frame_list)，i 为序号。

第 21 行代码使用 paste 方法按指定位置粘贴图片。

第 22 行代码使用 close 方法关闭截图对象 img。

第 23 行代码使用 save 方法保存图片。

第 24 行代码使用 close 方法关闭图片。

运行代码后，生成的字幕长图如图 18-9 所示。

图 18-9　生成的字幕长图

18.5 视频剪辑

拍摄的视频通常需要经过剪辑才能正式使用，如果不需要加入创意或特效，而是按照一定的规则进行剪辑，如分割、合并、拼接，那么使用 Python 可以处理，比剪辑软件更高效。

18.5.1 按指定时间间隔进行视频分割

示例视频如图 18-10 所示。

图 18-10 长度为 44 秒的示例长视频

以下示例代码按指定时间间隔对示例视频进行分割后生成新文件，并以序号进行命名。

```
from moviepy.editor import VideoFileClip
from pathlib import Path
root_path = Path(__file__).parent
long_file = root_path / '运动.mp4'
split_folder = root_path / 'split'
split_folder.mkdir(exist_ok = True)
def split_mp4(clip_file, time_list, folder):
    clip = VideoFileClip(str(clip_file))
    duration = clip.duration
    for i, start in enumerate(time_list):
        if i == len(time_list) - 1:
            end = int(duration)
        else:
            end = time_list[i + 1]
        sub_clip = clip.subclip(start, end)
        mp4_file = clip_file.stem + str(i) + '.mp4'
        sub_file = folder / mp4_file
        sub_clip.write_videofile(str(sub_file))
    clip.close()
    sub_clip.close()
time_list = ['0:0:0', '0:0:10', '0:0:20']
split_mp4(long_file, time_list, split_folder)
```

➢ 代码解析

第 1 行代码导入 moviepy.editor 模块的 VideoFileClip 包，用于处理视频文件。

第 2 行代码从 pathlib 模块导入 Path 包，用于处理路径。

第 3 行代码使用 parent 属性获取 Python 文件所在目录。

第 4 行代码使用斜杠运算符连接目录名和文件夹名称，用于获取视频源文件。

第 5 行代码使用同样的方法获取目标文件夹。

第 6 行代码使用 mkdir 方法创建目标文件夹。

第 7~20 行代码定义函数 split_mp4，用于分割视频。参数说明如下。

clip_file：字符串，视频源文件的全路径。

time_list：字符串列表，起始时间分割点。秒数（数值）或时间字符串列表。例如，['0:0:0', '0:0:10', '0:0:20']（或 [0,10,20]）分割为 0 秒 ~10 秒，10 秒 ~20 秒，20 秒 ~ 终点。

folder：字符串，保存分割视频的文件夹路径。

第 8 行代码通过 VideoFileClip 包读取视频文件。

第 9 行代码通过 duration 属性获取视频长度，赋值给变量 duration，用于定位最后一段视频的终点位置。

第 10 行代码通过 for 循环枚举列表元素。

第 11~14 行代码定义条件分支语句，用于设置每段视频的终止时间变量 end。

当起点时间为时间列表的最后一个元素时，终止时间为源视频的播放终点；否则终止时间为起点时间相邻的下一个时间点。

第 15 行代码使用 subclip 方法截取指定长度的视频，参数说明如下。

t_start：起始时间，秒数（数值）或时间字符串，例如，"00:00:12.30", 12.30。

t_end：终止时间，传入的数据类型与 t_start 相同。

第 16 行代码用于获取各个分割视频的文件名。

第 17 行代码使用斜杠运算符连接目录名和文件夹名称，获取分割视频的全路径。

第 18 行代码使用 write_videofile 方法保存视频到目标文件夹。

第 19 行代码使用 close 方法关闭视频源文件。

第 20 行代码使用 close 方法关闭分割视频文件。

第 21 行代码定义时间分割点列表 time_list。

第 22 行代码调用 split_mp4 函数分割视频。

运行代码后，在新建的 split 文件夹中，分割后的视频如图 18-11 所示。

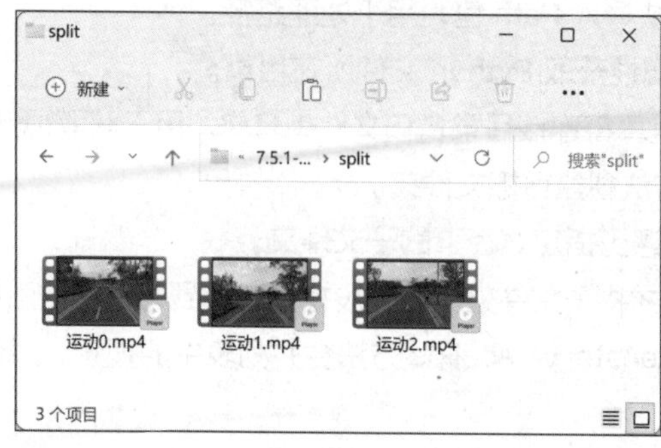

图 18-11　分割后的视频

18.5.2 多段视频合成一段

示例视频文件夹如图 18-12 所示，每个子文件夹存放着多段视频。

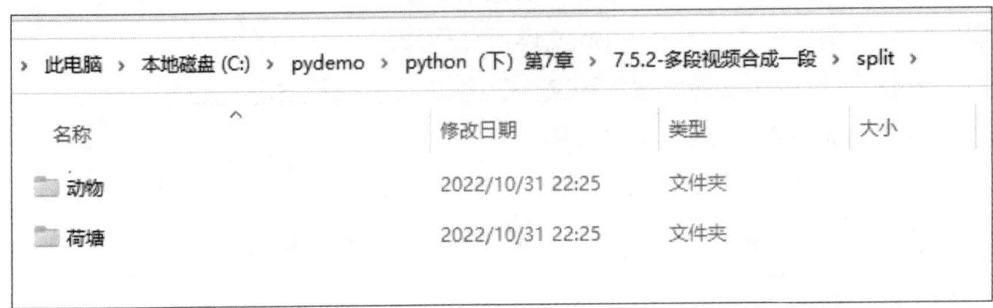

图 18-12 示例视频文件夹

以下示例代码将每个子文件夹中的多段视频各合成一个新视频，并以子文件夹名称作为合成视频的文件名。

```
#001 from moviepy.editor import (
#002     VideoFileClip, concatenate_videoclips)
#003 from pathlib import Path
#004 root_path = Path(__file__).parent
#005 split_folder = root_path / 'split'
#006 merge_folder = root_path / 'merge'
#007 merge_folder.mkdir(exist_ok = True)
#008 for sub_folder in split_folder.iterdir():
#009     clips = [VideoFileClip(filename = str(file))
#010              for file in sub_folder.iterdir()]
#011     merge_clip = concatenate_videoclips(clips = clips)
#012     merge_file = sub_folder.name + '.mp4'
#013     merge_path = merge_folder / merge_file
#014     merge_clip.write_videofile(str(merge_path))
#015     merge_clip.close()
#016     for clip in clips:
#017         clip.close()
```

➢ 代码解析

第 1~2 行代码导入 moviepy.editor 模块的 VideoFileClip 和 concatenate_videoclips 包，分别用于读写视频文件及合并视频。

第 3 行代码从 pathlib 模块导入 Path 包，用于处理路径。

第 4 行代码使用 parent 属性获取 Python 文件所在目录。

第 5~6 行代码使用斜杠运算符连接目录名和文件夹名称，用于获取视频源文件夹和目标文件夹。

第 7 行代码使用 mkdir 方法创建目标文件夹。

第 8 行代码通过 for 循环遍历指定路径下的子文件夹。

第 9~10 行代码通过推导式将子文件夹中的多段视频添加到列表中，赋值给变量 clips。

第 11 行代码使用 concatenate_videoclips 方法合并列表中的视频，赋值给 merge_clip。

注意

视频尺寸不一致时，会出现花屏现象。解决方法有两种。在第 9 行代码中添加 target_resolution 参数以统一尺寸，代码如下：

```
VideoFileClip(str(file), target_resolution = (1080, 1920))
```

或在第 11 行代码中添加 method 参数，代码如下：

```
concatenate_videoclips(clips = clips, method = 'compose')
```

第 12 行代码定义目标文件名。

第 13 行代码使用斜杠运算符连接目录名和文件夹名称，用于获取目标文件全路径。

第 14 行代码使用 write_videofile 方法保存视频到目标文件夹。

第 15 行代码使用 close 方法关闭生成的视频。

第 16~17 行代码通过 for 循环关闭列表 clips 中的全部视频文件。

运行代码后，在新建的 merge 文件中，合成的视频如图 18-13 所示。

图 18-13　合成的视频

18.5.3　多段视频合成四分屏

画中画通常含有对比性，能让观众从多个角度去了解事物。

以下示例代码将每个子文件中的多段视频合成两行两列的画中画视频，并以子文件夹名称作为合成视频的文件名。

```
from moviepy.editor import (
        VideoFileClip, clips_array, VideoClip)
from PIL import Image
import numpy as np
from pathlib import Path
root_path = Path(__file__).parent
split_folder = root_path / 'split'
stack_folder = root_path / 'stack'
stack_folder.mkdir(exist_ok = True)
def make_frame(t):
    arr = np.zeros((720, 1280))
    img = Image.fromarray(arr).convert('RGB')
    return np.array(img)
for sub_folder in split_folder.iterdir():
    clips = [VideoFileClip(str(file))
                for file in sub_folder.iterdir()]
```

```
#017        if len(clips) % 2 > 0:
#018            clip = VideoClip(make_frame, duration = 1)
#019            clips.append(clip)
#020        stack_list = np.array(clips).reshape(-1, 2).tolist()
#021        stack_clip = clips_array(stack_list)
#022        stack_file = sub_folder.name + '.mp4'
#023        stack_path = stack_folder.joinpath(stack_file)
#024        stack_clip.write_videofile(str(stack_path))
#025        stack_clip.close()
#026        for clip in clips:
#027            clip.close()
```

➢ 代码解析

第 1~2 行代码导入 moviepy.editor 模块的 VideoFileClip、clips_array 和 VideoClip 包，分别用于读写视频文件、叠加视频及创建视频。

第 3 行代码导入 PIL 模块的 Image 包，用于处理图片文件。

第 4 行代码导入 numpy 包，设置别名为 np，用于数据塑形（reshape），生成二维数组。

第 5 行代码从 pathlib 模块导入 Path 包，用于处理路径。

第 6 行代码使用 parent 属性获取 Python 文件所在目录。

第 7~8 行代码使用斜杠运算符连接目录名和文件夹名称，用于获取视频源文件夹和目标文件夹。

第 9 行代码使用 mkdir 方法创建目标文件夹。

第 10~13 行代码创建 make_frame 函数，用于创建黑屏视频。 由于该函数将作为参数被 VideoClip 调用，用于创建时间点 t 的画面帧，因此不能更改参数名 t 为其他参数。

第 11 行代码创建一个 720 行 ×1280 列，填充为 0 的数组，对应视频画面的高度和宽度。

图像信息由指定宽度和高度的像素点构成，而像素点则由 RGB 值构成。因此，通过创建指定宽高的数组，即可转为图像。

第 12 行代码使用 fromarray 方法将数组转为 Image 对象，再转换 RGB 颜色模式。

第 13 行代码使用 array 方法将 Image 对象转为数组并返回值。

第 14 行代码通过 for 循环遍历指定路径下的子文件夹。

第 15~16 行代码通过推导式将子文件夹中的多段视频添加到列表 clips 中。

第 17 行代码为 if 条件语句，表示当视频个数为奇数时将开始创建黑屏视频。

第 18 行代码使用 VideoClip 方法传入参数，创建一个长度为 1 秒的黑屏视频。

第 19 行代码将创建的黑屏视频添加到列表变量 clips 中，保证该列表的元素为偶数。

第 20 行代码使用 numpy 包将 clips 转为若干行 ×2 列的二维数组，再转为嵌套列表。

第 21 行代码使用 clips_array 方法将嵌套列表按行列进行堆叠。

第 22 行代码定义目标文件名。

第 23 行代码使用 joinpath 方法连接目录名和文件夹名称，用于获取目标文件全路径。

第 24 行代码使用 write_videofile 方法保存视频到目标文件夹。

第 25 行代码使用 close 方法关闭生成的视频。

第 26~27 行代码通过 for 循环关闭列表 clips 中的全部视频文件。

运行代码后，新生成的画中画视频如图 18-14 所示。

图 18-14　画中画视频

第 19 章　网站交互自动化

在信息时代，大量信息以网站中的网页作为载体。无论是工作还是生活中，我们常常需要和网站进行交互：一方面需要获取网站中的数据并进行处理和分析，比如获取财经网站的数据用来投资分析；另一方面需要访问网站并进行操作，比如登录公司网站填写上报业务数据。本章将介绍如何通过 Python 自动化获取网页内容和自动化操作浏览器，从而减少重复性操作，提升工作效率。

市面上有各式各样的浏览器，如谷歌浏览器 Chrome、微软 Edge、360 浏览器等。这些浏览器的核心功能相同，细节功能存在差异。本章以谷歌浏览器为例进行介绍，建议读者安装此浏览器进行操作。

19.1　网页基础

网站中的每个网页都有源代码，定义了要显示的图片、文字、超链接、按钮、表单等内容和布局。浏览器通过读取网页源代码，再根据一定的规则，就能够将网页内容以普通人能够阅读的形式呈现出来。使用 Python 与网站交互的前提是要学习网页源代码的知识，了解网页结构，了解如何提取数据及如何提交数据。

19.1.1　查看网页源代码

常用的浏览器中均提供了查看网页源代码的功能，如谷歌浏览器提供了两种查看网页源代码的方法。本小节以查看腾讯网（https://www.qq.com）的网页源代码为例进行讲解。

➲ Ⅰ　使用右键菜单查看网页源代码

在页面空白处右击，在弹出的快捷菜单中单击【查看网页源代码】，如图 19-1 所示。

图 19-1　谷歌浏览器右键菜单

随后浏览器会打开一个新窗口，显示网页的源代码，如图 19-2 所示。

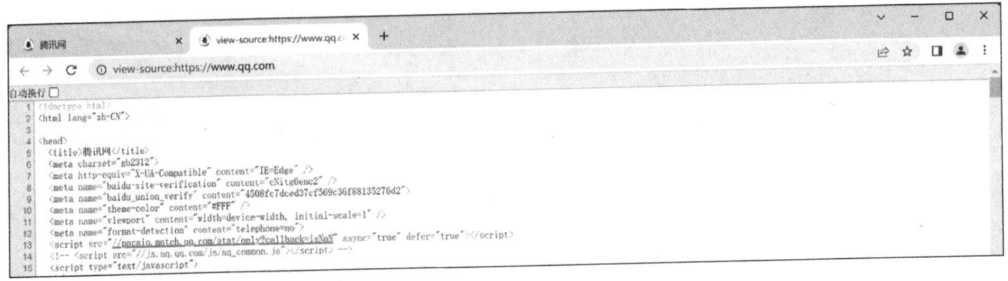

图 19-2　谷歌浏览器查看网页源代码

➲ Ⅱ　使用开发者工具查看网页源代码

开发者工具是谷歌浏览器提供的一款面向开发者的网站分析工具。通过此工具不仅能够查看网页源代码，还能够查看页面元素所对应的代码段，从而直观地看到两者的对应关系。

右击页面空白处，在弹出的快捷菜单中单击【检查】，即可打开开发者工具，如图 19-3 所示。此外，按【F12】快捷键也能够打开开发者工具。

图 19-3　谷歌浏览器开发者工具

在开发者工具中除了能够看到完整的网页源代码，还能够选择性地查看某个网页元素的源代码。单击开发者工具左上方的选择按钮，再将鼠标移动到某个网页元素（如腾讯网图标）上，该元素及其对应的源代码均会高亮显示，如图 19-4 所示。这种选择网页元素并高亮显示源代码的功能有助于定位和分析网页内容，从而能够使用 Python 代码完成网页解析和内容获取。

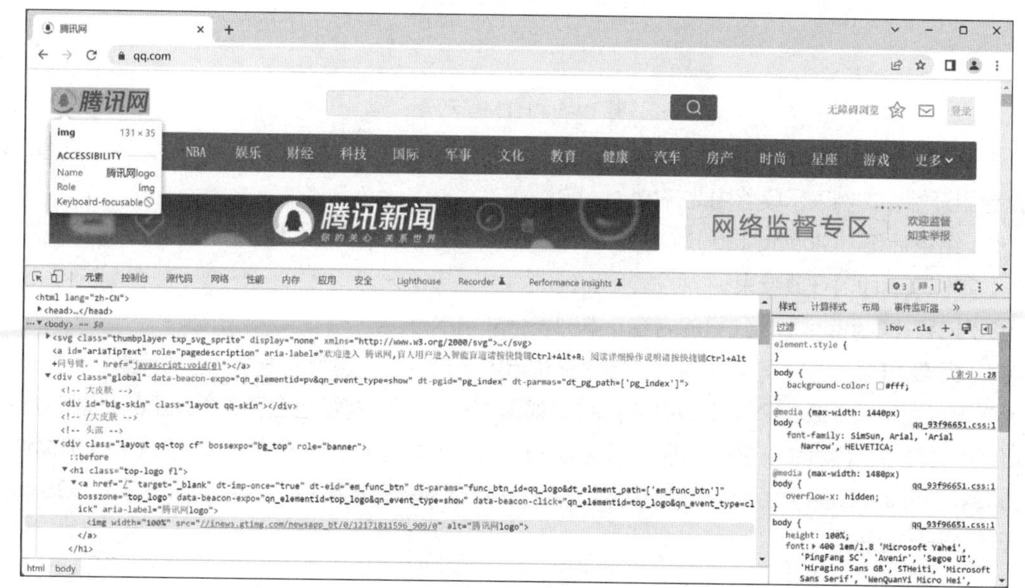

图 19-4　选择性查看网页元素对应的源码

19.1.2 构成网页的元素

网页通常由 HTML（Hyper Text Markup Language，超文本标记语言）、CSS（Cascading Style Sheets，层叠样式表）和 JavaScript 3 种元素组成。其中，HTML 是基本元素，其他两个元素则是实现高级功能和效果的利器。

➲ Ⅰ HTML

HTML 是一种用来结构化网页及其内容的标记语言。网页内容可以是一个标题、一组段落、一个列表、一个超链接，也可以包含图片、数据表等内容。

➲ Ⅱ CSS

HTML 主要用于描述网页中有什么，也可以定义简单的格式效果。如果要高效地定义显示效果或者实现高级显示效果，则需要使用 CSS 样式代码。比如，将所有超链接都设置为红色字体、设置所有的图片都带上一个边框、设置某个段落出现在屏幕中央且两端空白 200px（px 即 Pixel，组成屏幕图像的最小独立元素，是 HTML 语言中的常用长度单位）。

➲ Ⅲ JavaScript

JavaScript 是一种编程语言，可为网页添加交互功能。例如，按下按钮时做出什么响应；在表格中展现动态数据；嵌入一个走马灯效果；单击鼠标时背景出现动态的水波效果等。

19.1.3 HTML 基础

➲ Ⅰ HTML 元素

HTML 由一系列的元素组成，这些元素可以用来包围不同部分的内容，用来呈现不同的内容。每个元素由一对标签（开始标签和结束标签）和标签间的内容组成，如图 19-5 所示。

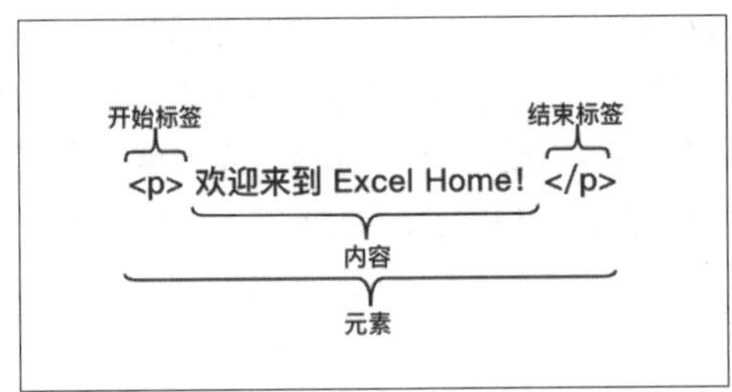

图 19-5 HTML 元素

（1）开始标签（Opening tag）：包含元素的名称（本例为 p，表示段落），被尖括号包围，表示元素从这里开始。本例表示段落由此开始。

（2）结束标签（Closing tag）：与开始标签相似，只是在元素名前增加一个斜杠，表示元素在这里结尾。本例表示段落在此结束。

（3）内容（Content）：元素的内容。本例表示文本本身。

（4）元素（Element）：开始标签、结束标签与内容相结合，便组成一个完整的元素。

元素可以拥有一个或多个属性（Attribute），如图 19-6 所示。属性包含了关于元素的一些额外信息，这些信息不会显示在内容中。多个属性使用空格分隔。示例中 <p></p> 元素拥有名为 class 的属性，属性值为 text。class 属性可为元素提供一个标识名称，以便为具有相同标识名称的元素指定 CSS 样式或在进行其他操作时使用。

<p class="text"> 欢迎来到 Excel Home！ </p>

属性

图 19-6　HTML 元素属性

HTML 允许将一个元素放在另一个元素内部，被称作嵌套。例如，将标题放到网页主体中，可使用 <body></body> 元素进一步包围标题，即

```
<body><h1> 欢迎来到 Excel Home！ </h1></body>
```

需要注意的是，必须保证元素嵌套顺序正确。本例首先使用 <body> 标签，然后是 <h1> 标签，因此要先结束 <h1> 标签，最后再结束 <body> 标签。

➲ II　HTML 文档

一个网页通常由后缀名为 .html 的 HTML 文档实现，比如某 HTML 文档内容如下：

```
<!DOCTYPE html>
<html>
<head>
    <meta charset = "utf-8">
    <title>Excel Home</title>
</head>
<body>
    <p>欢迎来到 Excel Home！ </p>
</body>
</html>
```

<!DOCTYPE html> 表示文档类型。DOCTYPE 在早期用来链接一些 HTML 编写守则，比如自动查错等。目前仅用于保证文档正常读取。

<html></html> 元素包含整个网页的内容，也称作根元素。

<head></head> 元素包含用于搜索的关键字、页面描述、CSS 样式表和字符编码声明等头部信息，这些内容定义了网页的一些基本特征，但是不在网页中显示。

<meta> 元素是头部信息之一，用于描述文档的各种属性。charset="utf-8" 用来指定文档使用 UTF-8 字符编码。

<title></title> 元素也是头部信息之一，用于定义网页标题，显示在浏览器标签页上。

<body></body> 元素定义网页主体，包括文本、链接、图像、音频和视频等内容，这些内容由不同的标签表达。

使用浏览器打开此 HTML 文档后，浏览器会将其中的源代码解析并渲染后呈现出来。由于 <title></title> 元素和 <body></body> 元素中均定义了内容，它们会分别显示在浏览器标签页和网页主题中，如图 19-7 所示。

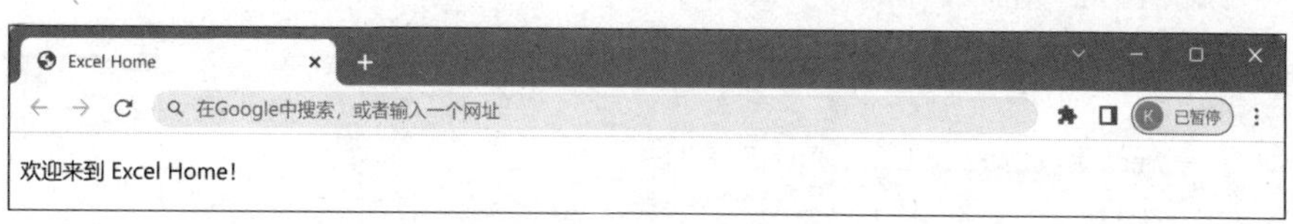

图 19-7　HTML 文档效果

➲ III　<h> 标签——标题

标题元素可用于指定内容的标题和子标题，使用 <h> 标签定义。HTML 提供了 6 个级别的标题，范围从 <h1> 到 <h6>。其中，<h1> 标签定义的标题字号最大，<h6> 标签定义的标题字号最小。

在 <body> 标签下添加 <h> 标签，示例代码如下：

```
<!DOCTYPE html>
<html>
<head>
      <meta charset = "utf-8">
      <title>标题</title>
</head>
<body>
      <h1>h1标题</h1>
      <h2>h2标题</h2>
      <h3>h3标题</h3>
      <h4>h4标题</h4>
      <h5>h5标题</h5>
      <h6>h6标题</h6>
</body>
</html>
```

使用谷歌浏览器查看此网页，并使用开发者工具查看网页源代码，如图 19-8 所示。

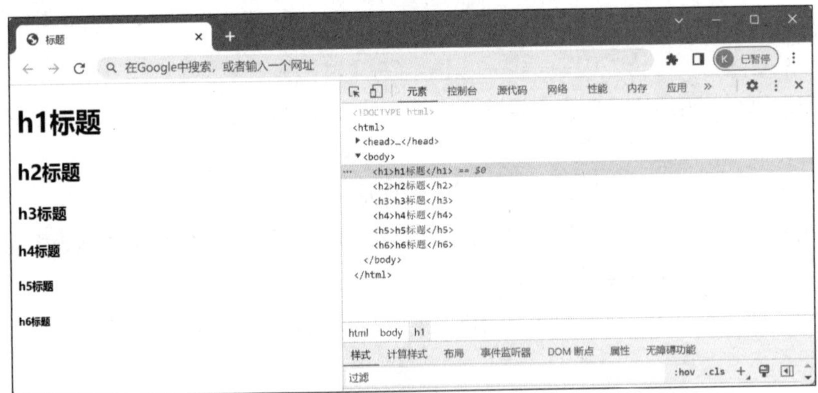

图 19-8　HTML 标题

➲ IV　<p> 标签——段落

段落元素可用于指定常规的文本内容，使用 <p> 标签定义。默认情况下，一个 <p> 标签在网页中显示为一行。

在 <body> 标签下添加 <p> 标签，示例代码如下：

```
<!DOCTYPE html>
<html>
<head>
      <meta charset = "utf-8">
      <title>段落</title>
</head>
<body>
```

```
        <p>段落1</p>
        <p>段落2</p>
    </body>
    </html>
```

使用谷歌浏览器查看此网页，并使用开发者工具查看网页源代码，如图 19-9 所示。

图 19-9　HTML 段落

➲ V　<ul>、<ol>、<li> 标签——列表

列表是网页中常见的元素，常用的列表类型如下。

无序列表：列表中的项是无序的，使用 <ul> 标签定义。无序列表在网页中的呈现样式为每个项前面有一个圆点。

有序列表：列表中的项是有序的，使用 <ol> 标签定义。有序列表在网页中的呈现样式为每个项前面有数字，并且数字从 1 开始顺序编号。

无论是无序列表还是有序列表，列表的每个项都使用 <li> 标签定义。

在 <body> 标签下添加 <ul> 和 <ol> 标签，再在两个标签下添加 <li> 标签，示例代码如下：

```
<!DOCTYPE html>
<html>
<head>
    <meta charset = "utf-8">
    <title>列表</title>
</head>
<body>
    <ul>
        <li>无序列表项1</li>
        <li>无序列表项2</li>
        <li>无序列表项3</li>
    </ul>
    <ol>
        <li>有序列表项1</li>
        <li>有序列表项2</li>
        <li>有序列表项3</li>
    </ol>
</body>
```

```
</html>
```

使用谷歌浏览器查看此网页，并使用开发者工具查看网页源代码，如图 19-10 所示。

图 19-10　HTML 列表

➲ Ⅵ　<a> 标签——链接

链接元素可用于指定为文本或图片设置超链接，使用 <a> 标签定义。链接元素的 href 属性用来指定跳转的地址。

在 <body> 标签下添加 <a> 标签，示例代码如下：

```
<!DOCTYPE html>
<html>
<head>
    <meta charset = "utf-8">
    <title>链接</title>
</head>
<body>
    <a href = "https://www.qq.com">腾讯网</a>
</body>
</html>
```

使用谷歌浏览器查看此网页，并使用开发者工具查看网页源代码，如图 19-11 所示。单击网页中的链接文字“腾讯网”即可跳转到腾讯网的首页。

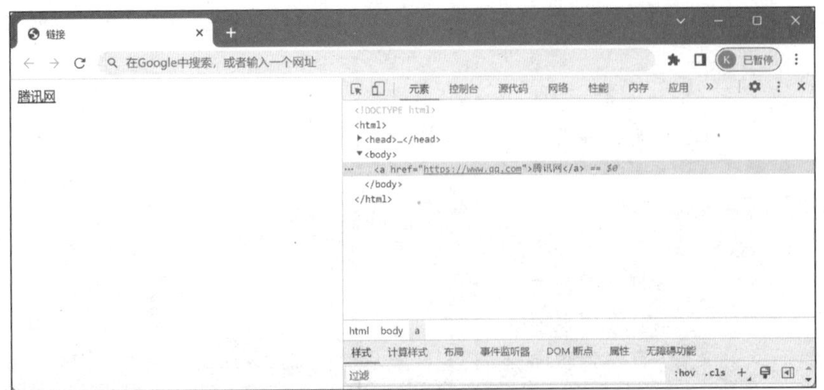

图 19-11　HTML 链接

➲ VII　<span> 标签——行内元素

行内元素用于为不同的元素设置不同的格式，使用 <span> 标签定义。例如，在一段文本中为部分文本添加下划线，为另一部分文本加粗等。

在 <body> 标签下添加 <span> 标签，示例代码如下：

```
<!DOCTYPE html>
<html>
<head>
    <meta charset = "utf-8">
    <title>行内元素</title>
</head>
<body>
    <span>行内元素1</span>
    <span>行内元素2</span>
</body>
</html>
```

使用谷歌浏览器查看此网页，并使用开发者工具查看网页源代码，如图 19-12 所示。

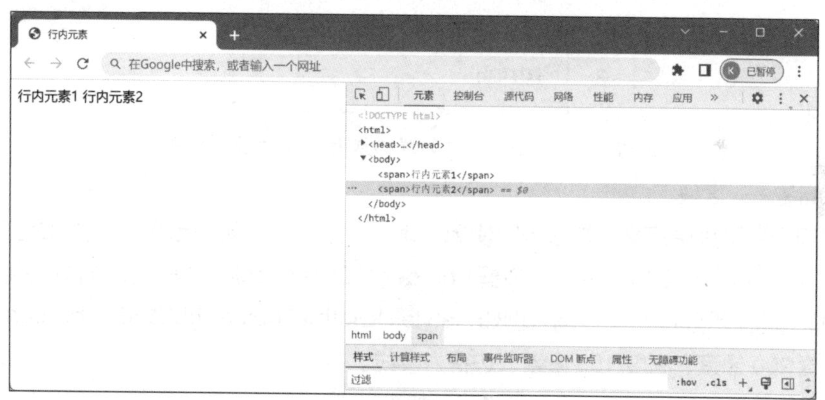

图 19-12　HTML 行内元素

➲ VIII　<img> 标签——图片

图片元素用来显示图片，使用 <img> 标签定义。图片元素的 src 属性用来指定图片地址；alt 属性用来指定图片的描述内容，用于在图片不能被用户看见时显示。

在 <body> 标签下添加 <img> 标签，示例代码如下：

```
<!DOCTYPE html>
<html>
<head>
    <meta charset = "utf-8">
    <title>图片</title>
</head>
<body>
    <img src = "https://cdn.pixabay.com/photo/2016/05/24/16/48/
     mountains-1412683_1280.png" alt = "森林和山">
</body>
</html>
```

使用谷歌浏览器查看此网页，并使用开发者工具查看网页源代码，如图 19-13 所示。如果故意将 src 属性值写错，保存并刷新网页，就可以看到 alt 属性值，如图 19-14 所示。

图 19-13　HTML 图片

图 19-14　HTML 图片加载错误时显示的替换文字

➲ IX　<div> 标签——区块

区块元素用于在网页中定义一块区域，使用 <div> 标签定义。区块元素的 style 属性可以定义各种样式，如宽度（width）、高度（height）、边框（border）和颜色（color）等。每个样式使用的格式是“样式名：值”，样式间使用分号（;）分隔。例如，style="width:200px;height:150px;border:solid;" 表示区块的样式为宽度 200 像素、高度 150 像素、边框为实线。

在 <body> 标签下添加 <div> 标签，示例代码如下：

```
<!DOCTYPE html>
<html>
<head>
    <meta charset = "utf-8">
    <title>区块</title>
</head>
<body>
    <div style = "width:200px;height:150px;border:solid;">
        <p>区块1</p>
        <p>大小：200*150</p>
        <p>边框：实线</p>
    </div>
    <div style = "width:300px;height:200px;border:dotted;">
        <p>区块2</p>
        <p>大小：100*50</p>
        <p>边框：虚线</p>
```

```
        </div>
    </body>
</html>
```

使用谷歌浏览器查看此网页，并使用开发者工具查看网页源代码，如图 19-15 所示。

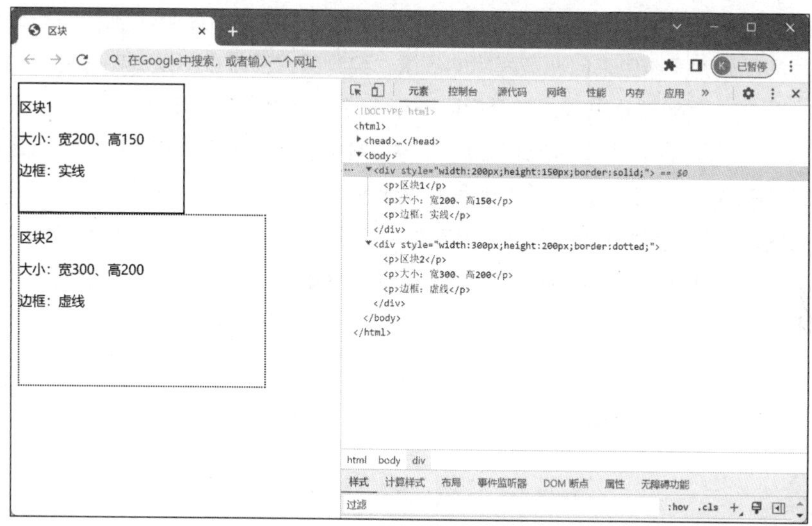

图 19-15　HTML 中的区块

19.2　自动化获取网页内容

在了解 HTML 基础知识后，就可以使用 Python 自动化地完成网页解析与内容获取。Python 的第三方库 Requests 可以实现类似浏览器向网站发起网络请求的功能，从而获取网页内容。Python 的第三方库 Beautiful Soup 可以灵活而又便捷地从 HTML 内容中提取出想要的数据。

19.2.1　使用 Requests 库获取网页内容

使用 Requests 库前需要通过 pip 进行安装，命令如下：

```
pip install requests
```

获取网页内容主要使用的是 Requests 库的 get 函数，它会向网站发起 GET 请求。下面以获取百度首页内容为例介绍 Requests 库的基本使用。

```
#001  import requests
#002  url = 'https://www.baidu.com'
#003  resp = requests.get(url)
#004  print(resp.status_code)
#005  print(resp.text)
```

➢ 代码解析

第 1 行代码导入 requests 库。

第 2 行代码定义要访问的网站地址（此处是百度首页的地址）。

第 3 行代码使用 requests 库的 get 函数对指定的网址发起请求。get 函数会返回一个 Response 对象，对象中包含了请求状态、网页内容等属性。

第 4 行代码输出 status_code 属性，表示此次请求返回的状态码。通过状态码可以判断请求是否成功。如果请求成功，网站返回的状态码为 200。不同的状态码代表不同的含义，如 403 表示请求被拒绝，404 表示页面未找到，503 表示网站不可用等。

第 5 行代码输出 text 属性，表示网页内容。

运行示例代码后，状态码输出为 200，但输出的网页内容与在浏览器中看到的源代码有较大差异。

这是因为很多网站为了避免来自恶意程序的请求，会判断该请求是不是浏览器发出的。如果是，返回正常的内容；反之，返回部分内容，甚至返回一个非 200 的状态码。网站一般通过查看请求头中的 User-Agent 字段值来判断请求是否来自浏览器。请求头中包含了各种基本信息，其中 User-Agent 表示请求来自何处的客户端，是浏览器还是某种语言的程序等。

谷歌浏览器提供了查看自身 User-Agent 的方式，在地址栏输入“chrome://version”并按回车键，在打开的页面中找到“用户代理”项，该项的值就是 User-Agent 值，如图 19-16 所示。

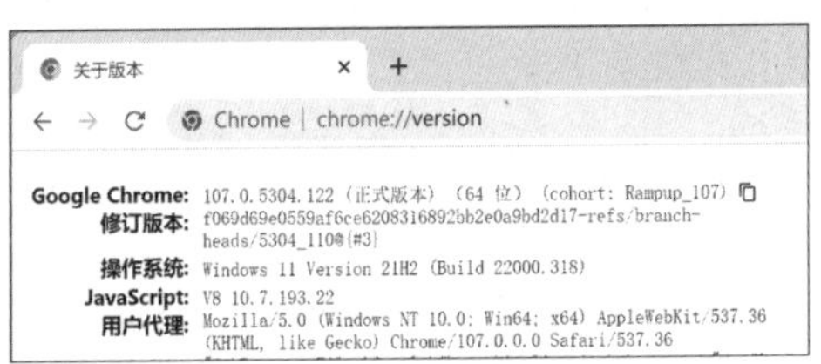

图 19-16　查看谷歌浏览器的 User-Agent

下面改进代码，在发出访问请求时加入上述 User-Agent 值。示例代码如下：

```
#001  import requests
#002  url = 'https://www.baidu.com'
#003  headers = {'User-Agent':
#004       'Mozilla/5.0 (Windows NT 10.0; Win64; x64) '\
#005       'AppleWebKit/537.36 (KHTML, like Gecko) '\
#006       'Chrome/107.0.0.0 Safari/537.36'}
#007  resp = requests.get(url, headers = headers)
#008  print(resp.status_code)
#009  print(resp.text)
```

相较于本节第一个示例，本示例增加了请求头的设置。在 headers 中定义了包含 User-Agent 的请求头，并在调用 requests.get 函数时进行指定，从而模拟浏览器的身份请求目标网址。

运行示例代码后，输出的网页内容与在浏览器中显示的网页源码相同。

Requests 库的 get 函数除了支持 url 和 headers 参数外，还支持 params、timeout、cookies 等常用参数。

参数 params 用于在发送请求时通过字符串字典指定 URL 中的查询字符串。例如，下述代码的请求目标为 https://httpbin.org/get?k1=v1&k2=v2。

```
requests.get('https://httpbin.org/get', params = {'k1': 'v1', 'k2':
'v2'})。
```

参数 timeout 用于设置请求超时时间。由于网络或服务器自身原因，请求的时间可能会超出预期。设置超时时间可以避免等待时间过长，在超时后可以自行决定再次发起重试还是直接报错，从而让程序变得更加稳定。

除了最基本的使用 GET 请求获取网页内容，很多网站还支持使用 POST 请求来完成数据提交任务。

例如，将用户名、密码提交到网站。Requests 库的 post 函数就是用来发送 POST 请求的。它的使用方式和 get 函数类似，额外支持 data 参数指定数据。示例代码如下：

```
#001  import requests
#002  url = 'https://httpbin.org/post'
#003  data = {'user': 'ExcelHome', 'password': '123456'}
#004  resp = requests.post(url, data = data)
#005  print(resp.status_code)
#006  print(resp.text)
```

➢ 代码解析

第 1 行代码导入 requests 库。

第 2 行代码定义要访问的网站地址（此处是专门测试网络请求的网站 httpbin 的网址）。

第 3 行代码定义一个字典，存放要发送的数据。不同网站支持提交的数据不同，httpbin 支持任意内容的数据。

第 4 行代码使用 requests 库的 post 函数对指定的网址发起请求，它的第二个参数表示要发送的数据。post 函数和 get 函数一样，会返回一个 Response 对象，对象中包含了请求状态、网页内容等属性。

第 5 行代码输出 status_code 属性，表示此次请求返回的状态码。

第 6 行代码输出 text 属性，表示网页内容。

相较于本节第一个示例，本示例多了请求数据的设置。在 data 中定义请求数据，并在调用 requests.post 函数时指定，从而在请求时向网站服务器提交该数据。使用方法和 requests.get 函数几乎一致，它们的返回对象都是 Response 对象。

运行示例代码，返回的结果如图 19-17 所示。


```
200
{
  "args": {},
  "data": "",
  "files": {},
  "form": {
    "password": "123456",
    "user": "ExcelHome"
  },
  "headers": {
    "Accept": "*/*",
    "Accept-Encoding": "gzip, deflate",
    "Content-Length": "30",
    "Content-Type": "application/x-www-form-urlencoded",
    "Host": "httpbin.org",
    "User-Agent": "python-requests/2.28.1",
    "X-Amzn-Trace-Id": "Root=1-639c6081-329158f620d7ce7642b06f70"
  "url": "https://httpbin.org/post"
}
```


图 19-17　requests.post 返回的结果

19.2.2　使用 Beautiful Soup 库从网页中提取数据

使用 Beautiful Soup 库前需要通过 pip 进行安装，命令如下：

```
pip install beautifulsoup4
```

Beautiful Soup 库是从 HTML 或 XML 文件中提取数据的利器，通过它可以非常方便地从网页中提取出想要的数据。下面以分析精简版的豆瓣电影 TOP5 的 HTML 文件为例，介绍如何使用 Beautiful Soup 库，HTML 文件内容如下：

```
<!DOCTYPE html>
<html>
<head>
```

```
    <meta charset = "utf-8">
    <title>豆瓣电影TOP5</title>
</head>
<body>
    <ol class = "grid_view">
      <li>
        <div class = "item">
          <a href = "https://movie.douban.com/subject/1292052/">
            <span class = "title">肖申克的救赎</span>
            <span class = "rating_num">9.7</span>
          </a>
        </div>
      </li>
      <li>
        <div class = "item">
          <a href = "https://movie.douban.com/subject/1291546/">
            <span class = "title">霸王别姬</span>
            <span class = "rating_num">9.6</span>
          </a>
        </div>
      </li>
      <li>
        <div class = "item">
          <a href = "https://movie.douban.com/subject/1292720/">
            <span class = "title">阿甘正传</span>
            <span class = "rating_num">9.5</span>
          </a>
        </div>
      </li>
      <li>
        <div class = "item">
          <a href = "https://movie.douban.com/subject/1292722/">
            <span class = "title">泰坦尼克号</span>
            <span class = "rating_num">9.5</span>
          </a>
        </div>
      </li>
      <li>
        <div class = "item">
          <a href = "https://movie.douban.com/subject/1295644/">
            <span class = "title">这个杀手不太冷</span>
            <span class = "rating_num">9.4</span>
          </a>
        </div>
```

```
    </li>
  </ol>
</body>
</html>
```

使用谷歌浏览器打开示例 HTML 文件，效果如图 19-18 所示。

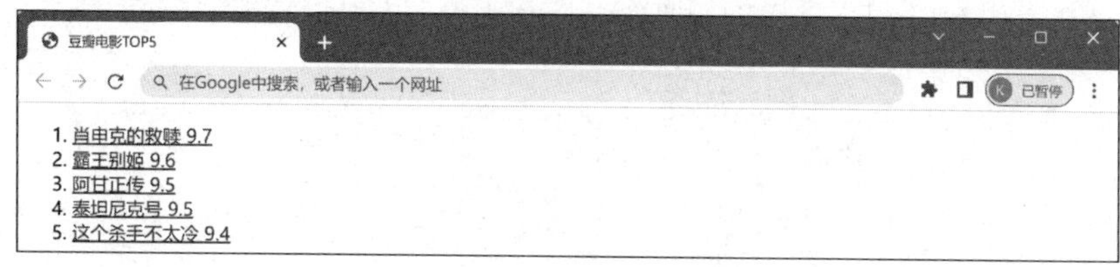

图 19-18　豆瓣电影 TOP5 精简版

Beautiful Soup 库支持使用 HTML 内容初始化 BeautifulSoup 对象，进而可以使用该对象提供的各种方法获取指定的标签内容。代码如下：

```
from bs4 import BeautifulSoup
soup = BeautifulSoup(html_content, 'html.parser')
```

上述代码中的 html_conent 是 HTML 文件内容，会在下文的完整示例中演示如何获得。用于初始化 BeautifulSoup 对象的第二个参数值为 html.parser，表示使用内置的 HTML 解析器进行解析。初始化完成后，即可通过 BeautifulSoup 对象提供的方法获取 HTML 中的指定内容。

第一个常用的方法是使用“. 标签名”获取指定标签对象，还可以进一步对该标签使用“.”操作符，获取标签对象的内容、属性或该标签对象下的指定标签对象。例如：

```
# 获取<head>标签对象
print(soup.head)
# 获取<head>标签对象下的<title>标签对象
print(soup.head.title)
# 获取<title>标签的内容
print(soup.head.title.text)
```

上述代码中的 head 或 title 均是 HTML 中的标签名称，获取到标签对象后，访问 text 属性可获取该标签的内容。

第二个常用的方法是使用 find 或 find_all 方法分别查找符合条件的一个或所有标签对象。两个方法都支持根据标签属性筛选。例如：

```
# 查找第一个<head>标签对象
print(soup.find('head'))
# 查找所有的<span>标签对象
print(soup.find_all('span'))
# 查找所有的<span>标签对象，且其属性class为title
print(soup.find_all('span', class_ = 'title'))
```

上述代码中的 find 方法返回一个标签对象，find_all 方法返回标签对象的列表。在使用 find 或 find_all 方法根据标签属性筛选时，一般情况下可将标签属性名称作为方法的参数名称传入，但由于 class 在 Python 中是关键字，因此约定使用 class_ 来代表标签的 class 属性。

掌握了这些基本方法后，可以便捷地获取到网页数据。例如，从豆瓣电影网页中提取出电影名称、评分和链接并输出。示例代码如下：

```
#001  from pathlib import Path
#002  from bs4 import BeautifulSoup
#003  html_path = Path(__file__).parent / '豆瓣电影TOP5.html'
#004  with open(html_path, encoding = 'utf-8') as f:
#005      html_content = f.read()
#006  soup = BeautifulSoup(html_content, 'html.parser')
#007  for item in soup.find_all('a'):
#008      title = item.find('span', class_ = 'title').text
#009      print(f'电影名称：{title}')
#010      rating = item.find('span', class_ = 'rating_num').text
#011      print(f'电影评分：{rating}')
#012      link = item['href']
#013      print(f'电影链接：{link}')
```

➢ 代码解析

第 1 行代码从 pathlib 库中导入 Path，用于处理路径。

第 2 行代码从 bs4 库（即 Beautiful Soup 库）中导入 BeautifulSoup 类，用于处理网页。

第 3 行代码获取示例 HTML 文件路径。

第 4~5 行代码使用 utf-8 编码读取示例 HTML 文件的内容。

第 6 行代码使用 HTML 文件内容初始化 BeautifulSoup 对象。

第 7~13 行代码查找 HTML 中和电影相关的所有标签，并输出电影名称、评分和链接。

第 7 行代码调用 find_all 方法查找所有 <a> 标签对象。该标签自身包含电影链接，而它的嵌套链接则包含了电影名称和评分。

第 8~9 行代码调用 find 方法在 <a> 标签下查找第一个 class 属性为 title 的 <span> 标签对象，再通过其 text 属性获取标签内容，从而输出电影名称。

第 10~11 行代码调用 find 方法在 <a> 标签下查找第一个 class 属性为 rating_num 的 <span> 标签对象，再通过其 text 属性获取标签内容，从而输出电影评分。

第 12~13 行代码直接使用字典取值的方式获取 <a> 标签的 href 属性值，从而输出电影链接。

运行代码后，输出如下：

```
电影名称：肖申克的救赎
电影评分：9.7
电影链接：https://movie.douban.com/subject/1292052/
电影名称：霸王别姬
电影评分：9.6
电影链接：https://movie.douban.com/subject/1291546/
电影名称：阿甘正传
电影评分：9.5
电影链接：https://movie.douban.com/subject/1292720/
电影名称：泰坦尼克号
电影评分：9.5
电影链接：https://movie.douban.com/subject/1292722/
电影名称：这个杀手不太冷
电影评分：9.4
电影链接：https://movie.douban.com/subject/1295644/
```

19.3　自动化操作浏览器

尽管使用 Requests 库可以快捷地向网站发起请求并获取网页内容，但有时候获取到的 HTML 内容并非浏览器中最终呈现的 HTML 内容。原因在于这类网站的网页内容是通过 JavaScript 动态渲染出来的，例如，微博热搜榜、财经网站股票行情数据等，而 Requests 库获取到的是未经渲染的网页源代码，也就无法获取最终的 HTML 内容。

Selenium 是一个自动化测试工具，能够控制浏览器访问网站、单击网页上的元素、在输入框中输入文字、截屏等操作。使用 Selenium 除了能够弥补 Requests 库获取网页内容能力上的不足外，还能够实现复杂的交互逻辑（如登录网站）。

19.3.1　搭建 Selenium 环境

Selenium 支持主流的浏览器，如谷歌 Chorme 浏览器（下文简称谷歌浏览器）、Firefox 等浏览器，它通过浏览器驱动来操作对应的浏览器，其中，谷歌浏览器的驱动程序叫作 ChromeDriver，火狐浏览器的驱动程序叫作 GeckoDriver。下面以谷歌浏览器为例介绍搭建 Selenium 环境的主要步骤。

➲ I　查看当前计算机中的浏览器版本

浏览器驱动必须能够适配浏览器版本。如果版本不匹配，Selenium 就无法通过浏览器驱动程序操作浏览器。

为了获得匹配的浏览器驱动程序，需要先查看浏览器的版本号。在谷歌浏览器的地址栏中输入“chrome://settings/help”并按【Enter】键，可以查看版本信息，如图 19-19 所示。

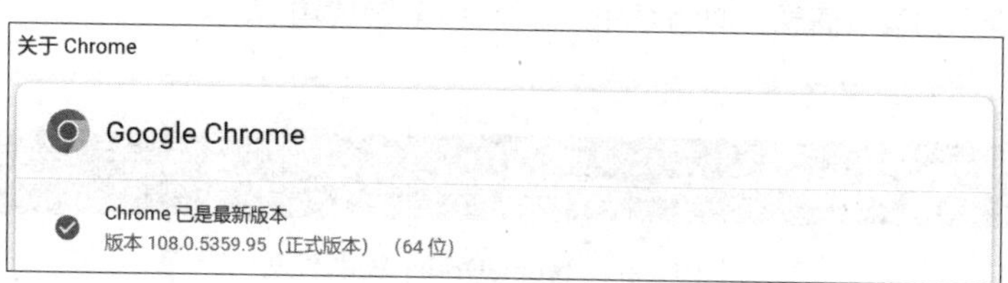

图 19-19　谷歌浏览器版本信息

➲ II　获取并安装 ChromeDriver

ChromeDriver 官网：https://chromedriver.storage.googleapis.com/index.html

ChromeDriver 淘宝镜像站：https://registry.npmmirror.com/binary.html?path=chromedriver/

访问上述任一网址，可以看到多个以版本号命名的文件夹，如图 19-20 所示。

Name	Last modified	Size
Parent Directory		-
100.0.4896.20/	2022-12-06T12:00:00Z	-
100.0.4896.60/	2022-12-06T12:00:00Z	-
101.0.4951.15/	2022-12-06T12:00:00Z	-
101.0.4951.41/	2022-12-06T12:00:00Z	-
102.0.5005.27/	2022-12-06T12:00:00Z	-
102.0.5005.61/	2022-12-06T12:00:00Z	-
103.0.5060.134/	2022-12-06T12:00:00Z	-
103.0.5060.24/	2022-12-06T12:00:00Z	-
103.0.5060.53/	2022-12-06T12:00:00Z	-
104.0.5112.20/	2022-12-06T12:00:00Z	-
104.0.5112.29/	2022-12-06T12:00:00Z	-
104.0.5112.79/	2022-12-06T12:00:00Z	-
105.0.5195.19/	2022-12-06T12:00:00Z	-
105.0.5195.52/	2022-12-06T12:00:00Z	-
106.0.5249.21/	2022-12-06T12:00:00Z	-
106.0.5249.61/	2022-12-06T12:00:00Z	-
107.0.5304.18/	2022-12-06T12:00:00Z	-
107.0.5304.62/	2022-12-06T12:00:00Z	-
108.0.5359.22/	2022-12-06T12:00:00Z	-
108.0.5359.71/	2022-12-06T12:00:00Z	-

图 19-20　ChromeDriver 各版本下载页

浏览器驱动和浏览器的版本不需要完全一致，只要主版本号相同即可。基于此原则，虽然在页面中没有版本号为 108.0.5359.95 的文件夹，但是可以选择主版本一致的文件夹 108.0.5359.71。单击此文件夹，在打开的页面中根据当前操作系统下载对应的安装文件，如图 19-21 所示。Windows 用户应该下载 chromedriver_win32.zip。

Index of /chromedriver/108.0.5359.71/

Name	Last modified	Size
Parent Directory		-
chromedriver_linux64.zip	2022-12-02T11:23:26.634Z	6.96MB
chromedriver_mac64.zip	2022-12-02T11:23:30.506Z	8.61MB
chromedriver_mac_arm64.zip	2022-12-02T11:23:34.328Z	7.82MB
chromedriver_win32.zip	2022-12-02T11:23:38.250Z	6.58MB
notes.txt	2022-12-02T11:23:46.366Z	87

图 19-21　ChromeDriver 特定版本下载页

安装文件压缩包中包含文件名为 chromedriver 的可执行文件，也就是谷歌浏览器的驱动程序。为了能够让 Selenium 找到此驱动程序，需要将驱动文件解压至特定的目录中。在 Windows 系统中，可将此文件保存在 pip 程序所在目录下，如“C:\Users\ExcelHome\AppData\Local\Programs\Python\Python39\Scripts”。

提示

pip 程序的路径可通过在命令行中输入“where pip”查看。

完成上述操作后，进入 Windows 命令提示符窗口，输入“chromedriver -v”，按【Enter】键。如果显示如图 19-22 所示的版本信息，说明 ChromeDriver 安装成功。

命令提示符

```
C:\Users\ExcelHome>chromedriver -v
ChromeDriver 108.0.5359.71 (1e0e3868ee06e91ad636a874420e3ca3ae3756ac-refs/branch-heads/5359@{#1016})
```

图 19-22　ChromeDriver 版本信息

➲ III　安装 Selenium 库

准备好 ChromeDriver 后，通过“pip install selenium”命令安装 Selenium 库，完成 Selenium 使用环境的搭建。

19.3.2　使用 Selenium 访问网页

完成 Selenium 环境的搭建后，就可以使用 Selenium 访问网站页面了。Selenium 的基本使用示例代码如下：

```
#001  from selenium import webdriver
#002  driver = webdriver.Chrome()
#003  driver.get('https://www.baidu.com')
```

➢ 代码解析

第 1 行代码从 selenium 库中导入 webdriver，用于控制浏览器。

第 2 行代码初始化 Chrome 类，获得谷歌浏览器的驱动对象，从而进行后续的浏览器操作。

第 3 行代码调用 get 方法控制浏览器访问百度首页。

运行示例代码，会自动打开谷歌浏览器并访问百度首页，然后自动退出。谷歌浏览器在默认情况下会提示“Chrome 正收到自动测试软件的控制”，如图 19-23 所示。此界面停留时间很短，可在代码中添加第 4 行 print('') 并在该行打断点，以调试模式运行，即可看到此界面。

图 19-23　Selenium 控制谷歌浏览器访问百度首页

如果希望访问网页时隐藏浏览器，然后输出网页内容，最后在访问结束后退出浏览器，示例代码如下:

```
#001  from selenium import webdriver
#002  options = webdriver.ChromeOptions()
#003  options.headless = True
#004  driver = webdriver.Chrome(options = options)
#005  driver.get('https://www.baidu.com')
#006  print(driver.page_source)
#007  driver.quit()
```

➢ 代码解析

第 1 行代码从 selenium 库中导入 webdriver，用于控制浏览器。

第 2 行代码初始化 ChromeOptions 类型，获取谷歌浏览器选项对象，从而配置浏览器行为。

第 3 行代码配置浏览选项为无界面模式。

第 4 行代码通过指定浏览器选项初始化 Chrome 类，获得谷歌浏览器的驱动对象，从而进行后续的浏览器操作。

第 5 行代码调用 get 方法控制浏览器访问百度首页。

第 6 行代码通过 driver 的 page_source 属性获取网页内容并输出。

第 7 行代码调用 quit 方法退出。

Selenium 常用的页面相关方法和属性如表 19-1 所示。

表 19-1　Selenium 常用的页面相关方法和属性

方法或属性	说明
get()	请求指定的网址
refresh()	刷新当前页面
back()	回退至上一页
forward()	前进至下一页
close()	关闭当前页面
get_cookies()	获取当前页面用到的 cookies
current_url	获取当前页面的网址
page_source	获取当前页面的内容

续表

方法或属性	说明
title	获取当前页面的标题

19.3.3 使用 Selenium 和网页交互

Selenium 除了具有访问网页的基础能力外，还可以模拟鼠标和键盘操作。例如，通过 Selenium 控制浏览器访问百度首页，在搜索框中输入“Python”并单击【百度一下】进行搜索。

无论是搜索框还是【百度一下】按钮，都是网页中的元素。只有了解 Selenium 定位页面元素的方法，才能够对这些元素进行操作。Selenium 支持多种定位元素的方法。

➲ Ⅰ id 定位

通过元素的 id 属性定位元素。

➲ Ⅱ name 定位

通过元素的 name 属性定位元素。

➲ Ⅲ class 定位

通过元素的 class 属性定位元素。

➲ Ⅳ 标签定位

我们在 HTML 基础中了解到每个元素都是由一对标签组成的，因此可以通过标签来定位。但由于标签重复度高，往往无法准确定位到特定元素，一般很少使用这种定位方式。

➲ Ⅴ 链接定位

通过匹配链接元素的文本定位元素。例如，针对 <a href="https://news.baidu.com"> 新闻 </a> 元素，可通过指定链接定位为“新闻”找到该元素。

➲ Ⅵ 部分链接定位

有些链接元素的文本可能会很长，部分链接定位允许匹配部分文本，即可定位该元素。例如，针对 <a href="https://movie.douban.com"> 豆瓣电影 </a> 元素，可通过指定部分链接定位为“电影”找到该元素。

➲ Ⅶ XPath 定位

以上定位方法都有一定的局限性，如果元素的 id、name、class、链接文本重复，就无法使用上述方法来唯一性地定位元素。而 XPath（XML Path Language，XML 路径语言）用来确定 XML 文档（也包括 HTML）中特定位置的语言。通过 XPath 就能够准确定位到指定的元素，19.3.5 小节将介绍 XPath 的基础知识。

➲ Ⅷ CSS 定位

通过 CSS 选择器可以指定元素的 id、class、属性、标签或使用层级、索引等方式定位元素，非常灵活。

初步了解定位元素的方法后，可以选择一种方式来定位。以 XPath 定位为例，谷歌浏览器的开发者工具提供了便捷地获取元素 XPath 的方式，具体操作步骤如下。

步骤① 在浏览器中打开百度首页，按【F12】键打开开发者工具。

步骤② 单击元素选择工具按钮，再选中页面中的百度搜索框。

步骤③ 在高亮的源代码行上右击，在弹出的快捷菜单中依次单击【复制】→【复制 XPath】，如图 19-24 所示。

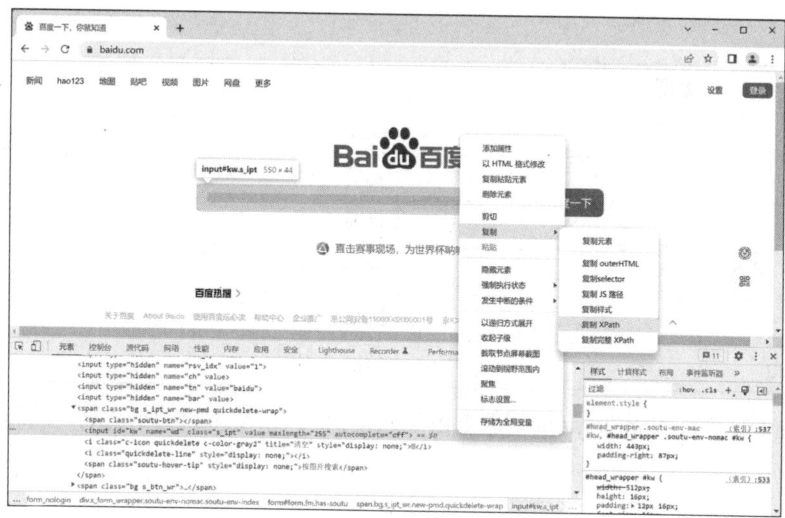

图 19-24　复制百度搜索框 XPath

步骤 4　打开 Windows 记事本，按 <Ctrl+V> 组合键执行【粘贴】命令。

经过上述操作，获取到搜索框的 XPath 为“//*[@id="kw"]”。

用类似的方法，获取到【百度一下】按钮的 XPath 为“//*[@id="su"]”。

结合 Selenium 提供的 find_element 方法，可以实现操作浏览器进行百度搜索的功能。示例代码如下：

```
#001  from selenium import webdriver
#002  from selenium.webdriver.common.by import By
#003  driver = webdriver.Chrome()
#004  driver.get('https://www.baidu.com')
#005  driver.find_element(By.XPATH, '//*[@id="kw"]')\
#006      .send_keys('ExcelHome')
#007  driver.find_element(By.XPATH, '//*[@id="su"]').click()
#008  driver.quit()
```

➤ 代码解析

第 1 行代码从 selenium 库中导入 webdriver，用于控制浏览器。

第 2 行代码从 selenium.webdriver.common.by 模块中导入 By，用于指定元素定位方式。

第 3 行代码初始化 Chrome 类，获得谷歌浏览器的驱动对象，从而进行后续的浏览器操作。

第 4 行代码调用 get 方法控制浏览器访问百度首页。

第 5~6 行代码调用 find_element 方法，使用 XPath 定位到搜索框元素，并获得 WebElement 对象，再调用 send_keys 方法模拟键盘输入的操作输入 ExcelHome。

find_element 方法的语法如下：

```
def find_element(self, by = By.ID, value = None)
```

参数 by 表示元素定位方式，支持的类型及说明如表 19-2 所示。

表 19-2　参数 by 支持的类型及说明

类型	说明
ID	id 定位
NAME	name 定位

续表

类型	说明
CLASS_NAME	class 定位
TAG_NAME	标签定位
LINK_TEXT	链接定位
PARTIAL_LINK_TEXT	部分链接定位
XPATH	XPath 定位
CSS_SELECTOR	CSS 定位

find_element 返回的 WebElement 对象提供了如表 19-3 所示的属性和方法，支持和对应的元素进行交互。

表 19-3　WebElement 的常用属性和方法

属性或方法	说明
tag_name	标签名称，如 <a></a> 元素的标签名称是 a
text	元素内容，如 <p>hello</p> 元素的内容为 hello
click()	模拟鼠标单击该元素
send_keys ()	模拟在该元素中键盘输入
submit()	提交表单，如输入完账号密码后单击提交以登录
get_attribute()	获取该元素的属性值
clear()	对于文本字段或区域的元素，清空输入的文本内容
is_displayed()	如果该元素可见，返回 True；反之，返回 False
is_selected()	对于单选按钮或复选框元素，如果被勾选，返回 True；反之，返回 False

第 7 行代码使用和第 5~6 行代码相同的方式定位到【百度一下】按钮，再调用 click 方法模拟鼠标单击的操作。

第 8 行代码调用 quit 方法退出。

运行示例代码，将打开谷歌浏览器并访问百度首页，然后自动在搜索框中输入“ExcelHome”，并单击【百度一下】按钮进行搜索，最后退出。效果如图 19-25 所示。

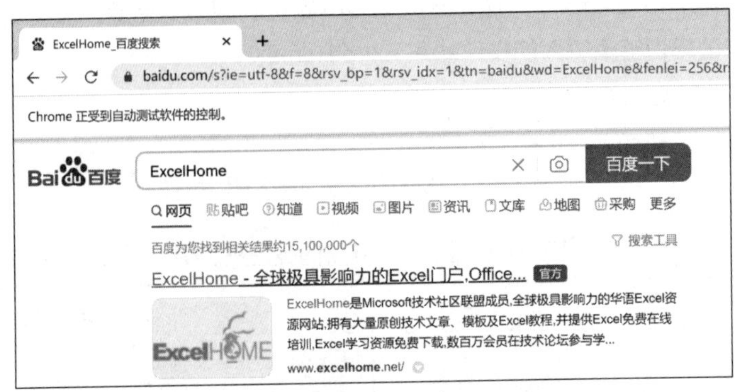

图 19-25　使用 Selenium 进行百度搜索

19.3.4　设置 Selenium 等待元素加载完成

使用 Selenium 操作浏览器访问网页时，在初次加载页面时会自动等待网页中的元素加载完成，以及等待网页中的 JavaScript 脚本执行完成。但如果网页局部区域更新，Selenium 默认是不等待的。例如，在网络速度较慢时，网页主题加载完成，Selenium 会认为等待完成。但由于网页内部很多元素还在加载中，这时使用 Selenium 获取这些元素会失败。

为了解决上述问题，可以使用 3 种等待方式：固定时间等待、隐式等待和显式等待。

➲ I　固定时间等待

固定时间等待，也就是使用 time.sleep 函数等待一段固定的时间。这种方式简单直观，但不够“聪明”。因为可能所有元素很快就加载完成了，但却还需要等待固定的一段时间，导致执行效率变低。

➲ II　隐式等待

Selenium 提供了隐式等待（driver.implicitly_wait）的方式让用户提供最长等待时间作为参数进行等待。如果所有元素加载完成，则执行后续操作；反之，则等待指定的时间。代码如下：

```
from selenium import webdriver
driver = webdriver.Chrome()
driver.impicitly_wait(10)
```

隐式等待虽然可以弥补固定时间等待的不足，但无法细化到网页特定元素的粒度。存在一种情况：网页元素 A 加载较快，元素 B 加载较慢，期望等待元素 A 就绪后进行后续操作。遗憾的是，使用隐式等待的方式无法实现这一点。

➲ III　显式等待

Selenium 提供了显式等待（WebDriverWait）的方式让用户指定等待某个元素的最长等待时间。如果指定元素加载完成，则执行后续操作；反之，则等待指定的时间。代码如下：

```
#001  from selenium import webdriver
#002  from selenium.webdriver.common.by import By
#003  from selenium.webdriver.support.ui import WebDriverWait
#004  from selenium.webdriver.support \
#005      import expected_conditions as EC
#006  driver = webdriver.Chrome()
#007  locator = (By.CLASS_NAME, 's_position_list')
#008  cond = EC.presence_of_element_located(locator)
#009  WebDriverWait(driver, 10, 2).until(cond)
```

➢ 代码解析

第 1 行代码从 selenium 库中导入 webdriver，用于控制浏览器。

第 2 行代码从 selenium.webdriver.common.by 模块中导入 By，用于指定元素定位方式。

第 3 行代码从 selenium.webdriver.support.ui 模块中导入 WebDriverWait，用于等待元素加载。

第 4~5 行代码从 selenium.webdriver.support 模块中导入 expected_conditions 模块并取别名 EC，用于指定等待条件。

第 6 行代码初始化 Chrome 类，获得谷歌浏览器的驱动对象，从而进行后续的浏览器操作。

第 7~8 行代码指定等待条件为指定元素出现，且该元素的 class 属性名为 s_position_list。

第 9 行代码初始化 WebDriverWait 对象，调用 until 方法进行等待。其中，第 2 个参数表示最长等待时间；第 3 个参数表示条件检查间隔。

显式等待实现了细粒度的元素等待控制，但代码行数会比隐式等待略多一些。实践时，可根据实际情况选择等待方式。

19.3.5 XPath 基础

了解 XPath 的基础语法有利于更好地使用 Selenium 定位和操作网页元素。XPath 使用路径表达式来选取 XML（或 HTML）文档中的节点（元素），常用的路径表达式如表 19-4 所示。

表 19-4 XPath 常用的路径表达式

表达式	表达式说明	示例	示例说明
节点名	选择此节点下的所有子节点	div	选取 div 元素的所有子元素
/	从根节点选取（子节点）	/div/p	选取根 div 元素下的所有子 p 元素
//	从匹配选择的当前节点中选择文档中的节点，而不考虑它们的位置（取子孙节点）	//p	选取所有 p 元素，不管它们在文档中所处的位置
.	选取当前节点	./a	选取当前节点下的所有子 a 元素
..	选取当前节点的父节点	../a	选取当前节点父节点下的所有子 a 元素
@	选取属性	//@name	选取名为 name 的所有属性
[]	谓语，用来查找某个特定节点或者包含某个指定值的节点。谓语被嵌在方括号中	//div[@name='movie']	选取 name 属性值为 movie 的所有 div 元素
*	匹配任何节点	//*	选取文档中的所有元素

在 19.3.3 小节的示例中，输入框的 XPath 为“//*[@id="kw"]”，表示选取 id 属性值为 kw 的所有元素。百度首页中只有搜索框所在的元素符合此要求，因此能够唯一地定位到搜索框。

【百度一下】按钮的 XPath 为“//*[@id="su"]”，表示选取 id 属性值为 su 的所有元素。百度首页中只有此按钮所在的元素符合此要求，因此能够唯一地定位到此按钮。

读者可能无法在短时间内掌握 XPath 语法，也不必全面掌握它。一般情况下可以使用 19.3.3 小节介绍的方法，通过浏览器获取元素的 XPath，然后结合 Selenium 的 find_element 方法定位元素，再进一步使用 send_keys、click 等方法操作元素。

19.4 网站交互实战

19.4.1 自动获取知乎日报

知乎日报每天提供了丰富而又优质的资讯，本小节以自动获取知乎日报内容为例，介绍如何使用 Requests 和 Beautiful Soup 库获取和提取文章信息。这些信息包括文章的标题和链接等。

➲ I 分析知乎日报页面

在使用 Python 自动化获取知乎日报数据前，需要先判断目标网页是不是动态渲染，以及分析标题和链接数据是从网页中的哪些元素中获取的。在谷歌浏览器中访问 https://daily.zhihu.com ，打开知乎日报首页。在网页空白处右击，在弹出的快捷菜单中单击【查看网页源代码】，如图 19-26 所示。

图 19-26　知乎日报页面

在网页源代码中搜索知乎日报中的任一文章名称，如“历史上有咏火山的诗句吗？”，如能搜到则说明此网页不是动态渲染出来的，可以使用 Requests 库获取网页内容。

在获取了网页内容的前提下，需要进一步分析如何提取文章数据。在谷歌浏览器中按【F12】键打开开发者工具，然后使用元素选择工具选中知乎日报中的任一文章名称，对应的网页源代码高亮，如图 19-27 所示。

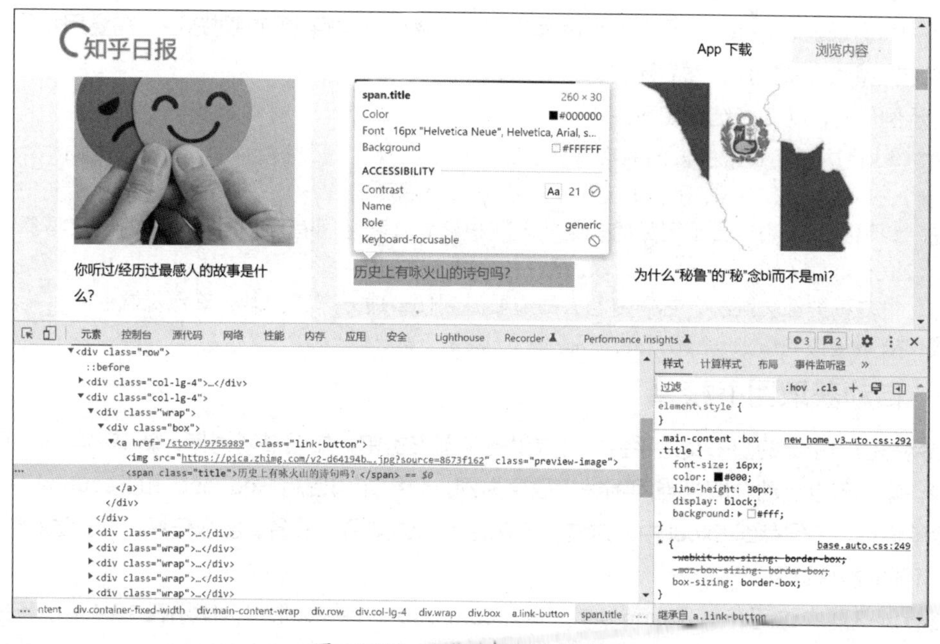

图 19-27　知乎日报页面源代码

经过分析，知乎日报中的每篇文章都是通过 <div class="box"></div> 元素来描述的。因此，可以查找所有的 class 属性值为 box 的 <div> 元素，然后再从每个 <div> 元素中提取如标题、链接等文章信息。

➲ II　自动获取知乎日报

分析好数据提取逻辑后，就可以编写代码自动获取知乎日报的文章列表，并提取图书数据了。示例代码如下：

```
#001  import requests
#002  from bs4 import BeautifulSoup
#003  url = 'https://daily.zhihu.com'
#004  resp = requests.get(url)
#005  soup = BeautifulSoup(resp.text, 'html.parser')
#006  for box in soup.find_all('div', class_ = 'box'):
#007      title = box.a.span.text
#008      print(f'标题：{title}')
#009      link = f'{url}{box.a["href"]}'
#010      print(f'链接：{link}')
```

➢ 代码解析

第 1 行导入 requests 库。

第 2 行代码从 bs4 库（即 Beautiful Soup 库）中导入 BeautifulSoup 类，用于处理网页。

第 3~4 行代码定义知乎日报首页的网址，并使用 requests 库的 get 函数对其发起请求。

第 5 行代码使用 requests 返回的网页内容初始化 BeautifulSoup 对象。

第 6~10 行代码获取知乎日报中每篇文章的信息。

第 6 行代码查找所有 class 属性值为 box 的 <div> 元素，也就是所有文章，然后遍历每篇文章。

第 7~8 行代码获取 <a> 子元素下 <span> 子元素的内容，也就是文章标题，然后输出。

第 9~10 行代码获取 <a> 子元素的 href 属性值，它表示文章链接的相对路径，需要用知乎日报的主 URL 拼接成完整的文章链接，然后输出。

运行示例代码，前 3 条结果如下。

```
标题：你听过/经历过最感人的故事是什么？
链接：https://daily.zhihu.com/story/9756035
标题：智利的领土为什么是罕见的长条状？阿根廷和智利之间有什么不可不说的历史吗？
链接：https://daily.zhihu.com/story/9756029
标题：很多鱼类都会洄游，它们是怎么知道要游到什么地方产卵，怎么确定位置的？
链接：https://daily.zhihu.com/story/9756021
```

19.4.2　自动获取图书榜单

当当网是国内主流的图书交易平台，并提供各类图书榜单，如图书畅销榜、新书热卖榜、童书榜、好评榜等。本小节以自动获取当当网畅销榜信息为例，介绍如何使用 Requests 和 Beautiful Soup 库获取图书榜单信息，并保存到 Excel 中。这些信息包括图书的排名、书名、出版信息、评论数和价格等。

➲ Ⅰ　分析图书榜单页面

在谷歌浏览器中访问 http://bang.dangdang.com/books/bestsellers，使用在 19.4.1 小节提到的判断网页渲染的方法，可以确定当当网图书榜单页面不是动态渲染的，然后使用 Requests 库访问获取网页内容。

在获取了网页内容的前提下，需要进一步分析如何提取图书数据。在谷歌浏览器中按【F12】键打开开发者工具，然后使用元素选择工具选中畅销榜中的任一图书名称，对应的网页源代码高亮，如图 19-28 所示。

图 19-28　当当网畅销书榜单页面源代码

经过分析，整个榜单是通过 <ul class="bang_list clearfix band_list_mod"></ul> 元素来描述的。因此，可以先查找 class 属性值为 bang_list 的 <ul> 元素，然后再查询此元素下的 <li> 子元素，进一步获取每本图书的信息。代码如下（其中 soup 是根据网页内容初始化的 BeautifulSoup 对象）：

```
ul = soup.find('ul', class_ = 'bang_list')
for li in ul.find_all('li'):
      # 获取每本图书的信息
```

排名数据：通过 <div class="list_num red"> 排名 .</div> 元素来描述。因此，可以查找并获取 class 属性值为 list_num_red 的 <div> 元素的内容。代码如下：

```
li.find('div', class_ = 'list_num').text
```

书名：通过 <div class="name"><a href=" 书本链接 " target="_blank"title=" 书名 "></a></div> 元素来描述。因此，可以先查找 class 属性值为 name 的 <div> 元素，再获取它的 <a> 子元素的 title 属性值。代码如下：

```
li.find('div', class_ = 'name').a['title']
```

出版信息：通过 <div class="publisher_info"><a href=" 链接 "title=" 名称 "target="_blank"> 出版信息 </a></div> 元素来描述。因此，可以查找并获取 class 属性值为 publisher_info 的 <div> 元素的内容（包含所有子元素内容）。代码如下：

```
li.find('div', class_ = 'publisher_info').text
```

评论数：通过 <div class="star"><span class="level"><span style="width: N%;"></span></span><a href=" 链接 "target="_blank">N 条评论 </a><span class="tuijian">N% 推荐 </span></div> 元素来描述。因此可以先查找 class 属性值为 star 的 <div> 元素，再获取它的 <a> 子元素的内容。代码如下：

```
li.find('div', class_ = 'star').a.text
```

价格：通过 <span class="price_n">¥ 价格 </span> 来描述。因此，可以查找并获取 class 属性值为 price_n 的 <span> 元素的内容。代码如下：

```
li.find('span', class_ = 'price_n').text
```

➲ II　自动获取单页图书榜单

分析好数据提取逻辑后，就可以编写代码自动获取当当网图书畅销榜的网页内容，并提取图书数据了。示例代码如下：

```
import requests
```

```
#002  from bs4 import BeautifulSoup
#003  url = 'http://bang.dangdang.com/books/bestsellers'
#004  resp = requests.get(url)
#005  resp.encoding = 'gbk'
#006  soup = BeautifulSoup(resp.text, 'html.parser')
#007  ul = soup.find('ul', class_ = 'bang_list')
#008  for li in ul.find_all('li'):
#009      rank = li.find('div', class_ = 'list_num').text
#010      name = li.find('div', class_ = 'name').a['title']
#011      publisher = li.find('div', class_ = 'publisher_info').text
#012      comments = li.find('div', class_ = 'star').a.text
#013      price = li.find('span', class_ = 'price_n').text
#014      book = {
#015          '排名': rank.rstrip('.'),
#016          '书名': name,
#017          '出版信息': publisher,
#018          '评论数': comments.replace('条评论', ''),
#019          '价格': price.replace('¥', '')
#020      }
#021      print(book)
```

➢ 代码解析

第 1 行导入 requests 库。

第 2 行代码从 bs4 库（即 Beautiful Soup 库）中导入 BeautifulSoup 类，用于处理网页。

第 3~4 行代码定义当当网图书畅销榜的网址，并使用 requests 库的 get 函数对其发起请求。

第 5 行代码设置网页内容编码为 GBK。由于当当网的网页使用国标字符集编码，需要指定此编码才能正确地解码。

第 6 行代码使用 requests 返回的网页内容初始化 BeautifulSoup 对象。

第 7 行代码查找 class 属性值为 bang_list 的 <ul> 元素，也就是整个榜单。

第 8~21 行代码获取榜单中每本图书的信息。

第 8 行代码遍历 <ul> 元素下的每个 <li> 子元素。

第 9 行代码查找并获取 class 属性值为 list_num_red 的 <div> 元素内容，也就是排名。

第 10 行代码先查找 class 属性值为 name 的 <div> 元素，再获取它的 <a> 子元素的 title 属性值，也就是书名。

第 11 行代码查找并获取 class 属性值为 publisher_info 的 <div> 元素的内容（包含所有子元素内容），也就是出版信息。

第 12 行代码先查找 class 属性值为 star 的 <div> 元素，再获取它的 <a> 子元素的内容，也就是评论数。

第 13 行代码查找并获取 class 属性值为 price_n 的 <span> 元素的内容，也就是价格。

第 14~21 行代码将上述获取到的各类图书信息进行处理并汇总到一个字典中，然后输出。对于排名，原始内容有“.”后缀，因此调用 rstrip 方法移除它。对于评论数，原始内容包含“条评论”，因此调用 replace 方法替换成空字符串。对于价格，原始内容包含“¥”，因此调用 replace 方法替换成空字符串。

运行示例代码，前 3 条结果如下。

```
{'排名': '1', '书名': '尘埃落定：限量签章版（荣获茅盾文学奖20周年纪念版！特别加赠阿来故乡风景卡片三幅！）', '出版信息': '
阿来', '评论数': '58641', '价格': '24.50'}
{'排名': '2', '书名': '钝感力（渡边淳一经典励志大作！央视新闻、《奇葩说》鼎力推荐，马东、蔡康永、杨天真、王俊凯推荐书目。。写给易因小事敏感，什么都往心里去的人。）', '出版信息': '渡边淳一著；李迎跃 译；', '评论数': '552604', '价格': '16.00'}
{'排名': '3', '书名': '四季的变化:科普认知绘本(全4册)', '出版信息': '谢茹　著：高凯　绘.', '评论数': '72323', '价格': '177.80'}
```

➲ Ⅲ　自动获取图书榜单并翻页

上面的示例只能获取单页的图书榜单数据，如果想要获取完整榜单，就需要不断访问下一页的榜单数据，直至访问到最后一页。

首先需要确定每一页的榜单地址。畅销书榜单的首页地址是 http://bang.dangdang.com/books/bestsellers。跳转到第 2 页，网址变成 http://bang.dangdang.com/books/bestsellers/1-2。跳转到第 3 页，网址变成 http://bang.dangdang.com/books/bestsellers/1-3。不难发现，每一页网址就是 http://bang.dangdang.com/books/bestsellers/1- 页码。这个模式同样适用于第 1 页，也就是说 http://bang.dangdang.com/books/bestsellers/1-1 可以访问第 1 页。因此，使用程序去访问每一页榜单时，只需指定页码，就可以动态生成对应的网址。

其次需要确定总页数。通过谷歌浏览器访问当当网畅销书榜单首页，按【F12】键打开开发者工具，然后使用元素选择工具选中最下方页码中的最大数字（即 25），对应的网页源代码高亮，如图 19-29 所示。

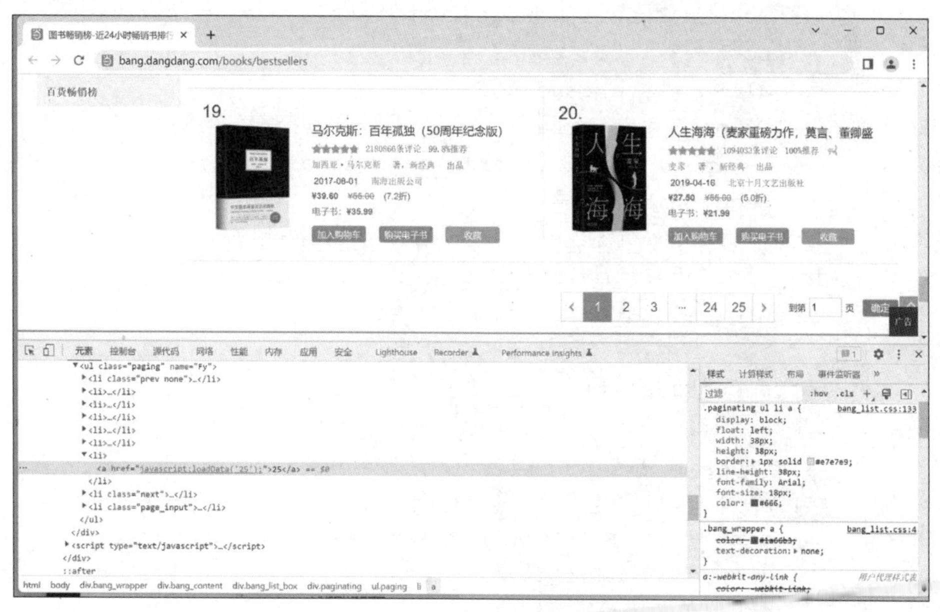

图 19-29　查找当当网畅销书榜总页数

不难分析出所有的页码都是 class 属性为 paging 的 <ul> 元素的 <li> 子元素，而最后的页码是从后向前数的第一个没有属性的 <li> 元素，页码值就是该元素下的 <a> 子元素的内容。代码如下：

```
def parse_page_total(soup):
    ul = soup.find('ul', class_ = 'paging')
    for li in reversed(ul.find_all('li')):
        if not li.attrs:
```

```
            return int(li.a.text)
    raise ValueError('未找到总页数')
```

最终，可以定义 fetch_book 函数获取单页畅销书榜单的图书数据，parse_page_total 函数获取榜单的总页数，loop_fetch_books 函数调用前两者获取每页榜单数据，并汇总写入 Excel 文件中。

对 Excel 的操作会用到 pandas 和 openpyxl 库，通过 pip install pandas openpyxl 命令安装。

示例代码如下：

```
import requests
import pandas as pd
from pathlib import Path
from bs4 import BeautifulSoup
url_tpl = 'http://bang.dangdang.com/books/bestsellers/1-{}'

def loop_fetch_books():
    all_books = []
    page_number = 1
    page_total = None
    while not page_total or page_number <= page_total:
        url = url_tpl.format(page_number)
        resp = requests.get(url.format(page_number))
        resp.encoding = 'gbk'
        soup = BeautifulSoup(resp.text, 'html.parser')
        books = fetch_books(soup)
        all_books.extend(books)
        if not page_total:
            page_total = parse_page_total(soup)
        page_number + = 1
    path = Path(__file__).parent / '当当网畅销书排行.xlsx'
    df = pd.DataFrame(all_books)
    df.to_excel(path, index = False)

def fetch_books(soup):
    books = []
    ul = soup.find('ul', class_ = 'bang_list')
    for li in ul.find_all('li'):
        rank = li.find('div', class_ = 'list_num').text
        name = li.find('div', class_ = 'name').a['title']
        publisher = li.find(
            'div', class_ = 'publisher_info').text
        comments = li.find('div', class_ = 'star').a.text
        price = li.find('span', class_ = 'price_n').text
        book = {
            '排名': rank.rstrip('.'),
            '书名': name,
            '出版信息': publisher,
```

```
#039                '评论数': comments.replace('条评论', ''),
#040                '价格': price.replace('¥', '')
#041            }
#042            books.append(book)
#043        return books
#044
#045    def parse_page_total(soup):
#046        ul = soup.find('ul', class_ = 'paging')
#047        for li in reversed(ul.find_all('li')):
#048            if not li.attrs:
#049                return int(li.a.text)
#050        raise ValueError('未找到总页数')
#051
#052    loop_fetch_books()
```

➢ 代码解析

第 1 行导入 requests 库。

第 2 行导入 pandas 库并取别名 pd。

第 3 行代码从 pathlib 库中导入 Path，用于处理路径。

第 4 行代码从 bs4 库（即 Beautiful Soup 库）中导入 BeautifulSoup 类，用于处理网页。

第 5 行代码定义图书榜单网址模板，用于动态生成第 N 页的网址。

第 7~23 行代码定义 loop_fetch_books 函数，用于获取每页榜单数据，并汇总写入 Excel 文件中。

第 8 行代码定义 all_books 变量，用于存放总图书数据。

第 9~10 行代码定义当前要访问的页码和总页码。

第 11~20 行代码通过 while 循环获取每页榜单数据。循环的进入条件是 not page_total or page_number <= page_total，表示若总页码未初始化或当前页码未超过总页码，则进入循环。

第 12~13 行代码获取当前页码对应的网址，并使用 requests 库的 get 函数对其发起请求。

第 14 行代码设置网页内容编码为 GBK。由于当当网的网页使用国标字符集编码，需要指定此编码才能正确地解码。

第 15 行代码使用 requests 返回的网页内容初始化 BeautifulSoup 对象。

第 16~17 行代码调用 fetch_books 函数获取此页榜单中的所有图书数据，并合并到总图书数据中。

第 18~19 行代码在总页码未初始化时调用 parse_page_total 函数获取总页码。如果获取到了，下次进入循环时就不再重复获取。

第 20 行代码将当前页码加 1，以访问下一页的榜单。

第 21 行代码定义用于保存榜单数据的 Excel 文件路径。

第 22~23 行代码通过总图书数据初始化 DataFrame 对象，然后调用 to_excel 方法将其保存到 Excel 文件中。index 参数为 False 表示不输出每行数据的索引。

第 25~43 行代码定义了 fetch_books 函数，用于获取单页畅销书榜单的图书数据。此函数的代码实现和前面示例中的代码相同，不再重复说明。

第 45~50 行代码定义了 parse_page_total 函数，用于获取榜单的总页数。

第 46 行代码查找 class 属性值为 paging 的 <ul> 元素。

第 47~49 行代码反向遍历 <ul> 元素下的所有 <li> 子元素，如果没有属性，则认为它是表示总页码的元素，返回 <li> 下的 <a> 子元素的内容，即总页码。

第 50 行代码在没有找到总页码时抛出异常。

第 52 行代码调用 loop_fetch_books() 自动获取每页榜单数据，并将完整榜单数据保存到 Excel 文件中。

运行示例代码，打开生成的 Excel 文件，结果如图 19-30 所示。

	A	B	C	D	E
1	排名	书名	出版信息	评论数	价格
2	1	尘埃落定：限量签	阿来	58642	24.50
3	2	钝感力（渡边淳一	渡边淳一著；李迎跃	552604	16.00
4	3	四季的变化:科普认	谢茹　著：高凯　绘	72324	17.80
5	4	波西和皮普7册经典	（德）阿克塞尔・舍	194319	40.20
6	5	生死疲劳（不看不	莫言；读客文化 出	381280	31.40
7	6	陪孩子弯道超车（	吉田	38863	34.10
8	7	三体：全三册 刘慈	刘慈欣	1993486	46.50
9	8	大地球 给孩子的地	张玉光	11566	19.50
10	9	瓦尔登湖（经典新	（美）梭罗 著，王	46947	10.50
11	10	理想国（2020全译	（古希腊）柏拉图著	72603	39.20

图 19-30　当当网畅销书榜单 Excel 文件内容

19.4.3　自动获取各国 / 地区 GDP 数据

GDP（Gross Domestic Product，国内生产总值）是指一个国家或地区在一定时期内的生产活动（最终产品和服务）的总量，是衡量经济规模和发展水平最重要的方法之一。本小节介绍如何使用 Requests 和 Beautiful Soup 库自动获取各国 / 地区 GDP 数据，然后保存到 Excel 中，并根据 GDP 数据绘制条形图。

➲ Ⅰ　分析各国 / 地区 GDP 数据页面

快易理财网提供了历年的世界各国 GDP 数据，如访问 https://www.kylc.com/stats/global/yearly/g_gdp/2021.html 可获得 2021 年的相关数据。

使用 19.4.1 小节提到的判断网页渲染的方法，可以确定此页面不是动态渲染的，可以使用 Requests 库访问获取网页内容。

在获取了网页内容的前提下，需要进一步分析如何提取图书数据。在谷歌浏览器中按【F12】键打开开发者工具，然后使用元素选择工具选中任一行数据，对应的网页源代码高亮，如图 19-31 所示。

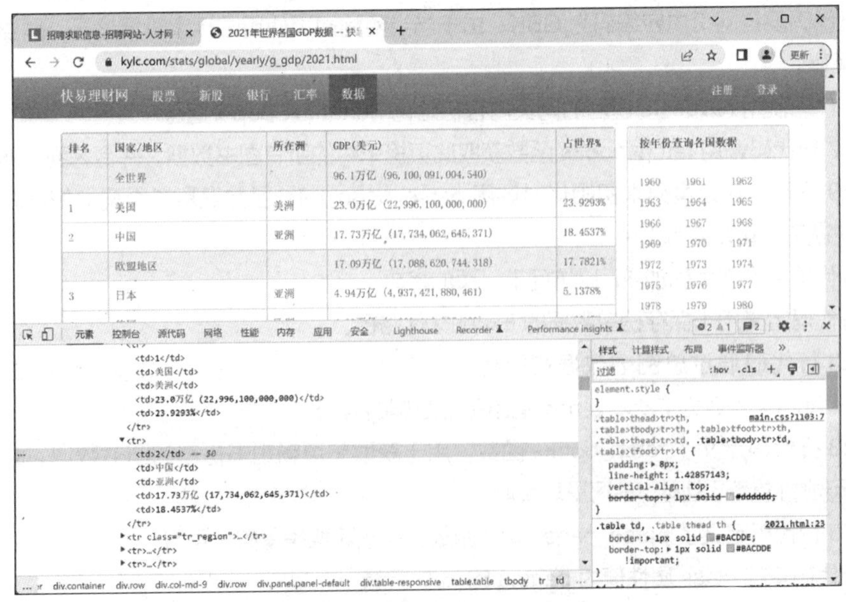

图 19-31　各国 / 地区 GDP 数据页面源代码

经过分析，所有国家 / 地区的 GDP 数据都在 <tbody> 下面，每个国家 / 地区的 GDP 数据通过 <tr><td> 排名 </td><td> 国家 </td><td> 大洲 </td><td>GDP</td><td> 占比 </td></tr> 元素来描述。因此，可以先查找 <tbody> 元素，再查询此元素下的 <tr> 元素，最后查询此元素下的 <td> 子元素进一步获取国家 / 地区的 GDP 信息。

需要注意的是，由于网页表格中夹杂着一些非国家 / 地区 GDP 的信息（如图 19-31 中“全世界”所在行），需要跳过对这些行的处理。这些行的一个共同特征是，第一个 <td> 元素内容为空或不是数字，即没有排名信息，因此相关代码如下（其中 soup 是根据网页内容初始化的 BeautifulSoup 对象）：

```
tbody = soup.find('tbody')
for tr in tbody.find_all('tr'):
    tds = tr.find_all('td')
    rank = tds[0].text
    if not rank or not rank.isdigit():
        continue
```

➲ II　自动获取各国 / 地区 GDP 数据

分析好数据提取逻辑后，就可以编写代码自动获取排名前 N 的各国 / 地区 GDP 数据了，将其保存到 Excel 中，并绘制条形图。

对 Excel 的操作会用到 pandas 和 openpyxl 库，通过 pip install pandas openpyxl 安装。

示例代码如下：

```
import re
import requests
import pandas as pd
from pathlib import Path
from bs4 import BeautifulSoup
from openpyxl import load_workbook
from openpyxl.chart import BarChart, Reference, label
url = 'https://www.kylc.com/stats/global/yearly/' \
    'g_gdp/2021.html'
excel_path = Path(__file__).parent / '各国地区GDP数据.xlsx'

def fetch_gdp_data(count):
    gdp_data = {
        '国家/地区': [],
        'GDP(亿美元)': []
    }
    i = 0
    soup = BeautifulSoup(resp.text, 'html.parser')
    tbody = soup.find('tbody')
    resp = requests.get(url)
    for tr in tbody.find_all('tr'):
        tds = tr.find_all('td')
        rank = tds[0].text
        if not rank or not rank.isdigit():
            continue
```

```
#026            country_or_region = tds[1].text
#027            gdp_raw = tds[3].text
#028            gdp_str = re.findall('\(([\d, ]+)\)', gdp_raw)[0]
#029            gdp = int(gdp_str.replace(',', ''))
#030            gdp = round(gdp / (10 ** 9), 2)
#031            gdp_data['国家/地区'].append(country_or_region)
#032            gdp_data['GDP(亿美元)'].append(gdp)
#033            i + = 1
#034            if i >= count:
#035                break
#036        df = pd.DataFrame(gdp_data)
#037        df.to_excel(excel_path, index = False)
#038        return len(gdp_data['国家/地区'])
#039
#040    def draw_bar(row_num):
#041        wb = load_workbook(excel_path)
#042        ws = wb.active
#043        chart = BarChart()
#044        data_ref = Reference(ws, min_col = 2, max_col = 2,
#045                             min_row = 2, max_row = row_num+1)
#046        chart.add_data(data_ref)
#047        cat_ref = Reference(ws, min_col = 1, max_col = 1, min_row = 2,
#048                            max_row = row_num+1)
#049        chart.set_categories(cat_ref)
#050        chart.type = 'bar'
#051        chart.title = '各国/地区GDP数据对比'
#052        chart.x_axis.title = '国家/地区'
#053        chart.x_axis.scaling.orientation = 'maxMin'
#054        chart.y_axis.title = 'GDP（亿美元）'
#055        chart.dLbls = label.DataLabelList(showVal = True)
#056        chart.legend = None
#057        chart.height = row_num * 0.5
#058        chart.width = 20
#059        ws.add_chart(chart, 'D1')
#060        wb.save(excel_path)
#061
#062    count = fetch_gdp_data(30)
#063    draw_bar(count)
```

➢ 代码解析

第 1 行代码导入 re 库。

第 2 行代码导入 requests 库。

第 3 行代码导入 pandas 库并取别名 pd。

第 4 行代码从 pathlib 库中导入 Path，用于处理路径。

第 5 行代码从 bs4 库（即 Beautiful Soup 库）中导入 BeautifulSoup 类，用于处理网页。

第 6 行代码从 openpyxl 库中导入 load_workbook 函数，用于打开 Excel 文件。

第 7 行代码从 openpyxl.chart 模块中导入图表相关类、库，用于绘制条形图。

第 8~9 行代码定义各国 GDP 数据网址。

第 10 行代码定义存放各国 / 地区 GDP 数据的 Excel 文件路径。

第 12~38 行代码定义 fetch_gdp_data 函数，用于获取排名前 N 的各国 / 地区 GDP 数据，并写入 Excel 文件中。

第 13~16 行代码初始化 GDP 数据，有两个维度，一是国家 / 地区，二是对应的 GDP 数值（单位为亿美元）。后续从网页中提取的数据会分别添加到对应维度的列表中。

第 17 行代码初始化获得的各国 / 地区 GDP 数据的条目数。

第 18 行代码使用 requests 库的 get 函数访问目标网页。

第 19 行代码使用 requests 返回的网页内容初始化 BeautifulSoup 对象。

第 20 行代码查找 <tbody> 元素。

第 21 行代码遍历 <tbody> 元素下的每个 <tr> 子元素。

第 22 行代码查找 <tr> 元素下的所有 <td> 子元素，它存放着排名、国家 / 地区名、GDP 等数据。

第 23 行代码获取第 1 个 <td> 元素的内容，作为排名。

第 24~25 行代码判断当排名为空或者不是数字时，认为表格中当前行的数据不是 GDP 数据，则跳过。

第 26 行代码获取第 2 个 <td> 元素的内容，作为国家 / 地区。

第 27 行代码获取第 4 个 <td> 元素的内容，作为原始 GDP，对应的值形如“17.73 万亿 (17,734,062,645,371)”，需要提取括号中的数值。

第 28~29 行代码使用正则表达式“\(([\d,]+)\)”提取出原始 GDP 括号中的数值字符串，并转换成了整数。

第 30 行代码计算出以“亿美元”为单位的 GDP 数值。

第 31~32 行代码将前面获得的两个数据追加到对应维度的列表中。

第 33 行代码将 GDP 数据的条目数加 1。

第 34~35 行代码判断若 GDP 数据的条目数大于等于指定的数量 count，则不再获取数据。

第 36~37 行代码通过 GDP 数据初始化 DataFrame 对象，然后调用 to_excel 方法将其保存到 Excel 文件中。index 参数为 False 表示不输出每行数据的索引。

第 38 行代码返回获得的 GDP 数据的条目数，用于后续绘制条形图前确定数据范围。

第 40~60 行代码定义 draw_bar 函数，用于在 Excel 中绘制条形图。

第 41 行代码打开前面保存的 Excel 文件。

第 42 行代码获取 Excel 中活动的工作表。

第 43 行代码初始化 BarChart 对象，用于绘制条形图图表。

第 44~46 行代码定义了 Y 坐标的数据范围，也就是 GDP 所在列。由于第 1 行是标题，因此数据范围是第 2 列整列数据，且从第 2 行开始。

第 47~49 行代码定义了 X 坐标的数据范围，也就是国家 / 地区所在列。由于第 1 行是标题，因此数据方位是第 1 列整列数据，且从第 2 行开始。

第 50 行代码设置图表类型为“bar”，即横向条形图。条形方向在默认情况下是纵向。

第 51 行代码设置图表标题。

第 52 行代码设置 X 轴标题。

第 53 行代码设置 X 轴的方向为由大到小。它也支持 minMax，即由小到大。

第 54 行代码设置 Y 轴标题。

第 55 行代码设置条形图显示数据标签，即每个条形顶端显示数据。

第 56 行代码隐藏图例。

第 57 行代码根据数据行数设置图表的高度，由于这里的高度 1 和单元格的高度不一致，需要乘以一个系数。

第 58 行代码设置图表的宽度。

第 59 行代码将图表左上方绘制在 D1 单元格。

第 60 行代码保存 Excel 文件。

第 62~63 行代码调用 fetch_gdp_data 函数获取并保存前 30 条各国 / 地区 GDP 数据，再调用 draw_bar 函数在 Excel 文件中根据保存的各国 / 地区 GDP 数据绘制条形图。

运行示例代码，打开生成的 Excel 文件，结果如图 19-32 所示。

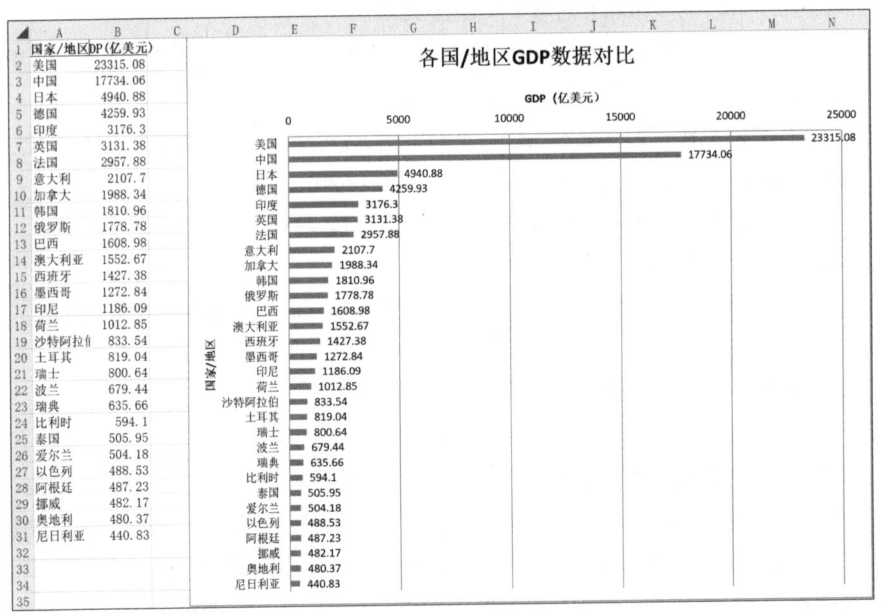

国家/地区	DP(亿美元)
美国	23315.08
中国	17734.06
日本	4940.88
德国	4259.93
印度	3176.3
英国	3131.38
法国	2957.88
意大利	2107.7
加拿大	1988.34
韩国	1810.96
俄罗斯	1778.78
巴西	1608.98
澳大利亚	1552.67
西班牙	1427.38
墨西哥	1272.84
印尼	1186.09
荷兰	1012.85
沙特阿拉伯	833.54
土耳其	819.04
瑞士	800.64
波兰	679.44
瑞典	635.66
比利时	594.1
泰国	505.95
爱尔兰	504.18
以色列	488.53
阿根廷	487.23
挪威	482.17
奥地利	480.37
尼日利亚	440.83

图 19-32　各国 / 地区 GDP 数据 Excel 文件内容

19.4.4　自动获取招聘职位信息

拉勾网是面向互联网从业者的职位信息网站。本小节介绍如何使用 Selenium 和 Beautiful Soup 库自动获取拉勾网 Python 相关职位信息，并保存到 Excel 中。这些信息包括职位、地点、薪资、工作要求、公司名称和介绍等。

➲ 1　分析拉勾网页面

在拉勾网定位城市为北京，并在搜索框中输入“Python”，单击【搜索】，可以查看 Python 相关的岗位信息，对应的网址为 https://www.lagou.com/jobs/list_python/p-city_2。使用 19.4.1 小节提到的判断网页渲染的方法，可以确定该页面是动态渲染的，因此需要使用 Selenium 这类能够操作浏览器的库获取网页内容。

使用 Selenium 访问并输出网页内容，代码如下：

```
#001  from selenium import webdriver
```

```
url = 'https://www.lagou.com/jobs/list_python/p-city_2'
driver = webdriver.Chrome()
driver.get(url)
print(driver.page_source)
driver.quit()
```

一般情况下，在输出的网页内容中可以看到职位信息，但有时候会看不到。原因在于拉勾网的职位信息渲染需要一定的时间，可以使用 Selenium 提供的隐式等待方式进行优化：

```
driver.implicitly_wait(10)
```

在获取了网页内容的前提下，需要进一步分析如何提取职位数据。在谷歌浏览器中按【F12】键打开开发者工具，然后使用元素选择工具选中任一职位，对应的网页源代码高亮，如图 19-33 所示。

图 19-33　拉勾网职位页面源代码

经过分析得知，每个职位是通过 <li class="con_list_item"></li> 元素来描述的。因此，可以先查找 class 属性值为 con_list_item 的 <li> 元素，然后再根据此元素属性及其子元素进一步获取职位的详细信息。代码如下（其中 soup 是根据网页内容初始化的 BeautifulSoup 对象）：

```
for li in soup.find_all('li', class_ = 'con_list_item'):
        # 获取每个职位的信息
```

职位、薪资、公司名称包含在 <li> 元素的属性中，因此可以通过 li[' 属性名 '] 获取对应的值。

工作地点通过 <em> 地点 </em> 元素来描述。因此，可以查找并获取 <em> 元素的内容。代码如下：

```
li.find('em').text
```

经验要求通过 <div class="li_b_l"><span class="money"> 薪资 </span> 经验要求 </div> 元素来描述。因此，可以先查找 class 属性值为 li_b_l 的 <div> 元素。由于此 <div> 元素中包含了其他子元素，若是直接获取元素内容会包含子元素的内容，因此要获取其所有内容文本中的最后一段内容，也就是经验要求，代码如下：

```
li.find('div', class_ = 'li_b_l').contents[-1]
```

公司描述通过 <div class="industry"> 公司描述 </div> 元素来描述。因此可以查找并获取 class 属性值为 industry 的 <div> 元素的内容。代码如下：

```
li.find('div', class_ = 'industry').text
```

➲ II 自动获取单页职位信息

分析好数据提取逻辑后，就可以编写代码自动获取拉勾网的职位信息了。示例代码如下：

```
#001  from selenium import webdriver
#002  from bs4 import BeautifulSoup
#003  url = 'https://www.lagou.com/jobs/list_python/p-city_2'
#004  driver = webdriver.Chrome()
#005  driver.get(url)
#006  soup = BeautifulSoup(driver.page_source, 'html.parser')
#007  for li in soup.find_all('li', class_ = 'con_list_item'):
#008      job_name = li['data-positionname']
#009      job_area = li.find('em').text
#010      job_salary = li['data-salary']
#011      job_req = li.find('div', class_ = 'li_b_l').contents[-1]
#012      company_name = li['data-company']
#013      company_descr = li.find('div', class_ = 'industry').text
#014      job = {
#015          '职位': job_name,
#016          '地点': job_area,
#017          '薪资': job_salary,
#018          '经验要求': job_req.strip(),
#019          '公司名称': company_name,
#020          '公司介绍': company_descr.strip()
#021      }
#022      print(job)
#023  driver.quit()
```

➢ 代码解析

第 1 行代码从 selenium 库中导入 webdriver，用于控制浏览器。

第 2 行代码从 bs4 库（即 Beautiful Soup 库）中导入 BeautifulSoup 类，用于处理网页。

第 3~5 行代码定义拉勾网 Python 职位搜索页面的网址，并使用 Selenium 对其发起请求。

第 6 行代码使用 Selenium 返回的网页内容初始化 BeautifulSoup 对象。

第 7~22 行代码获取每个职位的信息。

第 7 行代码查找所有 class 属性值为 con_list_item 的 <li> 元素，也就是所有职位，然后遍历每个职位。

第 8 行代码获取 <li> 元素的 data-positionname 属性值，也就是职位名称。

第 9 行代码查找并获取 <em> 元素内容，也就是工作地点。

第 10 行代码获取 <li> 元素的 data-salary 属性值，也就是薪资。

第 11 行代码查找 class 属性值为 li_b_l 的 <div> 元素，再获取它的最后一段文本，也就是经验要求。

第 12 行代码获取 <li> 元素的 data-company 属性值，也就是公司名称。

第 13 行代码查找并获取 class 属性值为 industry 的 <div> 元素的内容，也就是公司介绍。

第 14~22 行代码将上述获取到的各类职位信息进行处理并汇总到一个字典中，然后输出。对于经验要求和公司介绍，原始内容两边会有回车、空格等字符，调用 strip 方法移除。

第 23 行代码调用 quit 方法退出。

运行示例代码，前 3 条结果如下。

```
{'职位': 'python后端开发工程师', '地点': '三里屯', '薪资': '20k-40k', '经验要求': '经验3-5年 / 本科', '公司名称': '快乐开工', '公司介绍': '消费生活 / 天使轮 / 50-150人'}
{'职位': 'python开发工程师', '地点': '马连洼', '薪资': '25k-35k', '经验要求': '经验1-3年 / 本科', '公司名称': '微博', '公司介绍': '社交媒体 / 上市公司 / 2000人以上'}
{'职位': 'python开发工程师', '地点': '西二旗', '薪资': '20k-30k', '经验要求': '经验3-5年 / 本科', '公司名称': '贝壳', '公司介绍': '居住服务 / 上市公司 / 2000人以上'}
```

➲ III　自动获取职位信息并翻页

上面的示例只能获取单页的职位信息，如果想要获取所有的职位信息，就需要不断访问下一页的职位信息，直至访问到最后一页。

拉勾网的翻页机制和当当网不同，访问下一页时，网址并不会发生变化，也就无法通过不断访问新网址的方式来翻页。因此，需要通过浏览器点击下一页进行翻页。通过谷歌浏览器访问拉勾网职位页面，按【F12】键打开开发者工具，然后使用元素选择工具选中搜索框下方条件筛选栏右侧的【>】元素，也就是向下翻页键，对应的网页源代码高亮，如图 19-34 所示。

图 19-34　拉勾网职位页面源代码 2

可以查找 class 属性为 next 的元素来定位【>】元素。此元素在鼠标移动时被激活，可单击向下翻页。使用 Selenium 则要模拟此过程需引入 ActionChains 完成链式操作。代码如下（其中 driver 是根据浏览器驱动对象）：

```
from selenium import webdriver
from selenium.webdriver.common.by import By
e = driver.find_element(By.CLASS_NAME, 'next')
e = driver.find_element(By.CLASS_NAME, 'next')
chains = webdriver.ActionChains(driver)
chains.move_to_element(e).click().perform()
```

确定完翻页逻辑后，还需要找到当前页码和总页码以确定停止翻页的条件。从图 19-34 所示的网页源代码中可以分析出当前页码是 class 属性为 curNum 的 <span> 元素的内容，总页码是 class 属性为 totalNum 的 <span> 元素的内容。代码如下（其中 soup 是根据网页内容初始化的 BeautifulSoup 对象）：

```
cur_num = soup.find('span', class_ = 'curNum').text
total_num = soup.find('span', class_ = 'totalNum').text
```

由于拉勾网的防爬虫机制，当程序访问频率过快时，拉勾网会要求用户登录。由于其登录机制要求用户完成验证码校验，使用程序自动处理是一个复杂的过程，不在本书讨论范畴。为了让程序使用登录过的身份访问拉勾网，建议手动登录拉勾网，然后在 Selenium 初始化浏览器驱动时，为其指定浏览器的用户资料目录。

在浏览器地址栏输入“chrome://version”并按【Enter】键，在打开的页面中找到“个人资料路径”项，该项的值去掉最后的文件夹（即 Default）就是用户资料目录，如图 19-35 所示。

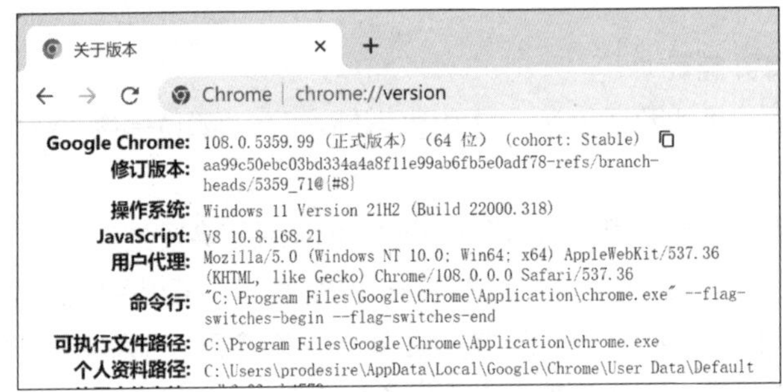

图 19-35　查看谷歌浏览器的个人资料路径

确定好用户资料目录后，就可以在初始化浏览器驱动时指定了。代码如下：

```
from selenium import webdriver
# 用户资料目录
user_data_dir = r''
options = webdriver.ChromeOptions()
if user_data_dir:
    arg = f'--user-data-dir={user_data_dir}'
    options.add_argument(arg)
driver = webdriver.Chrome(options = options)
```

在完整程序中，可以定义 fetch_jobs 函数获取单页职位信息，loop_fetch_jobs 函数调用 fetch_jobs 获取当前页职位信息，并自动翻页，直至最后一页。最后将所有职位信息汇总写入 Excel 文件中。

对 Excel 的操作会用到 pandas 和 openpyxl 库，通过 pip install pandas openpyxl 安装。

示例代码如下：

```
import time
import pandas as pd
from pathlib import Path
from bs4 import BeautifulSoup
from selenium import webdriver
from selenium.webdriver.common.by import By
url = 'https://www.lagou.com/jobs/list_python/p-city_2'
# 用户资料目录
user_data_dir = r''

def loop_fetch_jobs():
    all_jobs = []
```

```
    options = webdriver.ChromeOptions()
    if user_data_dir:
        arg = f'--user-data-dir={user_data_dir}'
        options.add_argument(arg)
    driver = webdriver.Chrome(options = options)
    driver.maximize_window()
    driver.get(url)
    while True:
        soup = BeautifulSoup(driver.page_source, 'html.parser')
        jobs = fetch_jobs(soup)
        all_jobs.extend(jobs)
        cur_num = soup.find('span', class_ = 'curNum').text
        total_num = soup.find('span', class_ = 'totalNum').text
        print(f'已获取 {cur_num}/{total_num}')
        if cur_num == total_num:
            break
        e = driver.find_element(By.CLASS_NAME, 'next')
        chains = webdriver.ActionChains(driver)
        chains.move_to_element(e).click().perform()
        time.sleep(2)
    path = Path(__file__).parent / '拉勾网职位信息.xlsx'
    df = pd.DataFrame(all_jobs)
    df.to_excel(path, index = False)

def fetch_jobs(soup):
    jobs = []
    for li in soup.find_all('li', class_ = 'con_list_item'):
        job_name = li['data-positionname']
        job_area = li.find('em').text
        job_salary = li['data-salary']
        job_req = li.find('div', class_ = 'li_b_l').contents[-1]
        company_name = li['data-company']
        company_descr = li.find('div', class_ = 'industry').text
        job = {
            '职位': job_name,
            '地点': job_area,
            '薪资': job_salary,
            '经验要求': job_req.strip(),
            '公司名称': company_name,
            '公司介绍': company_descr.strip()
        }
        jobs.append(job)
    return jobs

loop_fetch_jobs()
```

➢ 代码解析

第 1 行代码导入 time 库。

第 2 行代码导入 pandas 库并取别名 pd。

第 3 行代码从 pathlib 库中导入 Path，用于处理路径。

第 4 行代码从 bs4 库（即 Beautiful Soup 库）中导入 BeautifulSoup 类，用于处理网页。

第 5 行代码从 selenium 库中导入 webdriver，用于控制浏览器。

第 6 行代码从 selenium.webdriver.common.by 模块中导入 By，用于指定元素定位方式。

第 7 行代码定义拉勾网 Python 职位搜索页面的网址。

第 9 行代码定义浏览器用户资料目录。

第 11~35 行代码定义 loop_fetch_jobs 函数，用于获取每页职位信息，并汇总写入 Excel 文件中。

第 12 行代码定义 all_jobs 变量，用于存放总职位信息。

第 13~17 行代码判断若指定了用户资料目录，则使用它初始化浏览器驱动；否则，使用默认方式初始化浏览器驱动。在指定用户资料目录的情况下，Selenium 控制的浏览器就拥有了默认的用户数据，包含各个网站的 Cookies 等信息，可以通过这种方式免登录目标网站。

第 18 行代码将浏览器最大化，目的是防止部分元素被遮挡导致 Selenium 无法操作目标元素。

第 19 行代码访问目标网址。由于是初次访问，Selenium 会等待网页加载完成。

第 20~32 行代码通过 while 循环获取每页职位数据。

第 21 行代码使用 Selenium 返回的网页内容初始化 BeautifulSoup 对象。

第 22~23 行代码调用 fetch_jobs 函数获取当前页中的所有职位信息，并合并到总职位信息中。

第 24~25 行代码分别获取当前页码和总页码。

第 26 行代码通过当前页码和总页码输出进度信息。

第 27~28 行代码判断若访问到最后一页，则跳出循环。

第 29 行代码查找 class 属性值为 next 的元素，即翻页键。

第 30~31 行代码通过链式操作先将鼠标移动到翻页键上，然后单击。

第 32 行代码等待 2 秒钟。由于单击翻页键后，网页会动态访问并加载下一页的数据，最简单的做法是等待一段时间来尽可能确保数据加载完成。

第 33 行代码定义用于保存榜单数据的 Excel 文件路径。

第 34~35 行代码通过总职位信息初始化 DataFrame 对象，然后调用 to_excel 方法将其保存到 Excel 文件中。index 参数为 False 表示不输出每行数据的索引。

第 37~55 行代码定义 fetch_jobs 函数，用于获取单页职位数据。

第 38 行代码定义 jobs 变量，用于存放当前页的所有职位信息。

第 39~54 行代码获取每个职位的信息。

第 39 行代码查找所有 class 属性值为 con_list_item 的 <li> 元素，也就是所有职位，然后遍历每个职位。

第 40 行代码获取 <li> 元素的 data-positionname 属性值，也就是职位名称。

第 41 行代码查找并获取 <em> 元素内容，也就是工作地点。

第 42 行代码获取 <li> 元素的 data-salary 属性值，也就是薪资。

第 43 行代码查找 class 属性值为 li_b_l 的 <div> 元素，再获取它的最后一段文本，也就是经验要求。

第 44 行代码获取 <li> 元素的 data-company 属性值，也就是公司名称。

第 45 行代码查找并获取 class 属性值为 industry 的 <div> 元素的内容，也就是公司介绍。

第 46~53 行代码将上述获取到的各类职位信息进行处理并汇总到一个字典中，然后输出。对于经验要求和公司介绍，原始内容两边会有回车、空格等字符，因此调用 strip 方法移除。

第 54 行代码将职位信息添加到 jobs 列表中。

第 55 行代码返回职位信息。

第 57 行代码调用 loop_fetch_jobs( ) 自动获取每页职位数据，并将完整职位数据保存到 Excel 文件中。

运行示例代码后，打开生成的 Excel 文件，结果如图 19-36 所示。

	A	B	C	D	E	F
1	职位	地点	薪资	经验要求	公司名称	公司介绍
2	Python实习生	朝阳区	2k-4k	经验在校/	IT桔子	数据服务 | 咨询 / B轮 / 15-50人
3	python爬虫工程师	朝阳区	2k-4k	经验在校/	IT桔子	数据服务 | 咨询 / B轮 / 15-50人
4	python开发工程师	大望路	15k-20k	经验1-3年	人民在线	数据服务 | 咨询 / 不需要融资 / 150-500人
5	python开发工程师	西北旺	18k-35k	经验3-5年	弘腾	区块链 / 未融资 / 150-500人
6	python开发工程师	海淀区	20k-40k	经验5-10	寄云科技	数据服务 | 咨询, IT技术服务 | 咨询 / B轮 / 50-150人
7	python开发工程师	西直门	10k-20k	经验3-5年	天天数链	软件服务 | 咨询, IT技术服务 | 咨询 / 不需要融资 / 150-500人
8	python开发工程师	东城区	15k-30k	经验3-5年	奇点浩翰	数据服务 | 咨询, IT技术服务 | 咨询 / 未融资 / 50-150人
9	python工程师	朝阳区	30k-50k	经验5-10	啫喱	内容资讯, 信息检索 / D轮及以上 / 500-2000人
10	python开发工程师	望京	25k-50k	经验3-5年	陌陌	社交平台 / 上市公司 / 500-2000人
11	python开发工程师	海淀区	12k-20k	经验3-5年	华风爱科	工具类产品 / 不需要融资 / 15-50人

图 19-36　包含拉勾网职位信息的 Excel 文件内容

注意

如果代码中指定了用户资料目录，在运行代码前要求关闭使用该用户资料的浏览器。否则，Selenium 在启动浏览器时会异常退出。

19.4.5　自动登录网易网

登录网站是一种常见的和网站交互的方式。本小节以自动登录网易网为例，介绍如何使用 Selenium 找到登录页面，自动输入用户名和密码，再单击登录按钮完成登录。许多网站拥有防爬虫的机制，在登录时会进行验证码校验。针对验证码的自动校验不在本书讨论范畴。

➲ 1　分析网易网登录页面

在谷歌浏览器中访问 https://www.163.com，按【F12】键打开开发者工具，然后使用元素选择工具选中顶部菜单栏的【登录】，对应的网页源代码高亮，如图 19-37 所示。

图 19-37　网易网页面源代码

复制该元素的 XPath，得到其值为 //*[@id="js_N_nav_login_title"]，可通过 XPath 定位。代码如下（其中 driver 是根据浏览器驱动对象）：

```
login_top = driver.find_element(
```

```
    By.XPATH,
    '//*[@id="js_N_nav_login_title"]')
```

单击顶部菜单栏的【登录】，会弹出登录框，使用元素选择工具选中网易邮箱输入框，对应的网页源代码高亮，如图 19-38 所示。

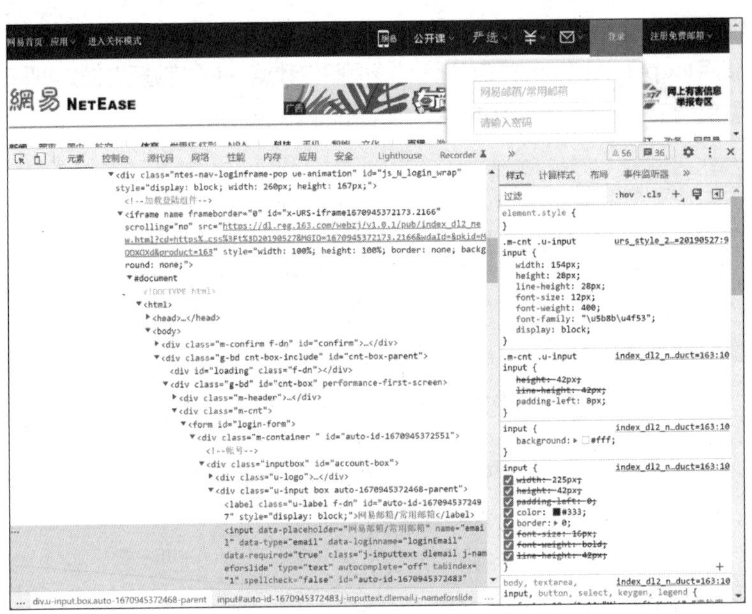

图 19-38　网易网页面源代码 2

从源代码中可以看出整个登录框是在 iframe 中呈现的，也就是说它是一个单独的 HTML 页面。可以先查找 class 属性值为 ntes-nav-loginframe-pop 的元素，再在该元素下查找 iframe 元素，即可定位到登录框的 iframe 元素。代码如下：

```
login_iframe = driver.find_element(
    By.CLASS_NAME,
    'ntes-nav-loginframe-pop'
).find_element(
    By.TAG_NAME, 'iframe')
```

登录框中的用户名（网易邮箱）输入框、密码输入框及登录按钮可以通过开发者工具复制元素的完整 XPath。通过 Selenium 定位这些元素前，需要先切换到对应的 iframe 中。代码如下：

```
driver.switch_to.frame(login_iframe)
```

➲ II　自动填入账号密码并登录

分析好元素位置后，就可以编写代码自动登录网易网了。示例代码如下：

```
from selenium import webdriver
from selenium.webdriver.common.by import By
url = 'https://news.163.com/'
driver = webdriver.Chrome()
driver.get(url)
login_top = driver.find_element(
    By.XPATH,
    '//*[@id="js_N_nav_login_title"]')
```

```
#009  login_top.click()
#010  login_iframe = driver.find_element(
#011      By.CLASS_NAME,
#012      'ntes-nav-loginframe-pop'
#013  ).find_element(
#014      By.TAG_NAME, 'iframe')
#015  driver.switch_to.frame(login_iframe)
#016  username = driver.find_element(
#017      By.XPATH,
#018      '/html/body/div[2]/div[2]/div[2]/'
#019      'form/div/div[1]/div[2]/input')
#020  username.send_keys('用户名')
#021  password = driver.find_element(
#022      By.XPATH,
#023      '/html/body/div[2]/div[2]/div[2]/'
#024      'form/div/div[3]/div[2]/input[2]')
#025  password.send_keys('密码')
#026  login_button = driver.find_element(
#027      By.XPATH,
#028      '/html/body/div[2]/div[2]/div[2]/form/div/div[8]/a')
#029  login_button.click()
#030  driver.switch_to.parent_frame()
#031  print('登录成功')
```

➢ 代码解析

第 1 行代码从 selenium 库中导入 webdriver，用于控制浏览器。

第 2 行代码从 selenium.webdriver.common.by 模块中导入 By，用于指定元素定位方式。

第 3~4 行代码定义网易网的网址，并使用 Selenium 对其发起请求。

第 5~8 行代码使用 XPath 定位顶部菜单栏中的【登录】。

第 9 行代码单击【登录】，页面中会弹出登录框。

第 10~14 行代码先查找 class 属性值为 ntes-nav-loginframe-pop 的元素，再在该元素下查找 iframe 元素，即登录框所处的 iframe。

第 15 行代码切换到此 iframe 中，相当于切换到一个新页面，后续的元素定位和操作均在此页面中进行。

第 16~20 行代码使用 XPath 定位用户名（网易邮箱）输入框，并输入用户名。

第 21~25 行代码使用 XPath 定位密码输入框，并输入密码。

第 20 行和第 25 行代码中的用户名和密码需要改为读者自己的网易账号用户名和密码。

第 26~29 行代码使用 XPath 定位【登录】按钮，并单击【登录】按钮。

第 30 行代码切回原来的页面。

第 31 行代码输出登录成功的信息。

在第 31 行代码打断点，以调试模式运行示例代码，页面中可以看到登录成功的用户，结果如图 19-39 所示。

图 19-39　网易网自动登录成功页面

19.5　网站交互注意事项

在和网站交互获取数据时，需要格外注意使用的途径、行为和目的。

在途径上，获取未公开、未经许可或带有敏感信息的数据，都是不合法的行为。对于个人数据，只有经过用户授权或同意后才能采集使用。对于公开数据，不能通过破解、侵入等“黑客”手段来获取数据。此外，许多网站会有 Robots 协议，如果注明 Disallow 就说明是平台明显要保护的页面数据。虽然 Robots 协议没有法规强制遵守，但作为行业约定，应该遵守。

在行为上，和网站交互应该考虑其承受能力，不能对其业务造成干扰和破坏，影响正常业务。

在目的上，不能有不正当的商业行为，不能超出事先约定的使用范围，不能泄露或出售个人信息。

因此，我们需要甄别数据的敏感性，查询相关法律法规，确保获取和使用网站数据合法合规。

第五篇

借助ChatGPT轻松进阶Python办公自动化

ChatGPT 是由 OpenAI 公司开发的一种强大的自然语言处理模型，它能够进行自然语言理解、生成和回答。本篇将结合 ChatGPT 的强大功能，为读者提供更加丰富和实用的 Python 办公自动化的学习体验。

第 20 章　ChatGPT 基础知识

本章将为读者介绍 ChatGPT 的基础知识，以及如何开始使用 ChatGPT 进行交互问答。

20.1　ChatGPT 的制造者：OpenAI 公司

OpenAI 公司成立于 2015 年 12 月，总部位于美国加利福尼亚州旧金山市。它的创始人包括埃隆・马斯克（Elon Musk）、山姆・阿尔特曼（Sam Altman）和格雷格・布劳克曼（Greg Brockman）等人，旨在研究和开发人工智能技术，着力于推动人工智能的发展和应用，并推进人工智能在全球范围内的可持续发展。

OpenAI 的研究方向涵盖了自然语言处理、机器学习、计算机视觉等多个领域，其中以自然语言处理领域的研究最为著名。OpenAI 公司已经成功开发出多个令人注目的预训练模型，如 GPT 系列模型、DALL·E 等，这些模型已经在自然语言生成、图像生成等多方面取得了前所未有的重大突破。

20.2　GPT 模型简介

GPT（Generative Pre-trained Model，生成式预训练模型）是一种基于深度学习的自然语言处理模型。GPT 模型先使用大规模文本语料库进行预训练，然后用这些学习到的知识来完成各种自然语言处理任务，如文本分类、语言生成、文本摘要和机器翻译等。

OpenAI 推出的 GPT 模型经历了如下几个阶段。

（1）GPT-1：GPT 的第一个版本是在 2018 年 6 月发布的，GTP-1 使用了大约 40GB 的文本数据进行训练，采用了 Transformer 结构模型，具有 1.17 亿个参数，可以用于执行各种自然语言处理任务。

（2）GPT-2：GPT-2 是 GPT 的第二个版本，发布于 2019 年 2 月，OpenAI 随后在同年 11 月发布了一个更新版本的 GPT-2。与 GPT-1 相比，GPT-2 采用了更深的网络结构和更多的训练数据，具有高达 15 亿个参数。GPT-2 可以生成高质量的、连贯的文本，而且很难被分辨出来是由机器生成的。

（3）GPT-3：GPT-3 发布于 2020 年 5 月，是目前最大的自然语言处理模型之一，具有高达 1750 亿个参数。GPT-3 使用了多达 13.5TB 的文本数据进行训练，比 GPT-2 使用的数据量大了数倍，GPT-3 训练数据集更加广泛，包括了维基百科、图书、论文等各种类型的文本数据。GPT-3 的表现更加出色，在各种任务上表现出非凡的语言能力。

（4）GPT-4：OpenAI 公司于 2023 年 3 月 14 日发布了最新版本的 GPT-4，它是一个大型多模态模型（接受图像和文本输入，提供文本输出）。目前尚未公布该模型的参数量和训练数据量，但是毋庸置疑其自然语言的处理性能比上一代模型更强大。虽然在许多现实应用场景中，其能力仍然不如人类，但从已经公布的多种专业和学术基准测试结果中，可以看出 GPT-4 模型已经表现出高超的水平。

GPT 模型在过去几年内取得了突飞猛进的进展，极大地推动了自然语言处理技术的发展。GPT 模型的出现不仅为我们提供了强大的工具和技术，同时也向全世界展示了人工智能技术的巨大潜力。

20.3　ChatGPT 简介

ChatGPT 是由 OpenAI 公司于 2022 年 11 月推出的一个基于大型语言模型的人工智能聊天机器人应用服务，ChatGPT 使用基于 GPT-3.5 架构的大型语言模型并通过强化学习和训练，旨在使用自然语言处理技术来回答用户的问题和提供帮助。ChatGPT Plus（付费账户）可以选择使用 GPT-3.5 或者 GPT-4 模型。

ChatGPT 的一些典型应用场景如下。

（1）企业客户服务和支持：协助公司或组织提供实时的客户支持，低成本实现 7×24 不间断客户服务。

（2）虚拟助手与个性化推荐：作为虚拟助手，根据用户的兴趣和偏好生成推荐，提供实时的帮助和建议，例如，语言翻译、代码生成、音乐推荐等。

（3）教育培训与科研：作为教育培训工具，为学生提供解答和讲解；用于科学研究和探索，可以高效地进行信息检索与学生研究。

ChatGPT 可以应用的场景还有很多，并且 ChatGPT 是一个机器学习模型，其应用场景取决于其训练数据和模型参数，因此随着模型的不断优化和改进，必将涌现出越来越多的应用场景。

20.4　登录 ChatGPT

ChatGPT 的官方网站为如图 20-1 所示。

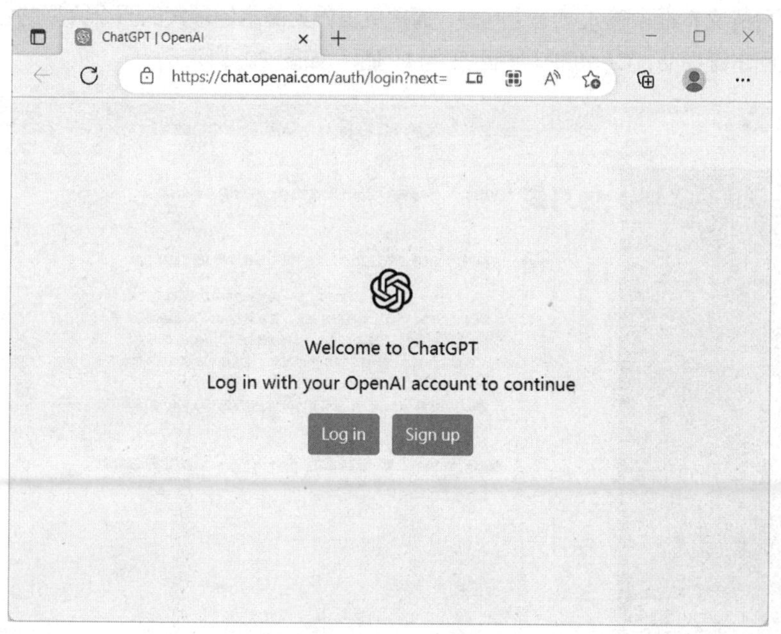

图 20-1　ChatGPT 登录页面

首次使用 ChatGPT 需要先单击【Sing up】按钮进行注册，然后单击【Log in】按钮完成登录。

登录成功后的 ChatGPT 用户界面如图 20-2 所示，目前只提供英文界面，但是用户可以使用包括中文在内的多种语言进行提问。

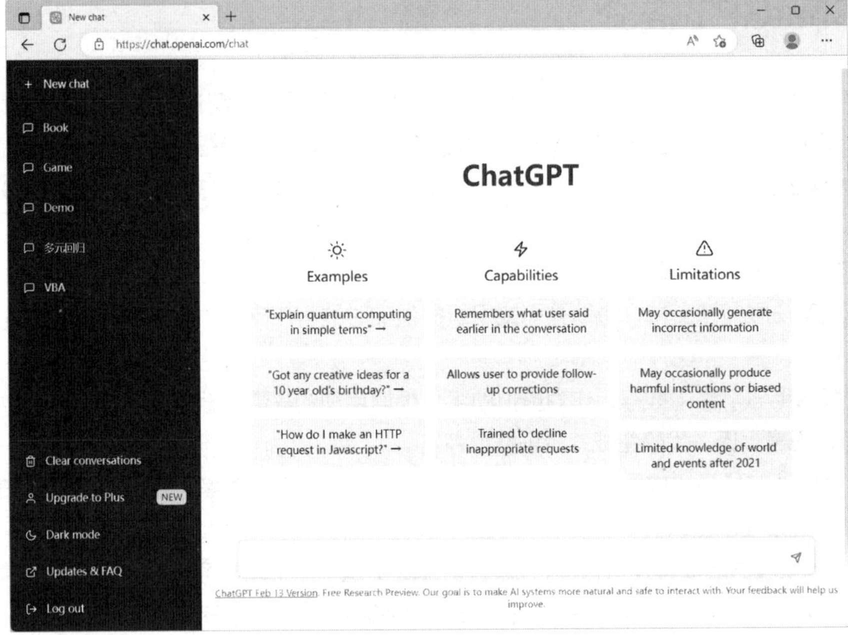

图 20-2　ChatGPT 用户界面

20.5　ChatGPT 交互问答

在页面下部分的文本框中输入第一个问题“请提供世界上储水量最大的五个大坝的名称，所在国家，建成日期”，按回车键提交，ChatGPT 将回答上述问题，如图 20-3 所示。

图 20-3　ChatGPT 问答

ChatGPT 准确地回答了问题，但是答案是逐行列出的文字形式，查看和使用都不方便，继续输入第二个问题“使用表格形式展示数据”，按回车键提交，ChatGPT 的答复如图 20-4 所示。

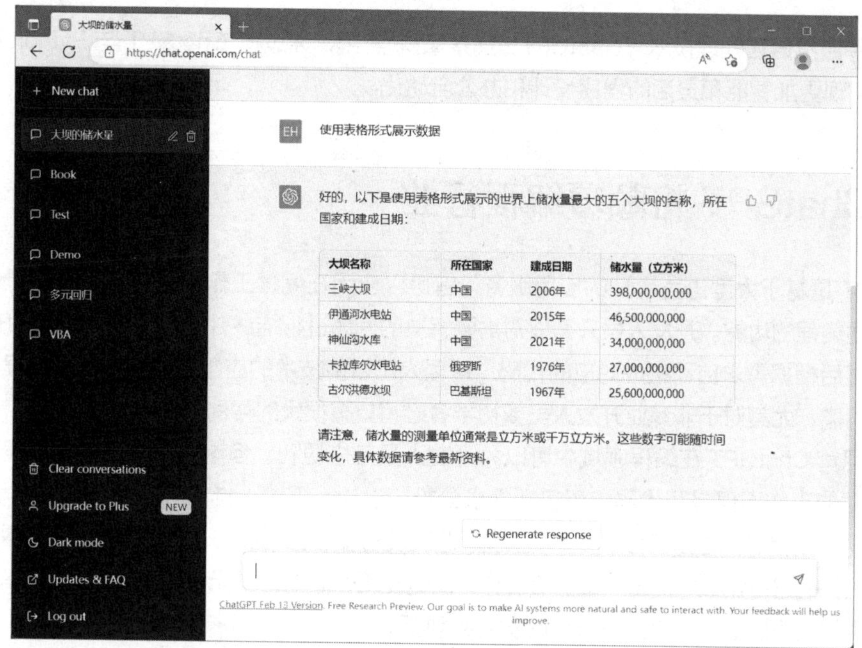

图 20-4 使用表格形式展示数据

如果对 ChatGPT 的答复不满意，单击页面下方的【Regenerate response】按钮 ChatGPT 将重新生成答案。

通过这个简单的演示可以看出，ChatGPT 人工智能聊天机器人应用服务与传统的互联网搜索服务是完全不同的。二者的差异主要体现在以下几点。

（1）对于第一个提问，在互联网搜索引擎中进行搜索，也许可以找到合适的网站（页面中可能包含大量无关数据），但是这个网站可能并不在搜索结果的第一个页面中，用户需要花费额外的精力查看相关数据。然而 ChatGPT 直接提供了精准的答案。

（2）对于第二个提问，互联网搜索引擎完全无能为力，这正是 ChatGPT 的强大之处，它具备上下文理解能力，可以解析出提问中的“数据”指的是第一个答复。

（3）如果使用指定关键词在互联网搜索引擎中进行连续多次搜索，其搜索结果是相同的。但是多数情况下，在 ChatGPT 中使用相同的语句（或者词语）进行连续多次提问，其结果也是有差异的，除非是非常简单的问题。

（4）使用互联网搜索引擎可以搜索互联网中的最新信息，这是 ChatGPT 无法提供的。截至 2023 年初，训练 ChatGPT 使用的是 2021 年及其之前的数据，并且 ChatGPT 不具备访问互联网的能力，因此 ChatGPT 无法回答如下问题。

提问：请提供2023年1月每个交易日的微软股票收盘价。

第 21 章 ChatGPT 与编程

作为一种自然语言处理技术，ChatGPT 有着广泛的应用，通过将 ChatGPT 与 Python 编程语言相结合，可以实现更加智能和灵活的程序设计和办公自动化。

21.1 ChatGPT 将颠覆编程行业

ChatGPT 是基于大型语言模型的应用服务，它可以应用在编程工作中，为开发人员提供自动化代码生成和辅助编程的功能。开发人员只需要对需要解决的问题进行描述并提出要求，ChatGPT 可以理解这些提问，然后根据需求自动生成对应的代码。这项人工智能技术的应用将显著地提高编程效率、降低编程学习的门槛，尤其对于非专业开发人员或初学者必将具有很大的帮助。

然而，尽管 ChatGPT 在编程领域中可以为开发人员带来便利，但这并不会直接导致程序员失业，因为编程领域的工作不仅是写代码，还包括需求分析、设计、测试、维护等多个环节。尽管 ChatGPT 已经可以自动生成代码，但是无法保证代码质量和完整性，因此在实际开发项目中，仍然需要开发人员对自动生成的代码进行调试、测试、维护等工作，而这些工作短期内是无法被 ChatGPT 代替的。此外，编程领域中也需要更多的人才来支持行业的发展和创新。

毫不夸张地讲，ChatGPT 必将成为推动编程行业快速发展的效率工具，它将为编程行业带来颠覆性的变革，并不是 ChatGPT 抢了程序员的饭碗，而是学会使用 ChatGPT 的程序员将获得先发优势，墨守成规的程序员将被淘汰。

21.2 使用 ChatGPT 实现 Python 辅助编程

21.1.1 高射炮打蚊子

是否有必要使用 ChatGPT 这样一个超级大型的人工智能模型来进行 Python 辅助编程？看起来似乎是高射炮打蚊子，但这个问题的答案是肯定的。

Python 具备易学易用、应用广泛、工具和扩展库丰富、跨平台兼容等诸多优点，使它成为一种非常实用的全能编程语言。但是对于多数读者来说，大家都不是职业程序员，Python 在大家心目似乎并不“易学易用”。大家都希望借助强大的 Python 完成多种自动化任务，进而提高工作效率，但很多时候却无从下手。

ChatGPT 横空出世将彻底打破 Python 学习入门的高门槛，任何人都可以借助 ChatGPT 的强大自然语言处理能力，通过简单的提问对话就可以解决多数任务，基本实现了只要你能描述问题，就能得到相关的 Python 代码。

21.1.2 ChatGPT 助力 Python 学习

假设需要学习如何使用 Python 中的 4 个集合数据类型，让我们来问问 ChatGPT 吧。

提问：请讲解Python中list、set、dic、tuple的区别。

ChatGPT：Python中的list、set、dict和tuple是4种不同的集合类型，每种类型都有其自己的特点和用途。

list（列表）是一种有序的集合类型，可以存储任何类型的元素，包括整数、浮点数、字符串甚至其他列表。列表的元素可以通过其下标进行访问和修改。列表可以通过[]来定义，例如：my_list = [1, 2, 'three']。

set（集合）是一种无序的集合类型，其中的元素必须是可哈希的（即不可变类型，例如，数字、字符串、元组等），而不能是可变类型（例如，列表、字典等）。集合中不允许存在重复的元素，可以用于快速查找和去重。集合可以通过{}或set()来定义，例如：my_set = {1, 2, 3}。

dict（字典）是一种键值对的集合类型，其中的元素由一个键和一个对应的值组成。字典的键必须是不可变类型，而值可以是任何类型。字典中的元素是无序的，但是可以通过键进行访问和修改。字典可以通过{}或dict()来定义，例如：my_dict = {'name': 'Tom', 'age': 18}。

tuple（元组）是一种有序的集合类型，与列表类似，但是元组一旦创建就不能修改，因此被称为不可变的。元组可以包含任何类型的元素，可以通过下标进行访问，但是不能进行修改。元组可以通过()来定义，例如：my_tuple = (1, 2, 'three')。

总的来说，这4种集合类型的区别在于它们的可变性、是否有序、是否允许重复元素、元素的类型要求等方面。在选择使用哪种类型时，需要根据具体的需求来考虑。

ChatGPT 不仅给出了通俗易懂的解释，而且提供了简短的示例代码，这可以帮助大家更好地理解知识点。

接下来深入学习一下 list 的操作方法。

提问：请列出list的常用操作方法？

ChatGPT：以下是Python中list常用的操作方法。

append()：在列表末尾添加一个元素。例如：my_list.append('four')。

extend()：在列表末尾添加另一个列表中的所有元素。例如：my_list.extend([4, 5, 6])。

insert()：在指定位置插入一个元素。例如：my_list.insert(0, 'zero')。

remove()：从列表中删除指定元素的第一个匹配项。例如：my_list.remove('three')。

pop()：删除并返回指定位置的元素。例如：my_list.pop(1)。

index()：返回指定元素第一次出现的索引。例如：my_list.index('two')。

count()：返回指定元素在列表中出现的次数。例如：my_list.count(2)。

sort()：对列表进行排序。例如：my_list.sort()。

reverse()：反转列表中的元素顺序。例如：my_list.reverse()。

clear()：删除列表中的所有元素。例如：my_list.clear()。

以上是list的一些常用方法，可以满足日常开发中大部分的需求。

通过上述问答基本了解了 list 的基础使用方法。对于不同数据类型嵌套的复杂应用，在开发代码时使用起来并不容易掌握，不妨让 ChatGPT 提供示例进行讲解。

提问：list和tuple可以嵌套使用吗？请提供示例代码。

ChatGPT:是的，list和tuple都可以嵌套使用。下面是一个示例代码，其中一个list包含了两个元素，分别是一个字符串和一个tuple，tuple包含了两个元素，分别是一个整数和一个list：

```
my_list = ['hello', (1, [2, 3])]
```

这个list中包含了两个元素：

第一个元素是一个字符串'hello'。

第二个元素是一个tuple，包含了两个元素：一个整数1和一个list，包含了两个整数2和3。

可以通过下标来访问和修改这些元素：

```
# 访问第一个元素
print(my_list[0])  # 输出：'hello'

# 访问第二个元素的第一个元素
print(my_list[1][0])  # 输出：1

# 访问第二个元素的第二个元素的第一个元素
print(my_list[1][1][0])  # 输出：2

# 修改第一个元素
my_list[0] = 'world'
print(my_list)  # 输出：['world', (1, [2, 3])]

# 修改第二个元素的第一个元素
my_list[1] = (2, [3, 4])
print(my_list)  # 输出：['world', (2, [3, 4])]
```

可以看到，list和tuple的嵌套使用可以使数据结构更加灵活和多样化，方便我们处理各种复杂的数据。

掌握了数据类型的基础知识，就可以开始实战了。

提问：提供Python代码查找100以内的质数，保存在list中，最后输出。

ChatGPT:以下是 Python 代码，用于查找100以内的质数并保存在一个列表中，最后输出。

```
# 定义一个空列表，用于存放质数
prime_numbers = []
```

```
# 遍历2到100之间的所有整数
for num in range(2, 101):

    # 判断是否为质数
    for i in range(2, num):
        if num % i == 0:
            break
    else:
        prime_numbers.append(num)

# 输出质数列表
print(prime_numbers)
```

输出结果：

```
[2, 3, 5, 7, 11, 13, 17, 19, 23, 29, 31, 37, 41, 43, 47, 53, 59, 61, 67, 71, 73, 79, 83, 89, 97]
```

代码中使用了两层循环，外层循环遍历2到100之间的所有整数，内层循环判断每个数是否为质数。如果某个数可以被2到它本身之间的任意一个整数整除，则不是质数，退出内层循环；否则，将其加入质数列表中。最后输出质数列表。

ChatGPT 不仅提供了完整的代码，而且包含代码注释、输出结果和代码逻辑讲解，毫不夸张地讲，ChatGPT 是个称职的好老师。

“列表生成式”是 Python 的一大编程特色，接下来让 ChatGPT 展示一下如何优化代码。

提问：优化代码，使用列表生成式创建list。

ChatGPT：我们可以使用列表生成式来优化上面的代码，将循环和判断质数的逻辑合并为一行代码。下面是使用列表生成式创建列表的代码：

```
# 使用列表生成式查找100以内的质数
prime_numbers = [num for num in range(2, 101) if all(num % i ! = 0 for i in range(2, num))]

# 输出质数列表
print(prime_numbers)
```

输出结果与之前相同：

```
[2, 3, 5, 7, 11, 13, 17, 19, 23, 29, 31, 37, 41, 43, 47, 53, 59, 61, 67, 71, 73, 79, 83, 89, 97]
```

使用列表生成式，我们可以更简洁地实现对于范围内质数的查找，并且代码可读性也更好。

相对于传统的按部就班从基础语法开始学习编程的方法，借助 ChatGPT 可以更快速、更有针对性地学习 Python 编程。无论图书和教学视频讲解得多么全面，都不可能涵盖全部用户的所有疑问，然而借助 ChatGPT 学习 Python 编程，就完全没有任何束缚，用户可以根据自己的理解和兴趣点进行深层次探讨，真正实现了“打破砂锅问到底”。

最后提醒广大读者注意，目前 ChatGPT 实现的只能是“辅助编程”，并不能确保代码的正确性，因此需要用户对代码进行测试和验证，以确保代码的可用性，必要的时候还需要进行优化以获得更高效的代码。

21.3 Python 开发实例

21.3.1 快速合并 JSON 数据

数据文件保存在 C:\Demo 中，JSON 数据文件如图 21-1 所示，现在需要将数据文件合并。

图 21-1 JSON 数据文件

➲ Ⅰ 第一次提问

提问：提供Python代码合并C:\Demo目录中文件名为"2022*.json"的全部json文件。

ChatGPT：以下是一个示例Python代码，它将合并'C:\Demo'目录中所有文件名为"2022*.json"的JSON文件。

```
import os
import glob
import json

# 设置目录路径和文件名模式
dir_path = r'C:\Demo'
file_pattern = '2022*.json'
```

```
# 获取所有符合模式的文件路径
file_paths = glob.glob(os.path.join(dir_path, file_pattern))

# 合并所有 JSON 数据
merged_data = []
for file_path in file_paths:
    with open(file_path, 'r', encoding = 'utf-8') as f:
        file_data = json.load(f)
        merged_data.extend(file_data)

# 将合并的数据写入新文件
merged_file_path = os.path.join(dir_path, 'merged_data.json')
with open(merged_file_path, 'w', encoding = 'utf-8') as f:
    json.dump(merged_data, f, ensure_ascii = False, indent = 4)

print(f'Successfully merged {len(file_paths)} files into {merged_file_path}.')
```

该代码使用glob模块来查找所有符合文件名模式的文件，并使用json模块将每个文件中的JSON数据合并为一个列表。最后，它将合并的数据写入一个新文件中，并在控制台输出合并的文件数量和文件路径。

请注意，该代码假定所有符合文件名模式的文件都包含有效的JSON数据，如果其中任何一个文件不是有效的JSON格式，代码将引发json.JSONDecodeError异常。如果你需要更健壮的代码，请添加相应的异常处理程序来处理可能出现的错误。

ChatGPT 可以正确理解“2022*.json”中星号是通配符，并提供了完整的代码。上述代码可以正常运行，合并后的数据保存在当前目录中，其文件名为 merged_data.json，仍为 JSON 格式数据，如图 21-2 所示。

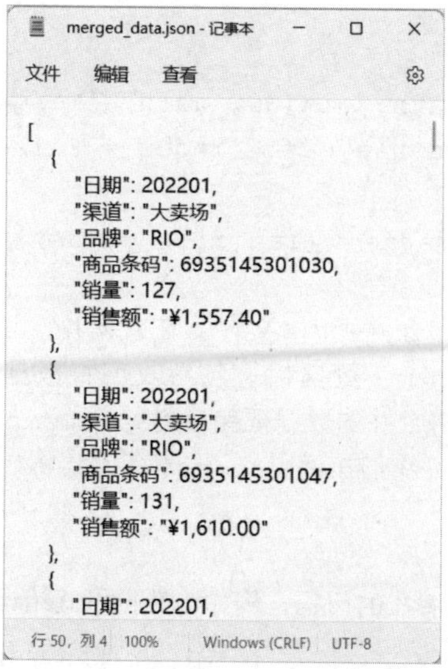

图 21-2 合并后的 JSON 数据文件

➲ II　第二次提问

如果将合并后的数据保存为 CSV 格式，那么在 Excel 中进行数据处理时将更加方便快捷。另外将合并后的文件保存在一个单独目录，可以有效地避免文件管理的混乱。

提问：优化代码，目标文件名称为Sales_2022.csv，保存在C:\Demo\Merge目录中。

ChatGPT:以下是优化后的Python代码，将会合并'C:\Demo'目录中所有文件名为"2022*.json"的JSON文件，将结果保存到'C:\Demo\Merge\Sales_2022.csv'文件中：

```
import os
import glob
import pandas as pd

# 设置目录路径和文件名模式
dir_path = r'C:\Demo'
file_pattern = '2022*.json'

# 获取所有符合模式的文件路径
file_paths = glob.glob(os.path.join(dir_path, file_pattern))

# 合并所有 JSON 数据
merged_data = []
for file_path in file_paths:
    with open(file_path, 'r', encoding = 'utf-8') as f:
        file_data = pd.read_json(f)
        merged_data.append(file_data)

# 合并所有数据到一个数据框中
merged_df = pd.concat(merged_data)

# 将合并的数据写入 CSV 文件
merged_file_path = os.path.join(dir_path, 'Merge', 'Sales_2022.csv')
merged_df.to_csv(merged_file_path, index = False)

print(f'Successfully merged {len(file_paths)} files into {merged_file_path}.')
```

该代码使用Pandas来读取和合并JSON文件。在代码中，我们使用pd.read_json()方法读取JSON文件并将其转换为Pandas数据帧。然后我们将数据帧列表合并为一个数据帧，使用pd.concat()方法。最后，我们将合并的数据框保存到'C:\Demo\Merge\Sales_2022.csv'文件中，使用to_csv()方法。请注意，我们在调用to_csv()时，将index参数设置为False，以避免将索引列写入CSV文件。

同样的，如果数据中存在任何潜在的问题，例如，数据格式错误或缺失值等，则需要根据具体情况添加适当的异常处理程序。

本次提问中指定“目标文件名称为 Sales_2022.csv”，ChatGPT 就清晰地识别出合并后数据保存为 CSV 格式，因此调用 Pandas 模块完成转换。上述代码可以正常运行，合并后的数据如图 21-3 所示。

```
日期,渠道,品牌,商品条码,销量,销售额
202201,大卖场,RIO,6935145301030,127,"¥1,557.40"
202201,大卖场,RIO,6935145301047,131,"¥1,610.00"
202201,大卖场,RIO,6935145301078,76,¥939.30
202201,大卖场,RIO,6935145303034,114,¥731.50
202201,大卖场,RIO,6935145303300,39,¥743.40
202201,大超市,RIO,6935145301030,382,"¥4,771.39"
202201,大超市,RIO,6935145301047,443,"¥5,514.20"
202201,大超市,RIO,6935145301078,323,"¥4,058.40"
202201,大超市,RIO,6935145303034,244,"¥1,660.12"
202201,大超市,RIO,6935145303300,157,"¥2,807.80"
202201,小超市,RIO,6935145301030,122,"¥1,518.18"
202201,小超市,RIO,6935145301047,62,¥779.58
202201,小超市,RIO,6935145301078,73,¥912.60
202201,小超市,RIO,6935145303034,48,¥339.00
202201,小超市,RIO,6935145303300,8,¥120.00
202201,便利店,RIO,6935145301030,236,"¥3,175.80"
202201,便利店,RIO,6935145301047,228,"¥3,091.10"
202201,便利店,RIO,6935145301078,175,"¥2,350.00"
```

图 21-3 CSV 文件内容

➲ III 第三次提问

如果用于保存目标文件的 Merge 目录不存在，那么运行代码时将产生如下错误。

```
Exception has occurred: OSError
Cannot save file into a non-existent directory: 'C:\Demo\Merge'
```

接下来继续提问，优化代码增加异常处理功能。

提问：优化代码，如果目录Merge不存在，则创建目录，如果目录已经存在，则清空其中的文件。

ChatGPT：以下是优化后的Python代码，它将在'C:\Demo\Merge'目录中合并所有文件名为"2022*.json"的JSON文件，并将结果保存在'Sales_2022.csv'文件中。如果目录不存在，它将创建该目录，如果目录已经存在，则会清空其中的文件。

```
import os
import glob
import pandas as pd

# 设置目录路径和文件名模式
dir_path = r'C:\Demo'
file_pattern = '2022*.json'
merge_dir = os.path.join(dir_path, 'Merge')

# 创建目录或清空目录中的文件
if not os.path.exists(merge_dir):
    os.makedirs(merge_dir)
else:
    for file in os.listdir(merge_dir):
        os.remove(os.path.join(merge_dir, file))
```

```
    # 获取所有符合模式的文件路径
    file_paths = glob.glob(os.path.join(dir_path, file_pattern))

    # 合并所有 JSON 数据
    merged_data = []
    for file_path in file_paths:
        with open(file_path, 'r', encoding = 'utf-8') as f:
            file_data = pd.read_json(f)
            merged_data.append(file_data)

    # 合并所有数据到一个数据框中
    merged_df = pd.concat(merged_data)

    # 将合并的数据写入 CSV 文件
    merged_file_path = os.path.join(merge_dir, 'Sales_2022.csv')
    merged_df.to_csv(merged_file_path, index = False)

    print(f'Successfully merged {len(file_paths)} files into {merged_file_
path}.')
```

在优化代码中，我们添加了创建或清空目标目录的逻辑，以确保我们能够正确地写入新的CSV文件。代码中，我们使用os.path.exists()方法检查目标目录是否存在。如果目录不存在，我们使用os.makedirs()方法创建该目录。如果目录已经存在，我们使用os.listdir()方法获取目录中的文件列表，然后使用os.remove()方法删除目录中的所有文件。

这种优化使我们的代码更加健壮，可以在多次运行脚本时正常工作。它还确保目标目录中只包含新的合并文件，而不会保留旧文件的任何残留部分。

本次生成的代码增加了容错机制，可以确保代码的正确执行。

在提问时应尽可能将需求描述得清楚和准确，这将有助于 ChatGPT 提供准确的答复，如果使用如下提问，将可以直接获得上述代码（或者类似代码）。

```
提问：提供Python代码实现
合并C:\Demo目录中文件名为"2022*.json"的全部json文件
目标文件名称为Sales_2022.csv，保存在C:\Demo\Merge目录中
如果目录Merge不存在，则创建目录；如果目录已经存在，则清空其中的文件
```

21.3.2　爬取 CSDN 博客文章列表

使用 Python 爬取网页数据对多数读者来说可能都是个有挑战的任务，这不仅需要懂得基础的网页知识，而且还要能够正确使用相关的 Python 扩展模块。ChatGPT 并不具备实时访问互联网的能力，但是只要给它提供足够详细的信息，ChatGPT 也能快速提供相应的代码。

注意

> 本示例仅用作学习目的，如果开发爬虫程序用于商业目的，请遵守相关的法律法规。

本示例将抓取 CSDN 博客文章标题和链接，如图 21-4 所示。

图 21-4 CSDN 博客页面

➲ IV 第一次提问

提问：提供Python代码抓取 https://blog.csdn.net/taller_2000 中的博客文章标题和链接。

ChatGPT:以下是一个使用Python和BeautifulSoup库来爬取 https://blog.csdn.net/taller_2000 中博客文章标题和链接的示例代码：

```
import requests
from bs4 import BeautifulSoup

# 网页链接
url = 'https://blog.csdn.net/taller_2000'

# 发送HTTP请求
r = requests.get(url)

# 解析HTML页面
soup = BeautifulSoup(r.content, 'html.parser')

# 找到所有博客文章
articles = soup.find_all('div', {'class': 'article-item-box csdn-tracking-statistics'})

# 遍历所有博客文章并输出标题和链接
for article in articles:
    title = article.find('h4').text.strip() # 获取标题
```

```
        link = article.find('a')['href'] # 获取链接
        print(title)
        print(link)
```

这个代码会输出博客文章的标题和链接。你可以根据需要进行修改来适应你的需求。

ChatGPT 模型训练的数据中包含了大量互联网信息，但是肯定不是最新的，而且网站页面改版是经常发生的，所以 ChatGPT 提供的代码正确性需要进行测试验证。

运行上述代码，没有任何错误提示，也没有输出结果。爬取数据时出现这种情况，通常有如下两种原因。

（1）HTTP 请求失败，例如：网页不存在。

（2）HTTP 请求成功（状态码为 200），但是网站返回的内容中找不到指定的网页元素。

➲ V　第二次提问

提问：抓取内容为空，优化代码检查HTTP请求返回值。

ChatGPT:如果抓取的内容为空，可能是由于HTTP请求未成功返回页面内容。在这种情况下，我们可以添加一些代码来检查HTTP请求的状态码并确保请求成功。以下是一个优化后的示例代码:

```
import requests
from bs4 import BeautifulSoup

# 网页链接
url = 'https://blog.csdn.net/taller_2000'

# 发送HTTP请求
r = requests.get(url)

# 检查HTTP请求的状态码是否为200
if r.status_code == 200:
    # 解析HTML页面
    soup = BeautifulSoup(r.content, 'html.parser')

    # 找到所有博客文章
     articles = soup.find_all('div', {'class': 'article-item-box csdn-tracking-statistics'})

    # 遍历所有博客文章并输出标题和链接
    for article in articles:
        title = article.find('h4').text.strip() # 获取标题
        link = article.find('a')['href'] # 获取链接
        print(title)
        print(link)
else:
    # HTTP请求失败，输出错误信息
    print(f'Error {r.status_code}: Failed to fetch page content')
```

这个代码添加了一个检查HTTP请求状态码的步骤，并在HTTP请求失败时输出错误信息。如果HTTP请求成功，则继续解析HTML页面并输出博客文章的标题和链接。这样可以确保我们只在HTTP请求成功时进行页面解析，避免出现空结果的情况。

上述代码增加了检查 HTTP 请求的状态码是否为 200，如果状态码异常，将给出错误提示。运行上述代码，没有任何错误提示，仍然没有输出结果。

➲ VI 第三次提问

在浏览器中核查网页元素，发现代码中定位“所有博客文章”使用的元素是错误的，如图 21-5 所示。

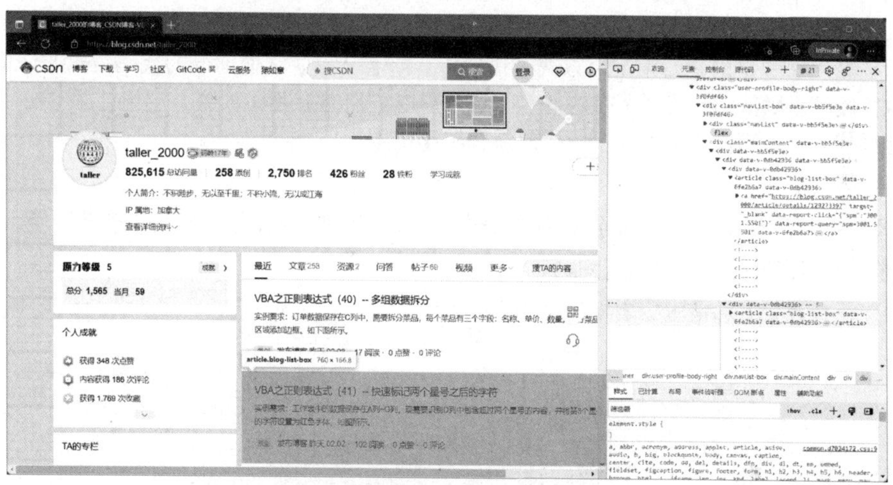

图 21-5　检查网页元素

提问：优化代码，使用如下元素定位"所有博客文章"。

```
<article class="blog-list-box" data-v-6fe2b6a7="" data-v-0db42936="">
```

ChatGPT:以下是一个优化后的示例代码，使用您提供的新元素定位方式来定位所有博客文章：

```
import requests
from bs4 import BeautifulSoup

# 网页链接
url = 'https://blog.csdn.net/taller_2000'

# 发送HTTP请求
r = requests.get(url)

# 检查HTTP请求的状态码是否为200
if r.status_code == 200:
    # 解析HTML页面
    soup = BeautifulSoup(r.content, 'html.parser')

    # 找到所有博客文章
    articles = soup.find_all('article', {'class': 'blog-list-box'})
```

```
    # 遍历所有博客文章并输出标题和链接
    for article in articles:
        title = article.find('h4').text.strip() # 获取标题
        link = article.find('a')['href'] # 获取链接
        print(title)
        print(link)
else:
    # HTTP请求失败，输出错误信息
    print(f'Error {r.status_code}: Failed to fetch page content')
```

这个代码使用您提供的新元素定位方式来找到所有博客文章。其他部分的代码逻辑与之前的示例代码相同。这样做可以确保我们找到所有的博客文章并提取它们的标题和链接。

运行上述代码，没有任何错误提示，仍然没有输出结果。

➲ VII 第四次提问

如果网站具备反爬机制，检测到程序代码发送 HTTP 请求时，其返回内容将为空，通过定制 HTTP“请求头”可以模拟浏览器访问网站。

提问：优化代码，增加请求头实现反爬。

ChatGPT：以下是一个优化后的示例代码，使用请求头来实现反爬：

```
import requests
from bs4 import BeautifulSoup

# 网页链接
url = 'https://blog.csdn.net/taller_2000'

# 设置请求头
headers = {
    'User-Agent': 'Mozilla/5.0 (Windows NT 10.0; Win64; x64) AppleWebKit/537.36 (KHTML, like Gecko) Chrome/88.0.4324.182 Safari/537.36',
}

# 发送HTTP请求
r = requests.get(url, headers = headers)

# 检查HTTP请求的状态码是否为200
if r.status_code == 200:
    # 解析HTML页面
    soup = BeautifulSoup(r.content, 'html.parser')

    # 找到所有博客文章
    articles = soup.find_all('article', {'class': 'blog-list-box'})

    # 遍历所有博客文章并输出标题和链接
    for article in articles:
```

```
        title = article.find('h4').text.strip() # 获取标题
        link = article.find('a')['href'] # 获取链接
        print(title)
        print(link)
else:
    # HTTP请求失败，输出错误信息
    print(f'Error {r.status_code}: Failed to fetch page content')
```

这个代码添加了一个请求头，并在HTTP请求中发送它。请求头中包含了一个User-Agent字符串，用于模拟浏览器的请求。这样可以防止被服务器识别为爬虫并进行反爬措施。

运行上述代码，输出结果如下所示（此处只列出前 4 篇博客文章的标题和链接）。

```
VBA之正则表达式（40）- 多组数据拆分
https://blog.csdn.net/taller_2000/article/details/129273397
VBA之正则表达式（41）- 快速标记两个星号之后的字符
https://blog.csdn.net/taller_2000/article/details/129273398
ChatGPT搞砸了，如何使用VBA导出Word文档中的图片
https://blog.csdn.net/taller_2000/article/details/129273394
```

在本示例中抓取的文章标题和链接的网页元素恰巧是正确的，如果需要修正相关错误，请参照“第三次提问”提供详细的元素信息。

通过和 ChatGPT 的几次对话，就得到了爬取数据的代码，整个过程相对来说还是比较容易掌握的。

21.3.3　根据模板批量创建工作表

根据模板创建工作表是日常工作中经常遇到的任务，手工操作费时费力，而且容易出错。本示例将展示如何与 ChatGPT 对话生成 Python 代码来完成这个任务。

工作簿 Template.xlsx 保存在 C:\Demo 目录中，其中的工作表“Master”为已经设置格式的工作表模板，如图 21-6 所示。

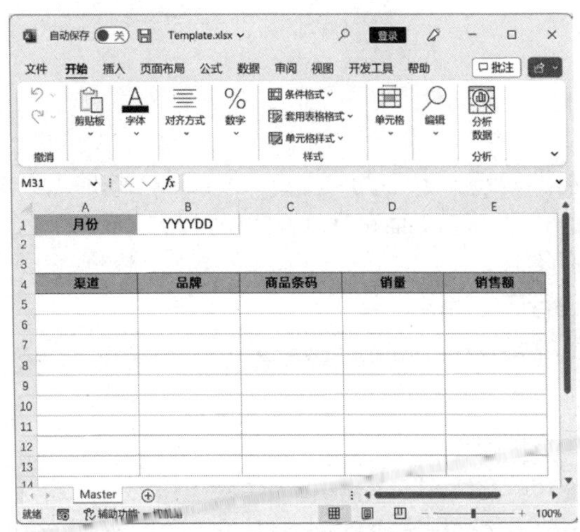

图 21-6　工作表模板

➲ VIII　第一次提问

```
提问：提供Python代码
新建工作簿
以C:\Demo\Template.xlsx中的工作表“Master”作为模板创建12个工作表
```

```
修改工作表名称为202301，202302，…，依次类推
修改工作表B1单元格与工作表名称一致
工作簿保存文件名为Sales_2022.xlsx
关闭工作簿
```

ChatGPT：请注意，要运行此代码，您需要在计算机上安装Python和openpyxl库。

```python
import openpyxl
import os

# 定义工作簿路径和模板路径
workbook_path = "C:\\Demo\\Sales_2022.xlsx"
template_path = "C:\\Demo\\Template.xlsx"

# 创建工作簿
workbook = openpyxl.Workbook()

# 从模板中复制Master工作表创建12个工作表
template = openpyxl.load_workbook(template_path)
master = template["Master"]
for i in range(1, 13):
    sheet = workbook.copy_worksheet(master)
    sheet.title = "2023" + str(i).zfill(2)

    # 修改工作表B1单元格与工作表名称一致
    sheet["B1"].value = sheet.title

# 保存工作簿并关闭
workbook.save(workbook_path)
workbook.close()
```

此代码将在C:\Demo目录下创建一个名为Sales_2022.xlsx的工作簿，其中包含12个工作表，每个工作表的名称都以“2023”开头，后面跟月份，例如，“202301”“202302”等。每个工作表的B1单元格都将包含该工作表的名称。

运行上述代码，如下代码行产生错误。

```python
sheet = workbook.copy_worksheet(master)
```

➲ IX　第二次提问

直接使用错误提示信息进行提问。

```
提问：Exception has occurred: ValueError
Cannot copy between worksheets from different workbooks
  File "C:\Demo\CopySht.py", line 15, in <module>
    sheet = workbook.copy_worksheet(master)
            ^^^^^^^^^^^^^^^^^^^^^^^^^^^^^^^
ValueError: Cannot copy between worksheets from different workbooks
```

ChatGPT：抱歉，我在之前的回答中犯了一个错误。您在尝试复制Master工作表时出现了错误，因为您正在尝试从一个工作簿复制工作表到另一个工作簿中，但这两个工作簿并不相同。

要从现有工作簿中复制工作表，请使用openpyxl中的load_workbook函数加载现有工作簿，然后使用该工作簿对象的copy_worksheet方法复制工作表。

下面是更新后的代码：

```
import openpyxl
import os

# 定义工作簿路径和模板路径
workbook_path = "C:\\Demo\\Sales_2022.xlsx"
template_path = "C:\\Demo\\Template.xlsx"

# 创建工作簿
workbook = openpyxl.Workbook()

# 从模板中复制Master工作表创建12个工作表
template = openpyxl.load_workbook(template_path)
master = template["Master"]
for i in range(1, 13):
    sheet = workbook.create_sheet("2023" + str(i).zfill(2))

    # 复制模板中的Master工作表
    sheet = workbook.copy_worksheet(master)
    sheet.title = "2023" + str(i).zfill(2)

    # 修改工作表B1单元格与工作表名称一致
    sheet["B1"].value = sheet.title

# 保存工作簿并关闭
workbook.save(workbook_path)
workbook.close()
```

请注意，在此更新后的代码中，我们首先使用openpyxl的load_workbook函数从模板中加载现有工作簿，并将Master工作表存储在一个变量中。然后，我们使用create_sheet方法创建一个新的工作表，并将其名称设置为“202301”“202302”等。最后，我们使用copy_worksheet方法复制Master工作表，并将其名称设置为相应的工作表名称。此外，我们还更新了工作表B1单元格的值，以便与工作表名称一致。

我希望这次能够帮助到您！

观察 ChatGPT 的答复，它似乎知道代码错误的原因，但是非常遗憾的是，本次提供的代码仍然有同样的错误。

➲ X 第三次提问

提问：Exception has occurred: ValueError

```
Cannot copy between worksheets from different workbooks
  File "C:\Demo\CopySht.py", line 18, in <module>
    sheet = workbook.copy_worksheet(master)
            ^^^^^^^^^^^^^^^^^^^^^^^^^^^^^^^^
ValueError: Cannot copy between worksheets from different workbooks
```

ChatGPT：这个错误意味着您正在尝试从不同的工作簿复制工作表。在您的代码中，您创建了一个名为workbook的新工作簿，但是在复制Master工作表时，您正在尝试从另一个工作簿（即Template.xlsx）复制该工作表。

要纠正此错误，您需要使用openpyxl的load_workbook函数从模板中加载现有工作簿，并将Master工作表存储在一个变量中。然后，您可以使用这个变量来复制Master工作表并将其添加到新的工作簿中。

下面是更新后的代码：

```
import openpyxl
import os

# 定义工作簿路径和模板路径
workbook_path = "C:\\Demo\\Sales_2022.xlsx"
template_path = "C:\\Demo\\Template.xlsx"

# 创建工作簿
workbook = openpyxl.Workbook()

# 从模板中复制Master工作表创建12个工作表
template = openpyxl.load_workbook(template_path)
master = template["Master"]
for i in range(1, 13):
    sheet = workbook.create_sheet("2023" + str(i).zfill(2))

    # 复制模板中的Master工作表
    for row in master:
        for cell in row:
            new_cell = sheet.cell(row = cell.row, column = cell.column, value = cell.value)
            if cell.has_style:
                new_cell.font = cell.font.copy()
                new_cell.border = cell.border.copy()
                new_cell.fill = cell.fill.copy()
                new_cell.number_format = cell.number_format
```

```
                new_cell.protection = cell.protection.copy()
                new_cell.alignment = cell.alignment.copy()

        sheet.title = "2023" + str(i).zfill(2)

        # 修改工作表B1单元格与工作表名称一致
        sheet["B1"].value = sheet.title

    # 保存工作簿并关闭
    workbook.save(workbook_path)
    workbook.close()
```

请注意，我们使用for循环遍历Master工作表中的每个单元格，并在新的工作表中创建相应的单元格，并复制其值和格式。我们还将新工作表的名称设置为“202301”“202302”等，并更新新工作表B1单元格的值，以便与工作表名称一致。

我希望这个更新的代码可以帮助您解决问题!

运行上述代码，可以正常创建目标工作簿文件，如图 21-7 所示，不难发现其中第一个工作表是多余的，应该删除。

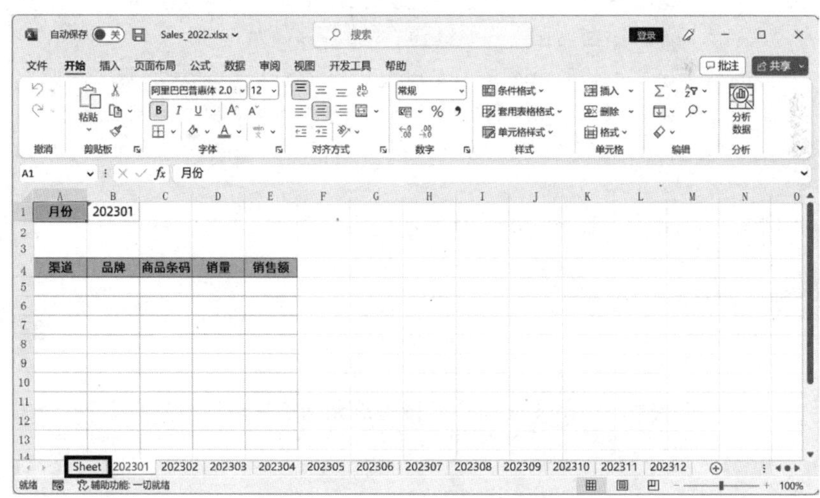

图 21-7 目标工作簿文件

➲ XI 第四次提问

提问：优化代码，清理目标工作簿中的第一个工作表。

ChatGPT：以下是清理目标工作簿中的第一个工作表并优化代码的示例。

```
import openpyxl
import os

# 定义工作簿路径和模板路径
workbook_path = "C:\\Demo\\Sales_2022.xlsx"
template_path = "C:\\Demo\\Template.xlsx"
```

```
    # 创建工作簿并清理第一个工作表
    workbook = openpyxl.Workbook()
    workbook.remove(workbook.active)

    # 从模板中复制Master工作表创建12个工作表
    template = openpyxl.load_workbook(template_path)
    master = template["Master"]
    for i in range(1, 13):
        sheet = workbook.create_sheet("2023" + str(i).zfill(2))

        # 复制模板中的Master工作表
        for row in master:
            for cell in row:
                new_cell = sheet.cell(row = cell.row, column = cell.column,
value = cell.value)
                if cell.has_style:
                    new_cell.font = cell.font.copy()
                    new_cell.border = cell.border.copy()
                    new_cell.fill = cell.fill.copy()
                    new_cell.number_format = cell.number_format
                    new_cell.protection = cell.protection.copy()
                    new_cell.alignment = cell.alignment.copy()

        sheet["B1"].value = sheet.title

    # 保存工作簿并关闭
    workbook.save(workbook_path)
    workbook.close()
```

在这个示例中，我们使用Workbook.remove()方法删除了目标工作簿的第一个工作表，以清空工作簿并使其准备好接受新的工作表。

我们还优化了代码，将创建新工作表和复制模板中的Master工作表的代码合并到了一个循环中，并去掉了对工作表名称进行更改的两行代码，因为这在循环中已经处理了。

我希望这个示例可以帮助您！

运行上述代码，结果完全正确，至此得到了正确的 Python 代码。但是“复制模板中的 Master 工作表”代码段采用逐个遍历单元格的方式实现复制，如果模板工作表中表格区域较大（单元格数量多），执行代码将花费较长的时间，因此这个代码的整体效率仍有待提升。

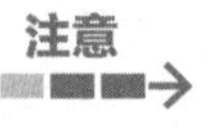
注意

ChatGPT 对于代码的解释有时会存在误导，甚至是错误的，广大读者在使用的时候需要仔细甄别。